はじめに

　我が国においては、科学技術創造立国の理念の下、産業競争力の強化を図るべく「知的創造サイクル」の活性化を基本としたプロパテント政策が推進されております。

　「知的創造サイクル」を活性化させるためには、技術開発や技術移転において特許情報を有効に活用することが必要であることから、平成９年度より特許庁の特許流通促進事業において「技術分野別特許マップ」が作成されてまいりました。

　平成１３年度からは、独立行政法人工業所有権総合情報館が特許流通促進事業を実施することとなり、特許情報をより一層戦略的かつ効果的にご活用いただくという観点から、「企業が新規事業創出時の技術導入・技術移転を図る上で指標となりえる国内特許の動向を分析」した「特許流通支援チャート」を作成することとなりました。

　具体的には、技術テーマ毎に、特許公報やインターネット等による公開情報をもとに以下のような分析を加えたものとなっております。
　・**体系化された技術説明**
　・**主要出願人の出願動向**
　・**出願人数と出願件数の関係からみた出願活動状況**
　・**関連製品情報**
　・**課題と解決手段の対応関係**
　・**発明者情報に基づく研究開発拠点や研究者数情報**　など

　この「特許流通支援チャート」は、特に、異業種分野へ進出・事業展開を考えておられる中小・ベンチャー企業の皆様にとって、当該分野の技術シーズやその保有企業を探す際の有効な指標となるだけでなく、その後の研究開発の方向性を決めたり特許化を図る上でも参考となるものと考えております。

　最後に、「特許流通支援チャート」の作成にあたり、たくさんの企業をはじめ大学や公的研究機関の方々にご協力をいただき大変有り難うございました。

　今後とも、内容のより一層の充実に努めてまいりたいと考えておりますので、何とぞご指導、ご鞭撻のほど、宜しくお願いいたします。

独立行政法人工業所有権総合情報館

理事長　藤原　讓

有機導電性ポリマー　　　　エグゼクティブサマリー

情報通信分野の飛躍と共に生きる有機導電性ポリマー

■ 興味深い有機導電性ポリマーの誕生

　有機導電性ポリマーは、ポリマーの分野でノーベル賞を生んだことをみても貴重な存在である。その発見も合成実験での触媒量を間違えたことにより生まれた。その際できた金属光沢のフィルムがポリアセチレンに違いないと白川博士が推定したすばらしい洞察力から発している。さらにドープしてカチオンを生成すれば、共役してπ電子が連なったポリアセチレンにカチオンが動きまわり、導電性が著しく向上することも白川博士は予測していた。それにもかかわらず、当時測定手段が不十分であったことが惜しまれる。しかし、そのことがヒーガー博士、マクダミド博士の臭素ドープの研究につながり、大成して三者がノーベル賞に輝いた。

■ 導電性ポリマーの材料開発に重要な中間処理

　有機導電性ポリマーは一般には材料合成後、中間処理し、それを用途（応用製品）に結びつける。その中で中間処理には非常に重要な技術が含まれる。その重要技術とはドーピングと可溶化である。導電性ポリマーの中でポリアセチレン以外は導電性が一般に不十分である。そのため導電性を高めるためにドーピングがよく利用される。また可溶化はフィルム化のような形態付与や、コーティングのための重要技術である。また導電性を高める別の方法として延伸して配向させる方法も用いられる。

■ 供給が追いつかない有機導電性ポリマーを用いた電解コンデンサ

　有機導電性ポリマーの中で最近もっとも活気づいているのは有機導電性ポリマーを電解質として用いた電解コンデンサである。このコンデンサは電解質が高導電性であるため、内部抵抗が小さくなり、従来に比べて二桁近く高い周波数領域まで直線性を維持し、従来のコンデンサでは対応できないような高周波の信号やノイズに対して動作できるため、高性能の最先端デバイスとしてパソコン、携帯電話、ビデオカメラなどの成長製品に搭載されている。CPUの負荷変動バックアップやノイズ除去を満たすこともできるので、使用量が急上昇している。市場は1000億円/年を形成するまでになっている。

有機導電性ポリマー　　　　エグゼクティブサマリー

情報通信分野の飛躍と共に生きる有機導電性ポリマー

■ コンデンサ以外の従来用途も地道に拡大

　有機導電性ポリマーの用途としてはコンデンサ以外に二次電池、帯電防止剤、電磁波シールド材、防食塗料などがある。二次電池では電極として有機導電性ポリマーが用いられ、加工性、柔軟性の利点を生かしてカード型の電源などへの応用が可能である。携帯電話の急激な需要増加に伴い2000年には輸出を含めて50億円程度が見込まれた。海外の携帯電話メーカーが主力ユーザーである。有機導電性ポリマーの初期からの用途は帯電防止剤や電磁波シールド材である。これらの用途は炭素や金属と比較して軽量化、透明性、機械物性低下防止などの利点があり、地道に進展している。塗料もほぼ同様である。

■ 技術開発拠点は関東と関西地方に集中

　選定した主要20社の開発拠点をみると関東、関西地方に集中しているが、それぞれ12拠点および7拠点ある。その他に中部地方に4拠点、中国地方および東北地方にそれぞれ1拠点ある。北海道、東北地方および九州地方にはない。

■ 技術開発の課題

　電解コンデンサはすでに1000億円市場に成長した。次に市場を形成するのは二次電池である。現在はカネボウ1社であるのでこれから他社の参入が予想される。世界中での携帯電話の普及と共に市場はますます広がるであろう。
　その次に大きな市場を形成することが予想されるのは有機導電性ポリマーを用いた有機ELである。現在では試作品段階ではあるが、ディスプレイとして実用化されるであろう。この有機ELは自らが光る自発光型で、高速、フルカラーが可能でフレキシブルで大面積化可能で薄く、軽く、低消費電力化でき、高精細で美しくできると期待されている。
　その他、有機導電性ポリマーと金属電極からなるダイオード、有機導電性ポリマーにソース、ドレイン、ゲート電極を漬けた電界効果トランジスタ、さらに種々の化学、物理およびバイオセンサなどが期待され、有機導電性ポリマーの将来への期待は大きい。

有機導電性ポリマー

主要構成技術

再び注目される出願件数の上昇中の各構成要素

有機導電性ポリマー技術は材料合成、中間処理、用途（応用技術）からなる。ここで中間処理とは材料を応用するために、必要とされる処理で、導電性を高めるためによく用いられるドーピングに代表される。特許件数の推移をみるといずれの構成要素も1992年にピークがあり、その後出願件数は減少したが、現在は再び各構成要素は上昇している。特に中間処理の上昇が著しく、有機導電性ポリマーの機能を高める研究開発盛んに行われていることを示している。出願件数の50%近くが用途に関連し、残りは中間処理と材料合成に二分されるが材料合成は1992年のピークよりかなり現在は出願件数が減っており、一方中間処理は最近、1992年のピークを上回る出願件数に達していることが特徴である。

材料合成
- ポリピロール系
- ポリレアニリン系
- ポリチオフェン系
- ポリアセン系
- ポリ芳香族ビニレン系
- その他

有機導電性ポリマー

中間処理
- ドーピング
- 組成物
- フィルム・薄膜・シート
- 成形体
- 延伸配向
- 可溶化
- その他の中間処理

用途
- コンデンサ
- 電池
- 光関連（有機ELなど）
- 電気・電子・磁気
- 帯電防止（電磁波シールド材など）
- コーティング（塗料など）
- センサ
- その他

材料合成 25.3%
用途 46.6%
中間処理 28.1%

1991年1月から
2001年8月公開の出願

有機導電性ポリマー　　　技術の動向

出願人数は減少しても特許件数はやや増加の傾向

有機導電性ポリマーの 1990 年から 1999 年までの出願件数は 2,636 件である。1970 年代前半に白川教授のポリアセチレンフィルム後、有機導電性ポリマーの研究開発は進んだが、出願特許件数は 1991 年をピークに著しく減少したが、1994 年で減少がほぼ止まった。

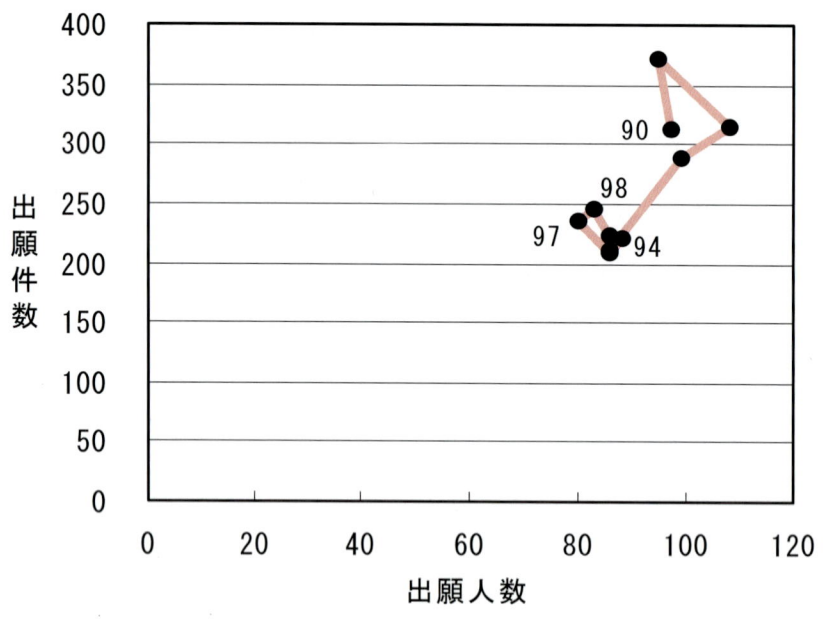

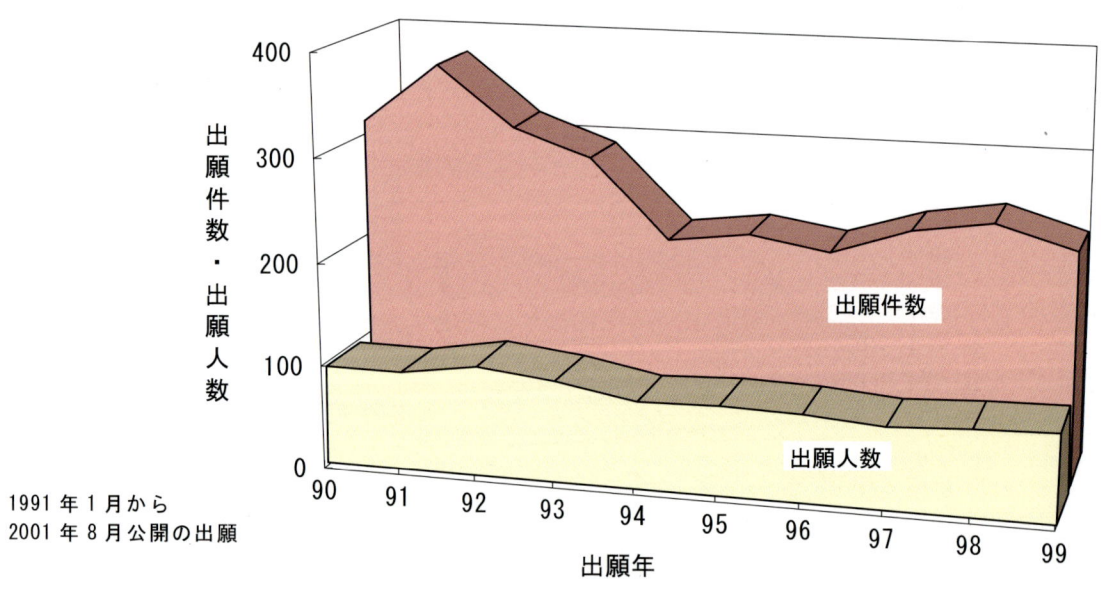

1991 年 1 月から
2001 年 8 月公開の出願

有機導電性ポリマー

課題・解決手段対応の出願人

静電容量、生産性、周波数特性、特性安定性が課題

> 有機導電性ポリマーを用いたコンデンサの重要課題は静電容量、生産性、周波数特性、特性安定性であり、それを解決するための手段として材料、合成法、表面処理、ドーピング、エージング、浸漬含浸、塗布などが用いられている。主要出願人については静電容量、生産性および周波数特性は松下電産、特性安定性は日本ケミコンである。

課題 \ 解決手段	材料 ポリピロール系	材料 ポリチオフェン系	材料 ポリアニリン系	材料 その他	作製時の重合 電解酸化	作製時の重合 化学酸化	作製時の重合 その他	中間処理 表面処理	中間処理 ドーピング	中間処理 エージング	中間処理 浸漬含浸	中間処理 塗布	中間処理 その他	その他 構造・構成
電気特性 静電容量（耐電圧を含む）	15	19	8	1	11	11		6	1	4	3	1	1	3
電気特性 容量達成率（出現率）	7				3	8			1		4	1		
電気特性 周波数特性（インピーダンスを含む）	18	15	7	4	3	10		4	4	1	9		3	
電気特性 等価内部抵抗（ESR）	10	4	10			13		5	3	4	11			
電気特性 電気的特性	10	14	4		7	18			1	4	14			
信頼性 漏れ電流防止	17	3	5	1	9	6		2	1		4	2	5	
信頼性 耐熱・耐湿性	23	6	4		14	4		2	5		4			3
信頼性 特性安定性（バラツキ、劣化など）	5	16				16		2	1	11	12		4	10
経済性 歩留り														
経済性 生産性														
経済性 小型・軽量化														

課題 \ 解決手段	中間処理 表面処理	中間処理 ドーピング	中間処理 エージング	中間処理 浸漬含浸	中間処理 塗布	中間処理 その他	その他 構造・構成
電気特性 静電容量（耐電圧を含む）	三洋電機 2件 / 日本ケミコン 2件 / 日本カーリット 2件	日本電気 1件	ニチコン 4件	日本カーリット 3件	ニチコン 1件	日本ケミコン 1件（注入）	松下電産 3件
電気特性 容量達成率		松下電産 1件		松下電産 4件	日本電気 1件		
電気特性 周波数特性（インピーダンスを含む）	松下電産 2件 / 三洋電機 2件	日本電気 2件 / 昭和電工 2件	ニチコン 1件	松下電産 5件 / ニチコン 2件 / 日本電気 2件		松下電産 1件（界面活性剤）/ 昭和電工 2件（組成物）	
電気特性 等価内部抵抗	三洋電機 5件	三洋電機 2件 / 日本カーリット 1件	三洋電機 4件	三洋電機 8件 / 日本電気 3件			
電気特性 電気的特性		日本カーリット 1件	日本ケミコン 4件	日本ケミコン 11件 / 日本カーリット 3件			
信頼性 漏れ電流防止	松下電産 2件	松下電産 1件		日本ケミコン 4件	日本電気 2件	三洋電機 3件 / 日本電気 2件	
信頼性 耐熱・耐湿性	日本電気 2件	日本電気 3件 / 松下電産 2件		松下電産 2件 / 日本電気 1件			松下電産 3件
信頼性 特性安定性（バラツキ、劣化など）	ニチコン 2件	ニチコン 1件	日本ケミコン 8件 / 松下電産 3件	日本ケミコン 9件 / 日本カーリット 3件		三洋電機 3件 / 日本電気 1件（噴霧）	日本ケミコン 4件 / マルコン電子 6件

1991年1月から2001年8月公開の出願

有機導電性ポリマー
技術開発の拠点の分布

技術開発の拠点は関東と関西に集中

主要企業20社の開発拠点を主に発明者の住所からみると、川崎市、港区、大田区、青梅市などの関東地方に12拠点、門真市、大阪市、守口市などの関西地方に7拠点、名古屋市、静岡市などの中部地方に4拠点、中国および四国地方にそれぞれ1拠点、東北地方に1拠点ある。北海道および九州地方には拠点はない。

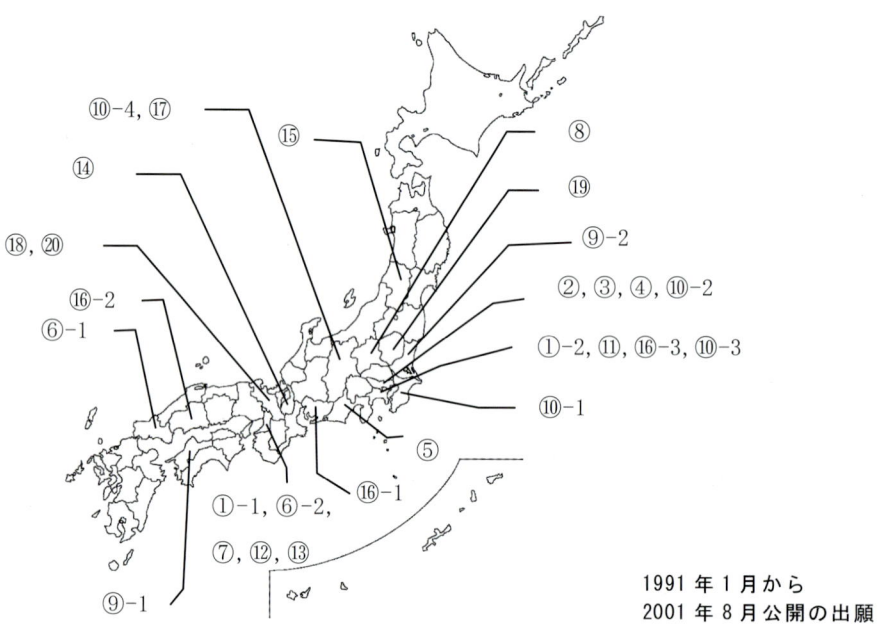

1991年1月から
2001年8月公開の出願

No.	企業名	事業所名	事業所所在
①-1	松下電器産業	松下電器産業(大阪地区)	大阪府(門真市)
①-2		松下技研	神奈川県(川崎市)
②	日本電気	日本電気(本社)	東京都(港区)
③	リコー	リコー(本社)	東京都(大田区)
④	日本ケミコン	日本ケミコン(本社)	東京都(青梅市)
⑤	巴川製紙所	技術研究所	静岡県(静岡市)
⑥-1	カネボウ	山口地区	山口県(防府市)
⑥-2		大阪地区	大阪府(大阪市)
⑦	三洋電機	三洋電機(本社)	大阪府(守口市)
⑧	日本カーリット	研究開発センター	群馬県(渋川市)
⑨-1	住友化学工業	愛媛地区	愛媛県(新居浜市)
⑨-2		茨城地区	茨城県(つくば市)
⑩-1	昭和電工	総合研究所	千葉県(千葉市)
⑩-2		総合技術研究所	東京都(大田区)
⑩-3		川崎樹脂研究所	神奈川県(横浜市)
⑩-4		大町工場	長野県(大町市)
⑪	富士通	富士通(本社地区)	神奈川県(川崎市)
⑫	日東電工	日東電工(本社地区)	大阪府(茨木市)
⑬	積水化学工業	積水化学(大阪地区)	大阪府(大阪市)
⑭	東洋紡績	総合研究所	滋賀県(大津市)
⑮	マルコン電子	本社地区	山形県(長井市)
⑯-1	三菱レイヨン	商品開発研究所	愛知県(名古屋市)
⑯-2		中央研究所	広島県(大竹市)
⑯-3		化成品開発研究所	神奈川県(横浜市)
⑰	セイコーエプソン	本社地区	長野県(諏訪市)
⑱	ニチコン	本社	京都府(京都市)
⑲	アキレス	足利工場	栃木県(足利市)
⑳	島津製作所	三条工場	京都府(京都市)

有機導電性ポリマー　主要企業の状況

主要20社で50％出願

出願件数の多い企業は松下電器産業、日本電気およびリコーである。松下電器産業、日本電気はコンデンサ関連を中心に出願し、リコーは電池関連を中心に出願している。

No.	企業名	90	91	92	93	94	95	96	97	98	99	計
1	松下電器産業	32	53	25	18	9	20	24	30	26	39	276
2	日本電気	3	11	10	26	14	14	11	9	16	17	131
3	リコー	12	8	17	17	6	13	6	5	3	2	89
4	巴川製紙所	11	39	17	14	1						82
5	カネボウ	8	10	12	5	26	11	2	1	1		76
6	三洋電機	13	5	2		2		6	19	11	14	72
7	日本ケミコン	7	19	20	2			5	5	11	1	70
8	住友化学工業	6	9	5	3	6	12	4	5	4	8	62
9	富士通	17	9	14	7	4	1	4		1		57
10	昭和電工	4	8	7	11	1	7	7	7	2	2	56
11	東洋紡績			2	1	6	5	5	16	9	4	48
12	積水化学工業	9	2	3	5	8	8	10		2		47
13	日東電工	8	9	5	10	2	5	1	2	4		46
14	日本カーリット	16	13	10	4		1		1	1		46
15	三菱レイヨン		3	2	6	6	5	6	1		3	32
16	マルコン電子	10	5	4	1		1				6	27
17	セイコーエプソン	6	6			2		2	5	5	1	27
18	ニチコン	3	2	4	1				5	7		22
19	アキレス	3	1	3	3	2	3	3			1	19
20	島津製作所								8	9	1	18

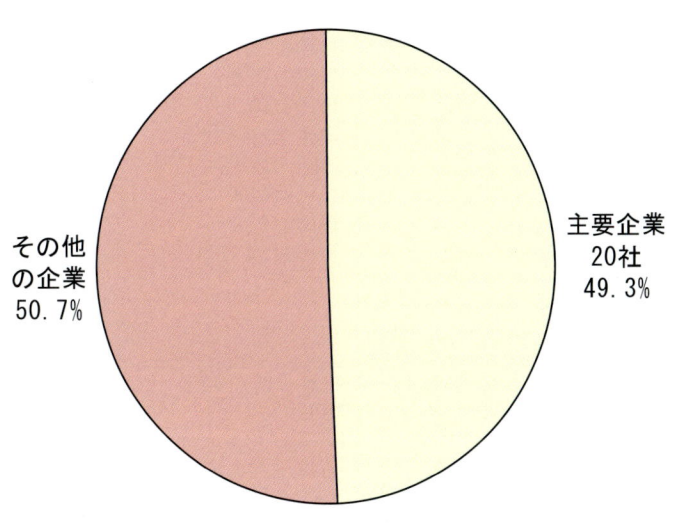

出願件数の割合

1991年1月から
2001年8月公開の出願

有機導電性ポリマー		主要企業

松下電器産業 株式会社

出願状況

　松下電器産業の保有特許は225件である。
　内訳はコンデンサ137件、電池40件、中間処理13件、材料合成8件、電気・電子・磁気関連8件、発光素子など光関連6件、その他の用途8件などである。

技術要素・課題対応出願特許の概要

技術要素（縦軸）：有機EL、電池、コンデンサ、ドーピング、材料合成

課題（横軸）：含窒素系、含硫黄系、炭化水素系、共重合系、電気特性、光特性、化学的性能、作業動作関連、作業法関連、信頼性、経済性、充放電特性、エネルギー特性、容量特性、電極関連、光電特性

保有特許リスト例

技術要素	課題	解決手段	特許番号	発明の名称、概要
コンデンサ	電解コンデンサ（小型・大容量）	電解酸化	特許3110445 1990.7.30 H01G9/04, 301 C08G61/10 C08G61/12 C08G73/10 H01G4/10 H01G4/20 H01G9/028 H01G9/07	**コンデンサ** 高分子複合誘電体を用いる
	電解コンデンサ（容量達成率）		特許2867514 1989.12.18 H01G9/004 H01G9/028 H01G9/04, 22	**チップ型固体電解コンデンサ** 薄い導電層形成後、電解重合
	電解コンデンサ（高容量）	ポリピロール系	特許3192194 1992.3.2 H01G4/33 H01G 4/18, 327	**コンデンサ** 絶縁膜上にポリピロールを用いて作製された電極を具備

有機導電性ポリマー　主要企業

日本電気 株式会社

出願状況

　日本電気の保有特許は107件である。
　内訳はコンデンサ58件、電池10件、中間処理5件、材料合成10件、電気・電子・磁気関連15件、発光素子など光関連9件である。

技術要素・課題対応出願特許の概要

技術要素（縦軸）：有機EL、電池、コンデンサ、ドーピング、材料合成

課題（横軸）：含窒素系、含硫黄系、炭化水素系、共重合系、電気特性、光特性、化学的性能、作業動作関連、作業法関連、信頼性、経済性、充放電特性、エネルギー特性、容量特性、電極関連、光電特性

保有特許リスト例

技術要素	課題	解決手段	特許番号	発明の名称、概要
コンデンサ	電解コンデンサ（漏れ防止）	化学重合	特許2765440 1993.7.22 H01G9/028 C08G 73/00 H01G9/00	**固体電解コンデンサの製造方法** 誘電体に化学重合で固体電解質をつける工程で、誘電体に電荷を付加し、放電されない状態で化学重合を行う
コンデンサ	電解コンデンサ（等価直列内部特性）	酸化重合	特許3036027 1990.8.31 H01G9/028 H01G9/04,301	**固体電解コンデンサの製造方法** 電導性高分子化合物を形成後、誘電体被膜層を形成する
コンデンサ	電解コンデンサ（容量達成率）		特許2570600 1993.10.20 H01G9/028 H01G9/00	**固体電解コンデンサの製造方法** 酸化物被膜を、電解質を含む高級アルコールで予め処理し、固体電解質となる導電性ポリマー膜を酸化重合でつける

有機導電性ポリマー

主要企業

株式会社 リコー

出願状況

リコーの保有特許は58件である。

内訳は電池38件、中間処理2件、材料合成6件、発光素子など光関連9件およびその他3件である。

技術要素・課題対応出願特許の概要

技術要素（縦軸）：有機EL、電池、コンデンサ、ドーピング、材料合成

課題（横軸）：含窒素系、含硫黄系、炭化水素系、共重合系、電気特性、光特性、化学的性能、作業動作関連、作業法関連、信頼性、経済性、充放電特性、エネルギー特性、容量特性、電極関連、光電特性

保有特許リスト例

技術要素	課題	解決手段	特許番号	発明の名称、概要
電池	二次電池（エネルギー密度）	ポリアセチレン系	特許 2849120 1989.8.28 H01M10/40	二次電池 導電性ポリマーを正極
		ポリアニリン系	特開平 9-50823 1995.11.10 H01M10/40 H01M2/02	二次電池 正極活物質層が無機活物質と導電性高分子の複合材料
		電極に導電性高分子	特開平 11-67214 1997.8.21 H01M4/62 H01M4/02 H01M10/40	リチウム二次電池 正極にポリピロール系、負極にポリアルキルチオフェンを使用

有機導電性ポリマー　主要企業

日本ケミコン　株式会社

出願状況	技術要素・課題対応出願特許の概要
日本ケミコンの保有特許は55件で、全てコンデンサに関するものである。	技術要素：有機EL／電池／コンデンサ／ドーピング／材料合成 課題：含窒素系／含硫黄系／炭化水素系／共重合系／電気特性／光特性／化学的性能／作業動作関連／作業法関連／信頼性／経済性／充放電特性／エネルギー特性／容量特性／電極関連／光電特性

保有特許リスト例

技術要素	課題	解決手段	特許番号	発明の名称、概要
コンデンサ	コンデンサ（電気特性）	電解酸化重合	特開平 6-45198 1992.7.24 H01G9/02,331 H01G9/24	**固体電解コンデンサの製造方法** 　陽極酸化膜上に特定の複素環式化合物群から選択された化合物の電解酸化重合を行い固体電解質層を形成する
	コンデンサ（大容量）	ポリチオフェン系	特開平 9-293639 1996.4.26 H01G9/028 C08G61/12 H01G9/02,301 H01G9/00	**固体電解コンデンサおよびその製造方法** 　コンデンサ素子の内部に、3,4-エチレンジオキシチオフェンと酸化剤の混合溶液を含浸する
	コンデンサ（高信頼性）		特開平 11-238648 1998.2.24 H01G9/028	**固体電解コンデンサとその製造方法** 　所定濃度のEDT溶液に浸漬して、誘電体酸化皮膜上にEDTを付着し、所定濃度の酸化剤溶液に浸漬し、酸化重合を行わせる

有機導電性ポリマー　　主要企業

株式会社　巴川製紙所

出願状況

　巴川製紙所の保有特許は63件である。

　その内容は材料合成が中心である。内訳は材料合成50件、中間処理4件、電池3件、センサ3件および光関連、その他3件である。材料系ではポリアニリン系の出願が多い。

技術要素・課題対応出願特許の概要

技術要素（縦軸、上から下へ）：有機EL、電池、コンデンサ、ドーピング、材料合成

課題（横軸）：含窒素系、含硫黄系、炭化水素系、共重合系、電気特性、光特性、化学的性能、作業動作関連、作業法関連、信頼性、経済性、充放電特性、エネルギー特性、容量特性、電極関連、光電特性

保有特許リスト例

技術要素	課題	解決手段	特許番号	発明の名称、概要
材料合成	溶媒可溶性	ポリアニリンの改質	特公平 7-57790 1991.6.21 C08G18/64 C08G73/00 H01B1/12	ポリアニリン誘導体およびその製造方法 　ポリアニリン誘導体およびその製法（還元型ポリアニリンを両末端にNCO基を有する高分子化合物と反応させて得る。）（Ⅲ）
	核置換ポリアニリンの合成	酸化重合	特許 2992053 1990.5.11 C08G73/00 G02F1/15,507 H01B1/12 H01M4/60 H05K9/00	アニリン系重合体の製造方法 　アニリン誘導体を単独又は同誘導体とアニリンを重合させる
	核置換ポリピロールの合成	ポリピロールの改質	特許 3088525 1991.10.24 C08G 61/12	アニリン系重合体の製造方法 　ポリピロールをポリ（ピロール-N-カリウム）に変換した後、ハロゲン化物を反応させる（Ⅱ）

目次

有機導電性ポリマー

1．技術の概要
1.1 有機導電性ポリマー技術 ... 3
1.1.1 有機導電性ポリマー技術全体の概要 ... 3
1.1.2 有機導電性ポリマーの技術体系 ... 4
1.2 有機導電性ポリマーの特許情報へのアクセス ... 12
1.2.1 有機導電性ポリマーの特許検索方法 ... 12
（1）有機導電性ポリマーの技術要素 ... 12
（2）有機導電性ポリマーのアクセスツール ... 13
　a．有機導電性ポリマーの材料合成 ... 13
　b．有機導電性ポリマーの用途 ... 14
　c．有機導電性ポリマーの関連技術 ... 15
1.3 技術開発活動の状況 ... 16
1.3.1 有機導電性ポリマー全体 ... 16
1.3.2 材料合成 ... 18
1.3.3 中間処理 ... 19
1.3.4 用　　途 ... 20
（1）電池 ... 20
（2）コンデンサ ... 21
（3）コーティング ... 22
（4）帯電防止 ... 23
（5）センサ ... 24
（6）光関連 ... 25
（7）電気・電子・磁気関連 ... 26
（8）その他の用途 ... 27
1.4 技術開発の課題と解決手段 ... 28
1.4.1 有機導電性ポリマーの材料合成 ... 28
（1）アニリン系重合体の材料合成 ... 28
（2）ピロール系重合体の材料合成 ... 28
（3）チオフェン系重合体の材料合成 ... 29
（4）アセチレン系重合体の材料合成 ... 29
（5）フェニレン系重合体の材料合成 ... 30
（6）フェニレンビニレン系重合体の材料合成 ... 30

目次

    （7）各種共重合体の合成 30
    （8）その他重合体の合成 31
  1.4.2 中間処理 35
    （1）物性向上 35
      a. 電気・光特性関連 35
      b. 化学的性能関連 36
    （2）中間製品 37
      a. 作業動作関連 37
      b. 作製法関連 38
  1.4.3 用途 41
    （1）コンデンサ 41
      a. 電気特性 41
      b. 信頼性 41
      c. 経済性 42
    （2）電池 46
      a. 二次電池 46
      b. 太陽電池 47
      c. 燃料電池 47
      d. 電極関連 48
      e. 電池用配合物関連 48
    （3）有機 EL 54
      a. 光電特性 54
      b. 信頼性 54
      c. 経済性 55

2．主要企業等の特許活動

2.1 松下電器産業 63
  2.1.1 企業の概要 63
  2.1.2 有機導電性ポリマー技術に関する製品・技術 63
  2.1.3 技術開発課題対応保有特許の概要 64
  2.1.4 技術開発拠点 73
  2.1.5 研究開発者 73
2.2 日本電気 74
  2.2.1 企業の概要 74
  2.2.2 有機導電性ポリマー技術に関する製品・技術 74
  2.2.3 技術開発課題対応保有特許の概要 75
  2.2.4 技術開発拠点 81

目次

- 2.2.5 研究開発者 81
- 2.3 リコー 82
  - 2.3.1 企業の概要 82
  - 2.3.2 有機導電性ポリマー技術に関する製品・技術 82
  - 2.3.3 技術開発課題対応保有特許の概要 83
  - 2.3.4 技術開発拠点 87
  - 2.3.5 研究開発者 87
- 2.4 日本ケミコン 88
  - 2.4.1 企業の概要 88
  - 2.4.2 有機導電性ポリマー技術に関する製品・技術 88
  - 2.4.3 技術開発課題対応保有特許の概要 88
  - 2.4.4 技術開発拠点 92
  - 2.4.5 研究開発者 92
- 2.5 巴川製紙所 93
  - 2.5.1 企業の概要 93
  - 2.5.2 有機導電性ポリマー技術に関する製品・技術 93
  - 2.5.3 技術開発課題対応保有特許の概要 93
  - 2.5.4 技術開発拠点 96
  - 2.5.5 研究開発者 97
- 2.6 カネボウ 98
  - 2.6.1 企業の概要 98
  - 2.6.2 有機導電性ポリマー技術に関する製品・技術 98
  - 2.6.3 技術開発課題対応保有特許の概要 99
  - 2.6.4 技術開発拠点 103
  - 2.6.5 研究開発者 104
- 2.7 三洋電機 105
  - 2.7.1 企業の概要 105
  - 2.7.2 有機導電性ポリマー技術に関する製品・技術 105
  - 2.7.3 技術開発課題対応保有特許の概要 106
  - 2.7.4 技術開発拠点 109
  - 2.7.5 研究開発者 110
- 2.8 日本カーリット 111
  - 2.8.1 企業の概要 111
  - 2.8.2 有機導電性ポリマー技術に関する製品・技術 111
  - 2.8.3 技術開発課題対応保有特許の概要 112
  - 2.8.4 技術開発拠点 115
  - 2.8.5 研究開発者 115

目次

- 2.9 住友化学工業 116
  - 2.9.1 企業の概要 116
  - 2.9.2 有機導電性ポリマー技術に関する製品・技術 116
  - 2.9.3 技術開発課題対応保有特許の概要 117
  - 2.9.4 技術開発拠点 122
  - 2.9.5 研究開発者 122
- 2.10 昭和電工 123
  - 2.10.1 企業の概要 123
  - 2.10.2 有機導電性ポリマー技術に関する製品・技術 123
  - 2.10.3 技術開発課題対応保有特許の概要 124
  - 2.10.4 技術開発拠点 127
  - 2.10.5 研究開発者 127
- 2.11 富士通 129
  - 2.11.1 企業の概要 129
  - 2.11.2 有機導電性ポリマー技術に関する製品・技術 129
  - 2.11.3 技術開発課題対応保有特許の概要 130
  - 2.11.4 技術開発拠点 132
  - 2.11.5 研究開発者 132
- 2.12 日東電工 133
  - 2.12.1 企業の概要 133
  - 2.12.2 有機導電性ポリマー技術に関する製品・技術 133
  - 2.12.3 技術開発課題対応保有特許の概要 134
  - 2.12.4 技術開発拠点 137
  - 2.12.5 研究開発者 137
- 2.13 積水化学工業 138
  - 2.13.1 企業の概要 138
  - 2.13.2 有機導電性ポリマー技術に関する製品・技術 138
  - 2.13.3 技術開発課題対応保有特許の概要 138
  - 2.13.4 技術開発拠点 141
  - 2.13.5 研究開発者 141
- 2.14 東洋紡績 142
  - 2.14.1 企業の概要 142
  - 2.14.2 有機導電性ポリマー技術に関する製品・技術 142
  - 2.14.3 技術開発課題対応保有特許の概要 143
  - 2.14.4 技術開発拠点 145
  - 2.14.5 研究開発者 146

目次

2.15 マルコン電子 147
- 2.15.1 企業の概要 147
- 2.15.2 有機導電性ポリマー技術に関する製品・技術 147
- 2.15.3 技術開発課題対応保有特許の概要 147
- 2.15.4 技術開発拠点 148
- 2.15.5 研究開発者 149

2.16 三菱レイヨン 150
- 2.16.1 企業の概要 150
- 2.16.2 有機導電性ポリマー技術に関する製品・技術 150
- 2.16.3 技術開発課題対応保有特許の概要 151
- 2.16.4 技術開発拠点 154
- 2.16.5 研究開発者 154

2.17 セイコーエプソン 155
- 2.17.1 企業の概要 155
- 2.17.2 有機導電性ポリマー技術に関する製品・技術 155
- 2.17.3 技術開発課題対応保有特許の概要 156
- 2.17.4 技術開発拠点 158
- 2.17.5 研究開発者 159

2.18 ニチコン 160
- 2.18.1 企業の概要 160
- 2.18.2 有機導電性ポリマー技術に関する製品・技術 160
- 2.18.3 技術開発課題対応保有特許の概要 160
- 2.18.4 技術開発拠点 162
- 2.18.5 研究開発者 162

2.19 アキレス 164
- 2.19.1 企業の概要 164
- 2.19.2 有機導電性ポリマー技術に関する製品・技術 164
- 2.19.3 技術開発課題対応保有特許の概要 165
- 2.19.4 技術開発拠点 167
- 2.19.5 研究開発者 167

2.20 島津製作所 168
- 2.20.1 企業の概要 168
- 2.20.2 有機導電性ポリマー技術に関する製品・技術 168
- 2.20.3 技術開発課題対応保有特許の概要 168
- 2.20.4 技術開発拠点 170
- 2.20.5 研究開発者 170

Contents

 2.21 大学 171
  2.21.1 大学関係 171
  2.21.2 連絡先 171

3．主要企業の技術開発拠点
 3.1 材料合成 176
 3.2 中間処理 177
 3.3 用途 178

資 料
 1．工業所有権総合情報館と特許流通促進事業 181
 2．特許流通アドバイザー一覧 184
 3．特許電子図書館情報検索指導アドバイザー一覧 187
 4．知的所有権センター一覧 189
 5．平成13年度25技術テーマの特許流通の概要 191
 6．特許番号一覧 207
 7．ライセンス提供の用意のある特許 212

1. 技術の概要

1.1 有機導電性ポリマー技術
1.2 有機導電性ポリマーの特許情報へのアクセス
1.3 技術開発活動の状況
1.4 技術開発の課題と解決手段

> **特許流通支援チャート**
>
> # 1. 技術の概要
>
> 大学での実験から偶然に生まれた技術は電解コンデンサの重要技術にまで発展した。さらに電池、有機エレクトロルミネッセンスへの用途も今後の発展が期待される。

1.1 有機導電性ポリマー技術

1.1.1 有機導電性ポリマー技術全体の概要

　導電性ポリマーは二種類のもので代表される。一方はポリマー自体が導電性を有するポリマーであり、もう一方は汎用のプラスチックの中に金属や炭素を配合して分散させたものである。ポリマー自体が導電性を有するものの殆どは有機ポリマーであるが、極めて少ないがポリチアジルのような無機ポリマーも学問的には知られている。

　有機導電性ポリマーの誕生は実に興味深い。ノーベル賞の研究が源となって新しいノーベル賞が誕生した。低圧法ポリエチレンはチタン－アルミニウム系触媒を用いて、チーグラー・ナッタにより発明されたが、同じ触媒を用いてポリアセチレンが誕生したわけである。この際触媒をミリモル単位で用いるのをモル単位で、即ち1000倍の量の触媒を用いて重合したこと、さらに優れていることはできたフィルムの光沢からこれがポリアセチレンであるにちがいないと白川博士が推定したことである。さらにドーピングについても、塩素をドープしてカチオンを生成すれば二重結合が共役してπ電子が連なったポリアセチレンにカチオンが動き回り導電性が著しく向上すると予測し、実験まで行ったが導電性の測定手段が不十分で白川博士が測定できなかったことである。その結果ヒーガー博士、マクダミド博士の臭素ドープにつながり、三者のノーベル賞受賞につながったことである。

　白川博士のポリアセチレンの発見が引き金となって数多くの導電性ポリマーが誕生した。その代表的な例としてはポリチオフェン、ポリピロール、ポリアニリン、ポリフェニレンビニレン、ポリアセンなどがある。ポリアセチレン自身はその構造の安定性が十分ではなく、現在のところ工業化に結びついていないが、そこで培われた研究が基礎となり、上記のポリマーの工業化に結びつき、新規用途の工業化につながっている。

　導電性ポリマーの導電性を高める方法としてフィルムの延伸処理がある。そのためには導電性ポリマーを可溶化するか溶融できるようにすることにより延伸処理を可能にすることが必要である。

共役二重結合を有する導電性ポリマーは、導電機能、半導体機能、電気化学機能、光機能など多様な機能を有するため、従来の高分子とはまったく異なった分野、すなわち電線、大面積太陽電池、ダイオード、表示素子、二次電池などへの応用研究と開発が進められ、帯電防止フィルム、機能性高分子コンデンサ、発光素子から電池まで幅広い分野に応用が展開している。

　しかしながら、導電性ポリマーを用いたデバイスが実用化に至った例は少ない。これは、導電性ポリマーにおいて既存の材料と同様の機能を有することが認められるものの、それを凌駕する特有の効果を付与することができていないことに起因している。こうした中で最大の成功を収めた事例としては、電解コンデンサの陰極導電層への応用があげられる。

　その他電池への応用も一部の会社で実用化され、また有機エレクトロルミネッセンス（EL）についても試作段階に入っており、有機導電性ポリマーの将来は明るいと考えられる。

1.1.2 有機導電性ポリマーの技術体系

　有機導電性ポリマーは一般に図 1.1.2-1 に示すようなようなプロセスにより製造され、商品化される。

図 1.1.2-1 有機導電性ポリマーの製造から商品化までのプロセス

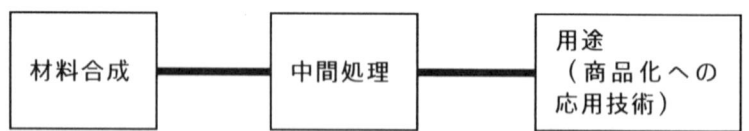

　材料合成で対象となるポリマーは、ポリアセチレン系、ポリアセン系、ポリ芳香族ビニレン系、ポリピロール系、ポリアニリン系、ポリチオフェン系、その他である。それらの出願件数は図 1.1.2-2 に示されるようにポリアニリン系、ポリピロール系、ポリチオフェン系が多い。

　材料が合成されると、材料を商品化するまでに合成された材料を処理する技術が必要でありそれを中間処理と名付けた。その中にはドーピング、可溶化、フィルム・薄膜・シート、延伸配向、成形体、組成物などがある。ドーピングは導電性をを高めるための重要技術である。可溶化はポリマーを成膜したり、コーティング材にするための重要技術である。フィルム・薄膜・シートおよび成形体は応用開発を行うための基礎製品である。延伸配向はポリマーの機械的性質や導電性を高めるための重要技術である。組成物はポリマーの機械的物性や熱安定性を向上するための重要技術である。

　用途としては商品化のための応用技術が含まれる。用途には電池、コンデンサ、コーティング、帯電防止、センサ、発光素子など光関連、電気・電子・磁気関連、その他がある。電池では有機導電性ポリマーを電極に使用し、薄膜、フィルム化が可能である。コンデンサでは有機導電性ポリマーを使用することにより、従来に比較して2桁近く高い高周波数での性能が良好であり、パソコンや携帯電話などに用いられる。有機導電性ポリマーコーティングは防食塗料、インキに用いられ、帯電防止では帯電防止剤、電磁波シールド材に使用され、炭素や金属を使用する場合と比較して軽量化や透明性を維持できる。セン

サではガスセンサ、湿度センサ、バイオセンサなど種々のセンサに利用できる。発光素子など光関連では有機ELが最も重要である。ディスプレイとして美しく高繊細で、薄く軽く、低消費電力で寿命なども解決されており、試作段階まできている。電気・電子・磁気関連では電界効果トランジスタ（FET）などがある。

　尚、有機導電性ポリマーの1990年から99年までの全出願件数は2,939件で、材料合成が1,318件、中間処理が1,498件、用途が2,488件である。

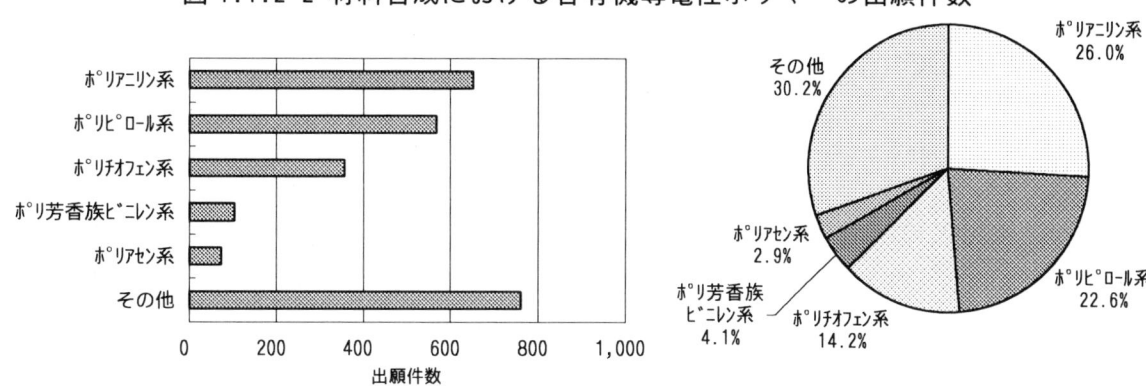

図1.1.2-2 材料合成における各有機導電性ポリマーの出願件数

表1.1.2-1に有機導電性ポリマーの技術体系を示す。

表1.1.2-1 有機導電性ポリマーの技術体系(1/7)

技術要素		解説
1.材料合成	ポリアセチレン系	ポリアセチレンはチーグラー・ナッタ触媒を用い、アセチレンの付加重合により作製される。触媒、温度等によりトランス構造、シス構造の割合および結晶化度が異なり、溶媒の溶解性も異なる。ポリマーを溶媒に溶解するか、ドープ後溶解できるようにすることにより、フィルム化さらに延伸が可能になる。延伸配向により導電性を高めることができる。
	ポリアセン系	フェノール樹脂を800℃程度で熱処理することによりポリアセンが得られる。熱処理温度によりポリアセンの［H］／［C］、結晶化度、面間隔が異なり導電率が異なる。P型やn型のドーピングにより導電性が増加し、脱ドーピングも可能である。カネボウが二次電池の電極に利用し、工業化している。
	ポリ芳香族ビニレン系	芳香族フェニレンビニレンはウィッティッヒ法、脱ハロゲン化水素法、クネーベナール縮合などにより合成される。その中で可溶性中間体を経由するスルホニウム塩分解法が代表的である。この場合中間体はスルホニウム塩をもつモノマーをアルカリで縮合することにより得られる。中間体は水に可溶であり、成形後、不活性雰囲気で熱処理することによりスルホニウム塩を脱離させる。芳香族に種類を変えることにより種々の高分子発光材料への応用が期待されている。
	ポリピロール系	ポリピロールはピロールを電解酸化または化学酸化による重合で作製される。電解重合では生成物は電極の表面にフィルムとして析出する。重合と同時に電解質アニオンでドープされ、導電率が高く、強度も高いフィルムが得られる。化学酸化重合には、酸化カチオン重合と重縮合法がある。酸化カチオン重合ではドーパントをもつポリピロールが合成されるが、重縮合法はドーパントを含まない重合体が得られる。固体電解質へ応用されている。 日本カーリットが工業化している。

表 1.1.2-1 有機導電性ポリマーの技術体系(2/7)

技術要素		解説
1.材料合成 (つづき)	ポリアニリン系	ポリアニリンは酸化剤を用いた重合（酸化重合）により容易に得られる。酸化剤としてはペルオキソアンモニウム塩が使用され、アニリン塩酸溶液と反応させて得られる。電気化学的にも作用電極上に黒色をしたエメラルディン塩の薄膜が成長する。塩酸を加えることにより溶解する。エメラルディン塩をN－メチルピロリドン（NMP）に溶解し部分乾燥後、延伸すると導電性の高いフィルムが得られる。ポリアニリンは日東電工により開発され、その誘導体が三菱レイヨン、東洋紡績により開発されている。
	ポリチオフェン系	ポリチオフェンはグリニヤール法および電解重合で作製される。グリニヤール法では不溶不融な粉末しか得られない。しかし電解重合法を用いると重合物のフィルムが得られる。さらに重合を進行させれば厚膜が形成できる。極性の高い溶媒を電解液として用いれば、柔軟なフィルムが得られる。松下技研はモノマーに乳化剤を加えて乳化剤の陰イオンをドーパントとして取り入れ、ミセルコロイド化し導電性を10倍以上にすることが可能になった。
2.中間処理	ドーピング	有機導電性ポリマーにドーパントを添加すると、導電性が著しく増加する。ドーパントにはハロゲン類、ルイス酸、プロトン酸、遷移金属ハライドおよび有機物質のようなアクセプター、アルカリ金属、アルキルアンモニウムイオンのようなドナー、その他界面活性剤、アミノ酸などがある。アクセプターはドーピングにより、導電性ポリマーの主鎖共役系からπ電子を奪い、主鎖に沿ってイオンが移動する。
	可溶化	有機導電性ポリマーを溶媒に溶解化するためにはポリマー構造に置換基を導入したり、結晶性を低くしたり、ドーピングする方法が用いられる。
	フィルム、薄膜、シート	フィルム、薄膜、シートを作製するためには重合同時析出法、キャスト法と溶融法が一般的には用いられる重合同時析出法は電解酸化重合でよく用いられる。キャストフィルムを作製するためにはポリマーの可溶化が必要であり、溶融法はモノマーに置換基を導入して、重合によりできたポリマーが溶融成形できるようにする方法である。ポリチオフェンなどで多く検討されている。
	延伸配向	導電性とフィルムの強度を高めるための重要な技術である。延伸を行うためにはキャストフィルムを作製するか、溶融成形フィルムをガラス転移温度（T_g）と冷結晶化温度（T_{cc}）の間の温度で延伸することが一般に用いられている。その他、基板上に配向させる方法もある。
	成形体	成形体を作製するためには溶融成形可能な有機導電性ポリマーを用いる方法と一般のポリマーに有機導電性ポリマーを導入して成形する場合がある。後者の場合、一般に用いられている導電性付与剤（金属、炭素など）と比較してポリマーの着色や機械物性低下を防止できる。
	組成物	有機導電性ポリマーを他のポリマーと組成物化することにより有機導電性ポリマーの機械強度を向上させたり、熱安定性や保存時の劣化を防止することができる。

表1.1.2-1 有機導電性ポリマーの技術体系(3/7)

技術要素		解説
3.用途	コンデンサ（機能性高分子コンデンサ）	近年、情報処理のデジタル化や高周波化あるいは携帯情報機器の普及を背景に、小型軽量で大きな容量をもち、高い周波数に対応できるコンデンサが求められるようになった。 これに応えるものが有機導電性ポリマーを電解質とする、いわゆる機能性高分子コンデンサである。 コンデンサは誘電体と2枚の対向する電極から構成されており、誘電体の誘電率が高いほど、また面積が広く薄いほど大容量となる。電解コンデンサはアルミエッチング箔やタンタル微粉焼結体などの面積を広げた金属の表面酸化皮膜を誘電体とするもので、容量密度の大きなコンデンサとして数多く使われてきた。 従来の電解コンデンサでは、一方の電極として母体金属を用い、面積を広げて入り組んだ空隙に電解液や半導体であるMnO_2を注入し、もう一方の電極（電解質）としていた。 しかし、従来の電解質は導電率が 10^{-2}～10^{-1}S/cm と小さく、コンデンサの内部抵抗は大きくなる。この傾向は大容量を得るために表面積を増大させるほど強くなるので、大容量で内部抵抗の小さなコンデンサの実現は難しかった。機能性高分子コンデンサは従来の100倍以上の導電率をもつ有機導電性ポリマーを電解質に用いてこの課題を解決したもので、現在では、ほぼすべての電解コンデンサメーカーがこのタイプの製品を開発している。 製品化の上での課題は、高導電性のポリマーを絶縁体である誘電体皮膜にいかに密着して形成するかで、さまざまな方法が検討され、現在では、液体状態である原料をエッチング層に含浸することにより、複雑な構造を呈する誘電体皮膜の酸化アルミ等の表面に接触させ、その後化学、電気化学あるいは熱分解等で固体電極（陰極）を形成する方法がとられている。 機能性高分子コンデンサは電解質が高導電性であるため内部抵抗が小さくなり、従来に比べて2桁近く高い周波数領域まで直線を維持し、従来のコンデンサでは対応できないような高周波の信号やノイズに対しても動作できるため、高機能の先端デバイスとしてパソコンや携帯電話、ビデオカメラなどの成長製品に搭載されている。 CPUの負荷変動バックアップや電源平滑、ノイズ除去などを満たすことができるため、現在使用量が増大している。 有機導電性ポリマーとしては、ポリピロールを用いたものが最初に開発されたが、技術的な改良が進み、いまでは別の有機導電性ポリマーも用いられている。

表1.1.2-1 有機導電性ポリマーの技術体系(4/7)

技術要素		解説
3.用途 (つづき)	電池	電気化学反応を利用して化学エネルギーを電気エネルギーに変換する装置である電池（二次電池）は、電位の異なる2種類のレドックス系を組み合わせることで作ることができる。 その中で、ポリマー電池は酸化還元挙動を示し酸化状態と還元状態で大きく異なる電位を発生するポリマー（有機導電性ポリマー）を電池活物質に利用したものである。 ポリマー電池は、軽量で、高起電力である有機導電性ポリマーを用いることによって、高エネルギー密度、高出力密度の新型二次電池として注目されている。これら有機導電性ポリマーのドーピング・脱ドーピング反応を放電反応として利用した二次電池は、有機導電性ポリマーの応用研究の中でいち早く工業化された事例である。 ポリマー電池の正極材料として、ポリチオフェン、ポリアニリン、ポリピロールなどが正極材料として適していると考えられている。中でもポリアニリンは、ドープ率が高いことやドープ状態で安定であるために自己放電がきわめて少ないなど、ポリマー電極材料としてバランスが良く優れた性質を示すため、ボタン型ポリアニリン・リチウム二次電池として商品化された。 電池活性物質（正極材料）として用いるためには、単位体積、重量当たりの電気量が大きいことが必要とされる。しかし、有機導電性ポリマーの場合ドープ率（0.1～0.5程度）を考えると体積容量密度は小さくなり、ポリマー電池の考え方から出発して開発されたリチウムイオン電池として現在用いられている無機材料などに比べ、優位性は出てこない。 また、充電の際にポリマーに電解質が入り、電解質が電解液から取り去られるため、それに見合うだけの電解液量が必要となるので、電池としての体積、質量が大きくなり軽量性の面でも問題があり、実用化はあまり進んでいない。 しかし、電池用材料としてポリマーを用いる利点として、加工性に優れ柔軟性があることから薄膜、フィルム化が容易で、カード型の薄膜電源、自由な形状の変形電池などへの応用が可能であり、また近年、表面実装化および鉛フリー化による部品のはんだ付け温度の上昇に伴い、電極材料に関しても高い耐熱性が要求されており、分解温度が比較的に高いポリピロールやポリエチレンジオキシチオフェンのような有機導電性ポリマーが有利である。これらの利点を生かし問題点を解消するために、近年無機化合物とのハイブリッド正極材料やゲル状、固体高分子電解質を用いた電池の研究が盛んに行われている。

表 1.1.2-1 有機導電性ポリマーの技術体系(5/7)

技術要素		解説
3.用途 (つづき)	コーティング (防食塗料・ インキ)	電気防食法の一つとして、電気活性な化合物を被覆して、電位を一定に制御することで効果的な防食ができることも知られている。しかし、ポリアニリン等を電解重合で被覆する方法では、大面積への適用は困難であり、塗料としてドープ状態で分散または溶解しているポリアニリンを含む防食用塗料が提案されている。 帯電防止、電界緩和などに利用する場合、金属ほどの高い導電率でなくとも有効であるので、様々な有機導電性ポリマーのコーティングが、いろいろな用途で利用可能である。 例えば、フロッピーディスクの表面をポリアニリンでコーティングし、帯電防止を行った例もある。有機導電性ポリマー単体で使う場合もあるが、また、絶縁材料と複合化することもできる。例えば、絶縁性のプラスチックフィルムや繊維をポリピロールやポリアニリンなどの有機導電性ポリマーでコーティングすることにより導電性を付与して多様な使い方が可能となり、実際に使われている。この場合、非常に薄くコーティングして帯電防止には充分な厚さでありながら、透明状態を保つことができるので、内部を確認するともできるという利点が活かされ、IC 包装材料のソフトトレー等にニーズが多い。
	帯電防止 (帯電防止剤、電磁波シールド材)	有機導電性ポリマーは、帯電防止、電磁波シールドなど様々な所で有用である。特に透明な絶縁性のポリマーフィルムの表面にポリピロールなどの有機導電性ポリマーを極めて薄く付けたものは透明でしかも導電性であることから、従来のものと比べて非常に優れたかつ取り扱いのしやすい帯電防止フィルム、あるいは容器などが製作でき、実用化されている。また、高い導電率を有する有機導電性ポリマーで筐体を作製すれば、極めて有効な電磁波シールドが期待される。電磁シールド用の実用材料としては、30～300MHz の周波数域で 30～40dB の減衰が目安であるが、ドーピング状態が安定な有機導電性ポリマーであれば充分に目的にかなうと考えられ、導電率がさらに高いポリマーであればよりシールド効果は大きくなり、薄いフィルムでも使用可能となる。このような有機導電性ポリマーとしてはポリピロールの他、ポリアニリン、ポリジエトキシチオフェンなど色々なものがある。 また、磁界シールド効果を向上する方法としては酸化鉄など無機磁性材料や微小コイル状の有機導電性ポリマー、コイル状のカーボンチューブ、ナノチューブなどを有機導電性ポリマーに混入、複合化して用いることもできる。 さらに、フィブリルあるいは繊維状の有機導電性ポリマーを絶縁性材料と複合化した場合、極めて微量の有機導電性ポリマーで導電性を付与することができる。
	センサ	微量のドーパントのドーピング、脱ドーピングによって可逆な絶縁体―金属転移を生じ、電気的性質、光学的性質、磁気的性質が可逆的に大きく変化し、しかもこのドーピングが様々な因子により大きく変化するという事実は、有機導電性ポリマーが本質的に極めて優れたセンサ機能を備えた素材であるということができる。 特定のものを検知するのに種々の測定を、あるいは複数の有機導電性ポリマーを併用して測定を行う、場合によっては多変量解析を行うなどの方法を採ることによって感度向上と識別能を高めることもできる。さらに、有機導電性ポリマーと無機半導体、金属あるいは他の有機導電性ポリマーと種々のタイプの接合素子を作ることによりセンサの感度向上を図ることもできる。これらの優れた特性を活かし、ガスセンサ、イオンセンサ、湿度センサ、温度センサ、光センサ、圧力、歪みセンサ、バイオセンサなど様々なセンサが提案され、一部は実用段階に近い。

表 1.1.2-1 有機導電性ポリマーの技術体系(6/7)

技術要素		解説
3.用　途 （つづき）	発光素子など 光関連 （有機 EL など）	有機導電性ポリマーを陽極、陰極の 2 枚の電極で挟んだ構造で、このポリマーを発光層として用いるものは EL（エレクトロルミネッセンス）素子として実用化が図られつつある。これはまた LED（発光ダイオード）とも呼ばれている。 高分子 EL（有機 EL）は自らが光る自発光型で、高速、フルカラーが可能、さらにフレキシブルで大面積化もでき、コスト的にも有利なことから有機 EL ディスプレイとして実用化に向けて大きく開発が進んでいる。 発光色の関係では、青色発光材料のポリ(9,9 ジアルキルフルオレン）の誘導体、共重合体などが優れているとされており、これをベースに緑、赤など光の三原色発光を得てフルカラー化が進められている。 フルカラー有機 EL ディスプレイは、美しく高精細でしかも薄く軽く低消費電力と言った特徴を有し、安定性や寿命などの問題もほぼ解決されている。 高効率の蛍光、EL が得られるということは単にディスプレイとしてだけでなく、ほかにさまざまな応用の可能性をもち、さらにレーザーとしても有用なものになると考えられる。いずれにしても高分子 EL は単に液晶と競合するディスプレイデバイスとしてだけではなく、新しい照明光源など多様な応用展開に至ると考えられ、大きな期待がもたれている。 光照射により有機導電性ポリマーの性質が変化すれば光記録、光記憶素子として応用される。たとえば、有機導電性ポリマーに特徴的な絶縁体ー金属転移を光で制御すれば、光記録への応用が可能であり、そのような実験がなされ可能性が示されている。 また、有機導電性ポリマーの光異性化によっても光記録が可能である。また、光によりその分子構造や分子形態を変化させる側鎖を有する有機導電性ポリマーに光照射することによっても、光記録が可能である。例えば、フォトクロミック分子を側鎖に有する有機導電性ポリマーで、光照射による色変化、また導電率の変化などでそれが実証されている。 これはフォトクロミック分子を有機導電性ポリマー中に取り込んだ複合体でも実現できる。一方、不溶性有機導電性ポリマーに光照射することにより、照射部の高分子鎖長を短く切断し可溶化することにより光記録をすることができる。特に、可逆な変化であれば、書き換え可能な光記録素子となる。書き換え可能な光記録素子としては、光を照射することにより可逆的な構造変化を生じる有機導電性ポリマーに、このポリマーとの相互作用により規則性ある分子集合体を形成する染料を加え、さらにこの導電性ポリマーよりも低融点である第二の高分子からなる記録層を有する光記録媒体等が提案されている。

表 1.1.2-1 有機導電性ポリマーの技術体系(7/7)

技術要素		解説
3.用　途 (つづき)	電気・電子・磁気関連	鎖状有機導電性ポリマーは脱ドーピング状態では禁止帯を有して半導体的性質を示すので、電子素子として種々の半導体デバイスが可能となる。 有機導電性ポリマーと金属電極からなるダイオード、異種有機導電性ポリマーの積層からなるヘテロ接合、さらには有機導電性ポリマーにソース、ドレイン、ゲート電極を付けたFET(電界効果トランジスタ)など様々な電子素子が実証されている。 有機導電性ポリマーを用いると、特にフレキシブルであること、大面積が可能であること、安価であること、さらには様々な方法で特性が制御できることから特徴的な素子となる可能性が高い。種々の有機導電性ポリマーを用いた様々なトランジスタなどの電子素子の研究が進む過程で、当然、集積化も進められロジック回路をはじめ多様な集積回路が作られ色々なところで使われ始めている。さらに絶縁層として充分優れた絶縁性を有する材料を用いたものでは、例えば SiO_2 や Al_2O_3 などを絶縁層とするものでは優れた FET 特性を示し、充分高い電界が印加できるようになれば画期的な新しい特性が発現する可能性がある。 これら電子素子は、現状では実用段階にはないが将来的には大いに期待できる。
	その他	電圧や光をはじめとする外部刺激により、その大きさ形状が変化する有機導電性ポリマーはアクチュエータとしてマイクロピンセットや微小弁、さらに将来の期待として、人工筋肉や医用機器など多彩な用途が考えられている。

1.2 有機導電性ポリマーの特許情報へのアクセス

　有機導電性ポリマーの材料合成、用途について特許調査を行う場合の検索式を解説する。ここで取り上げる有機導電性ポリマーとは、ポリマー自体に導電性を有するものであり、添加剤等により導電性を付与する導電性プラスチックは対象としない。

　通常、特許調査のアクセスツールとしては、国際特許分類（IPC:International Patent Classification)、File Index (FI)、Fターム、キーワード等があるが、有機導電性ポリマーの特許調査でも、これらを組み合わせて検索式を作成することが有効である。

　　　IPC：発明の技術内容を示す国際的に統一された特許分類
　　　FI ：日本特許庁で運用されている IPC をさらに細分化したもの
　　　Fターム：特定の技術分野について FI を多観的かつ横断的に細分化したもの
　　　キーワード：物、技術、現象等を表すキーワード

　ここでは、本チャートで取り上げた有機導電性ポリマーの技術要素に基づき、それぞれの検索方法を解説する。
　なお、先行技術調査を完全に漏れなく行うためには、ここで紹介するもの以外の分類、キーワード等を追加して調査しなければならないことも有るので、注意が必要である。

1.2.1 有機導電性ポリマーの特許検索方法
(1) 有機導電性ポリマーの技術要素

　有機導電性ポリマーは図 1.2.1-1 に示すように、炭化水素系とヘテロ原子含有系の「有機導電性ポリマー材料」とポリマーの材料合成、用途の各種「方法」に分けられる。本チャートで取り上げた有機導電性ポリマー技術を検索するには、基本的には 2 つの概念（材料と方法）の積（＊）で行う。

図 1.2.1-1 有機導電性ポリマーの技術要素

有機導電性ポリマー材料

（炭化水素系導電性ポリマー）
・ポリアセチレン
・ポリアズレン
・ポリフェニレン
・ポリフェニレンビニレン
・ポリアセン
・ポリフェニルアセチレン
・ポリジアセチレン

（ヘテロ原子含有系導電性ポリマー）
・ポリピロール
・ポリアニリン
・ポリチオフェン
・ポリチエニレンビニレン

方法

材料合成

（用途）
・電池（二次電池、太陽電池、燃料電池）
・コンデンサ（固定コンデンサ、電解型コンデンサ）
・コーティング材（塗料、インク）
・帯電防止剤
・電磁波シールド
・センサ
・有機ＥＬ発光材料
・偏光フィルム
・線材
・印刷基板
・磁気記録媒体
・電気粘性流体
・圧電素子

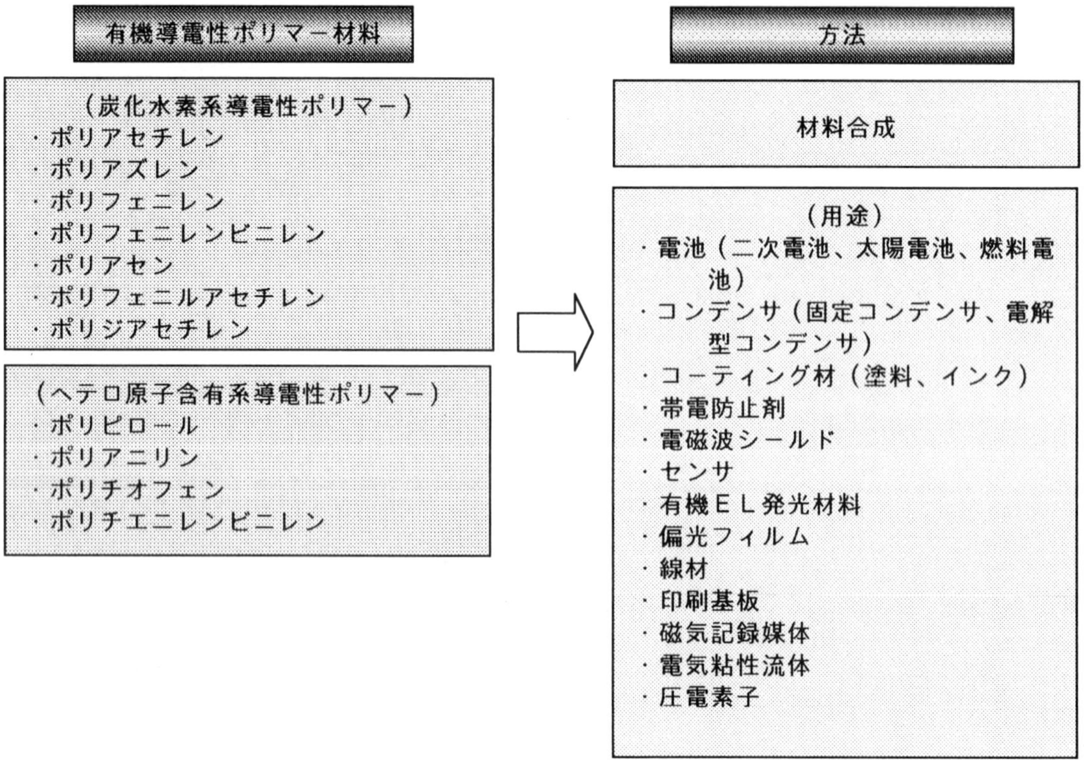

(2) 有機導電性ポリマーのアクセスツール
a. 有機導電性ポリマーの材料合成

　有機導電性ポリマーの材料合成の検索を行う場合、材料としてのポリマーが決定している場合はポリマー名称を表すキーワードとその IPC あるいは FI とを用いる。高分子化合物の IPC は C08、下位概念として、付加重合体は C08F、縮重合体は C08G、高分子化合物の組成物は C08L に分類されている。

　実際の検索では、IPC あるいは FI、キーワードを単独で用いる方法、あるいはこれらを組み合わせる方法等、検索の目的、ヒット件数の多少を考慮に入れ、必要に応じ検索式を組み立てることが必要となる。

　表 1.2.1-1 に本チャートで用いた有機導電性ポリマーの材料合成に関するアクセスツールを示す。

表 1.2.1-1 有機導電性ポリマーの材料合成のアクセスツール

ポリマー名称		キーワード	IPC 重合体	IPC 組成物
炭化水素系	ポリアセチレン	ポリアセチレン	C08F38/02 C08F138/00	C08L49/00
炭化水素系	ポリフェニレン	ポリフェニレン	C08G61/10	C08L65/02
炭化水素系	ポリフェニレンビニレン	ポリフェニレンビニレン	C08G61/02	C08L65/00
炭化水素系	ポリアセン	ポリアセン	C08F32/08 C08G61/10	———
炭化水素系	ポリフェニルアセチレン	ポリフェニルアセチレン	C08F38/00 C08F138/00	———
炭化水素系	ポリジアセチレン	ポリジアセチレン	C08F38/00	———
炭化水素系	ポリナフタレン	ポリナフタレン	C08G61/10	C08L65/02
ヘテロ原子含有系	ポリピロール	ポリピロール	C08G61/12	C08L65/00
ヘテロ原子含有系	ポリアニリン	ポリアニリン	C08G73/00	C08L79/00
ヘテロ原子含有系	ポリチオフェン	ポリチオフェン	C08G61/12	C08L65/00
ヘテロ原子含有系	ポリチエニレンビニレン	ポリチエニレンビニレン	C08G61/12	
ヘテロ原子含有系	ポリアズレン	ポリアズレン	C08G61/12	C08L65/00
ヘテロ原子含有系	ポリイソチアナフテン	ポリイソチアナフテン	C08G61/12	C08L65/00
導電性ポリマー一般		導電性高分子+導電性重合体+導電性ポリマー+導電性プラスチック	C08F? C08G?	C08L?
中間処理		ドープ+ドーピング	———	C08K?

注）IPC の内容
　C08F32/08：炭素環系に１個以上の炭素－炭素二重結合を含有し、側鎖に不飽和脂肪族基をもたない環式化合物の単独重合体または共重合体
　C08F38/00：１個以上の炭素－炭素三重結合を含有する化合物の単独重合体または共重合体
　C08F38/02：１個以上の炭素－炭素三重結合を含有する化合物の単独重合体または共重合体／アセチレン
　C08F138/00：１個以上の炭素－炭素三重結合を含有する化合物の単独重合体／アセチレン

C08G61/02：高分子の主鎖炭素－炭素連結基を形成する反応により得られる高分子化合物／高分子の主鎖に炭素原子のみを含む高分子化合物
C08G61/10：高分子の主鎖に炭素－炭素連結基を形成する反応により得られる高分子化合物／高分子の主鎖に芳香族炭素原子のみを含む高分子化合物
C08G61/12：高分子の主鎖に炭素－炭素連結基を形成する反応により得られる高分子化合物／高分子の主鎖に炭素原子以外の原子を含む高分子化合物
C08G73/00：高分子の主鎖に酸素または炭素を含み、または、ふくまずに窒素を含む結合を形成する反応により得られる高分子化合物
C08L49/00：1個以上の炭素－炭素三重結合を含有する化合物の単独重合体または共重合体の組成物；そのような重合体の誘導体の組成物
C08L65/00：主鎖に炭素－炭素結合を形成する反応によって得られる高分子組成物；そのような重合体の誘導体
C08L65/02：主鎖に炭素－炭素結合を形成する反応によって得られる高分子組成物；そのような重合体の誘導体／ポリフェニレン
C08L79/00：主鎖のみに酸素または炭素を含みまたは含まずに窒素を含む結合を形成する反応によって得られる高分子化合物の組成物

但し、ポリマーが特定されていない場合は、ノイズとして金属元素やカーボンブラック等の添加剤で導電性を付与した導電性プラスチックが含まれるので注意が必要である。

また、IPDLでは、FIまたはFタームあるいはFIとキーワードだけの組み合わせ検索しかできない。ただし、商用の検索システムを利用すれば、それらを組み合わせた絞り込みが可能となる。

b．有機導電性ポリマーの用途（商品化への応用研究）

有機導電性ポリマーの用途の検索を行う場合、ポリマー材料を表すキーワードと用途に関するIPCあるいはFIとの積（*）を用いる場合が多い。これは、用途の特許では、原料であるポリマー材料のIPCが付与されないケースが多いことによるものである。

また、ポリマー材料を特定していないことも考慮に入れる必要があり、この場合の検索式は、ポリマー材料として表1.2.1-1で紹介したキーワード（例えば、導電性ポリマー等）を追加することが必要となる。

表1.2.1-2に本チャートで用いた有機導電性ポリマーの用途に関するアクセスツールを示す。

表1.2.1-2 有機導電性ポリマーの用途に関するアクセスツール

用途	IPC	IPCの内容
電池	H01M?	電池
電極	H01M4/00	電極
二次電池	H01M10/00	二次電池；その製造
太陽電池	H01L31/04	光電池の変換装置として使用される装置
燃料電池	H01M8/00	燃料電池；その製造
コンデンサ	H01G?	コンデンサ
固定コンデンサ	H01G4/00	固定コンデンサ；その製造
電解型コンデンサ	H01G9/00	電解型コンデンサ、整流器、検波器、開閉装置、感光装置、感音装置
コーティング材	C09D?	コーティング組成物
塗料	C09D5/24	導電性塗料
インク	C09D11/00	インキ
帯電防止剤	C09D5/00 C09K3/16	帯電防止用塗料 帯電防止物質
電磁波シールド	H05K9/00	電場または磁場に対する装置または部品の遮へい
ガスセンサ	G01N27/00	電気的、電気化学的、または磁気的手段の利用による材料の調査または分析
有機EL発光材料	C09K11/06 G09F9/30,365 H05B33/12	有機発光性物質 エレクトロルミネッセントディスプレイ 実質的に2次元放射面をもつ電場発光光源
偏光フィルム	G02B5/30	レンズ以外の光学要素／偏光要素
電子写真感光体	G03G5/00	光、熱、電子を照射して原画像の記録を行うための記録材料；その製造；物質の選択
線材	H01B?	ケーブル；導体；絶縁体；導電性、絶縁性または誘導性特性に対する材料の選択
印刷基板	H05K?	印刷回路；電気装置の箱体または構造的細部、電気部品の組立体の製造
磁気記録媒体	G11B5/00	記録媒体の磁化または減磁による記録；磁気的手段による再生；そのための装置
電気粘性流体	C10M107/00	高分子化合物である機材によって特徴づけられた潤滑剤組成物
圧電素子	H01L41/00	圧電素子一般

C. 有機導電性ポリマーの関連技術

有機導電性ポリマーの関連技術のIPCを表1.2.1-3に示す。

表1.2.1-3 有機導電性ポリマーの関連技術のアクセスツール

関連分野	IPC
有機高分子化合物の仕上げ	C08J?
高分子物質を含む成形品の製造	C08J5/00
高分子物質から製造された成形体の処理または被覆	C08J7/00
無機または非高分子有機物質の添加剤としての使用	C08K?
無機配合成分の使用	C08K3/00
有機配合成分の使用	C08K5/00
形状に特徴を有する配合成分の使用	C08K7/00
プラスチックの成形技術	B29C?
プラスチックの射出成形	B29C45/00
プラスチックの押出成形	B29C47/00
プラスチックの延伸成形	B29C55/00
合成樹脂からなる積層体	B32B27/00

1.3 技術開発活動の状況

　1990年1月以後1999年12月までの出願件数を基に、有機導電性ポリマー全体および技術要素として材料合成、中間処理、用途（電池、コンデンサ、コーティング、帯電防止、センサ、光関連、電気・磁気関連、その他）について、出願件数、出願人数との関係を中心に考察した。その結果を以下に述べる。

　また、第二章で述べる選定した会社についた各技術要素および全体について出願件数推移を表にして示し、各会社の技術開発活動の状況が明らかになるようにした。

　技術要素として有機導電性ポリマー基本となるのは材料合成と中間処理である。用途としては高周波数特性を要求されれるコンデンサ分野が大きな市場を形成しつつあり、それに続いて有機導電性ポリマーを電極として用いた電池が市場に参入してきており、また有機ELも試作品が出来、今後大きな市場が期待される。その他従来より地道な市場を形成しているコーティング、帯電防止の用途が市場を形成している。その他、水面下にあるが電気・磁気関連およびセンサの用途も今後の研究開発が期待される。

1.3.1 有機導電性ポリマー全体

　出願件数は91年をピークに減少しているが、94年を底として緩やかな回復基調にある。また、出願人数は、90年初頭100名レベルで推移するが、94年に20％程度減少しそれ以降ほぼコンスタントに推移している。

　松下電器産業（以下、松下電産と略す）の出願件数が圧倒的に多い。日本電気、リコーを含め電気関連メーカー3社で500件近くに達する。松下電産は出足が早く、途中減速するが最近また出願を加速している。日本電気は出足が鈍いが、コンスタントに出願を続けている。また、富士通は出足は早いが出願を縮小している。

　化学関連メーカーでは住友化学工業が有機EL関連主体に、昭和電工が自己ドープ型ポリマー主体にほぼコンスタントに出願を行っている。また、フイルム技術のポテンシャルが高い積水化学工業、日東電工、東洋紡績および三菱レイヨンの取り組みが各社で異なっている。すなわち、積水化学工業は出願縮小、日東電工および三菱レイヨンは減速、東洋紡績は出願を継続している。

　その他として、島津製作所が97年以降センサー関連の出願を急速に立ち上げており、また、巴川製紙所は早くから手がけていたが95年以降出願を縮小している。

図 1.3.1-1 出願人数－出願件数の推移（有機導電性ポリマー全体）

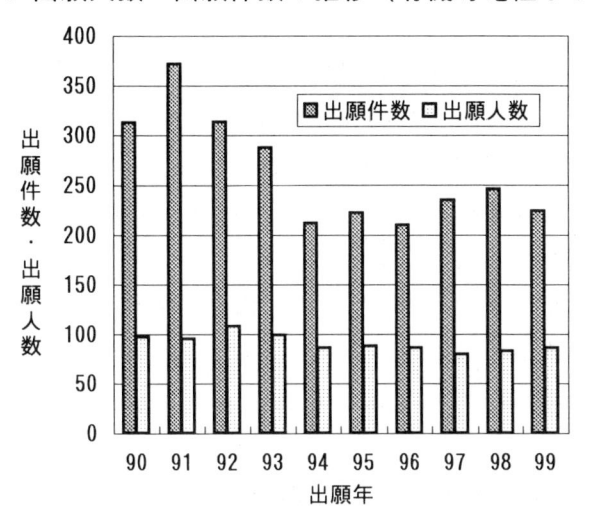

表 1.3.1-1 主要出願人出願件数推移（有機導電性ポリマー全体）

企業名	90	91	92	93	94	95	96	97	98	99	計
松下電器産業	32	53	25	18	9	20	24	30	26	39	276
日本電気	3	11	10	26	14	14	11	9	16	17	131
リコー	12	8	17	17	6	13	6	5	3	2	89
巴川製紙所	11	39	17	14	1						82
カネボウ	8	10	12	5	26	11	2	1	1		76
三洋電機	13	5	2		2		6	19	11	14	72
日本ケミコン	7	19	20	2			5	5	11	1	70
住友化学工業	6	9	5	3	6	12	4	5	4	8	62
富士通	17	9	14	7	4	1	4		1		57
昭和電工	4	8	7	11	1	7	7	7	2	2	56
東洋紡績			2	1	6	5	5	16	9	4	48
積水化学工業	9	2	3	5	8	8	10		2		47
日東電工	8	9	5	10	2	5	1	2	4		46
日本カーリット	16	13	10	4		1		1	1		46
三菱レイヨン		3	2	6	6	5	6	1		3	32
マルコン電子	10	5	4	1		1			6		27
セイコーエプソン	6	6			2		2	5	5	1	27
ニチコン	3	2	4	1				5	7		22
アキレス	3	1	3	3	2	3	3			1	19
島津製作所								8	9	1	18

1.3.2 材料合成

　出願件数は 92 年まで増大するがそれ以降は減少し、ここ数年はやや回復傾向にある。出願人数は、ここ数年ピーク時の 3 分の 1 程度である。

　出願人では、松下電産、日本電気など電気関連メーカーが上位を占めている。これは材料の特性を生かした商品開発を目指していることと、本要素に用途（コンデンサなど）に関する製造法が含まれていることにもよる。

　また、事業領域から予想されるように、昭和電工、住友化学工業、三菱レイヨンなどいわゆる川上型産業の出願が多い。

　さらに、巴川製紙所は出願総件数では上位に位置しているが、95 年以降出願がみられない。

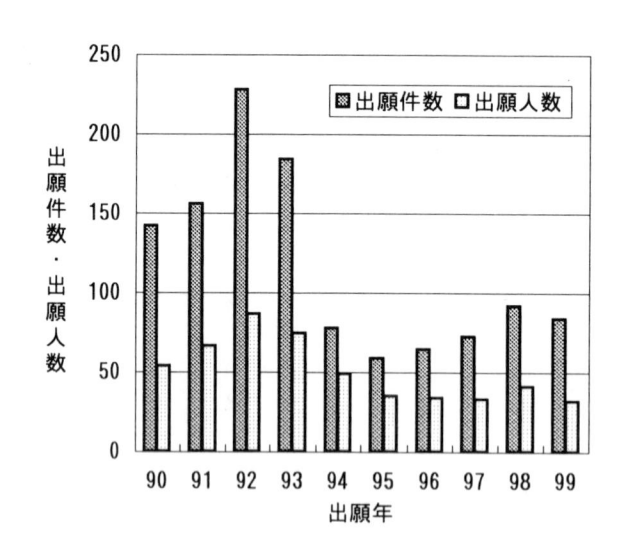

図 1.3.2-1 出願人数－出願件数の推移（材料合成）

表 1.3.2-1 主要出願人出願件数推移（材料合成）

企業名	90	91	92	93	94	95	96	97	98	99	計
松下電器産業	20	7	16	7	3	5	8	8	16	23	113
巴川製紙所	8	36	17	12	1						74
日本電気	3	4	8	19	7	7	3	3	3	5	62
日本ケミコン	4	2	14	2			5		7		34
日本カーリット	13	6	10	3					1		34
昭和電工	1	4	6	6	1	2	6	2	2	2	32
三洋電機	3	1	2		1			9	5	8	29
リコー	5	3	7	7		1	1				24
三菱レイヨン		2	2	4	4	3	2	1		3	21
マルコン電子	7	5	2	1						5	20
住友化学工業	2	4	2	1	1	3		3	3	1	20
富士通	6	2	6	3	1	1					19
日東電工	3	3	4	4	1				1		16
カネボウ			10		4	1	1				16
ニチコン		2	3					3	6		14
東洋紡績			2		3		2	5	1		13
積水化学工業			2	5	2						9
アキレス	1	1	2	2	1	1	1				9
セイコーエプソン									1		1

1.3.3 中間処理

「中間処理」は川中技術であり、川上技術である材料合成よりも小回りを利かし、マーケットへの機敏な対応が窺われる。すなわち、出願件数の出足が早く、途中落ち込むがここ数年件数は増大し91年のピーク値を上回っている。巴川製紙所、日本ケミコン、リコーのように94年に出願を縮小するメーカーがある反面、松下電産、日本電気、東洋紡績などのように出願を継続するメーカーがあり、出願人数は、94年を底としてそれ以降回復し、ほぼコンスタントに推移している。

出願人では、松下電産、日本電気、三洋電機など川下型企業が上位を占めている。次いで、脱繊維を目指す東洋紡績、加工技術を得意とする日東電工、積水化学工業が続いている。また、中堅コンデンサ専業メーカーの日本ケミコン、日本カーリットも上位に位置し健闘している。

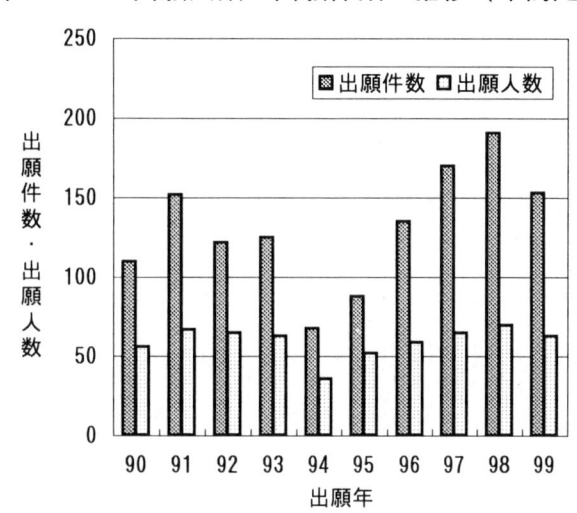

図1.3.3-1 出願人数－出願件数の推移（中間処理）

表1.3.3-1 主要出願人出願件数推移（中間処理）

企業名	90	91	92	93	94	95	96	97	98	99	計
松下電器産業	10	14	4	6	2	8	13	24	21	27	129
日本電気	1	6	4	14	6	5	9	6	13	12	76
巴川製紙所	2	25	15	9	1						52
東洋紡績			2		6	3	4	14	9	4	42
三洋電機	3	3	1				3	12	8	7	37
日東電工	7	5	5	4	2	4	1	1	4		33
日本ケミコン	1	2	4	2			5	5	11	1	31
積水化学工業	2	2		4	4	5	10		2		29
富士通	10	3	3	3		1	3		1		24
リコー	3	3	4	5			2	3	2	1	23
住友化学工業	2	5	2		1	4	3	2		4	23
日本カーリット	6	6	3	3		1		1	1		21
昭和電工	1	3	3	3		2	3	2	1	2	20
三菱レイヨン		3	1	2	4	2	4	1		1	18
カネボウ		4	6	1	3		1	1			16
島津製作所								7	6	1	14
アキレス	3	1	2	2		2	2			1	13
ニチコン			2					5	6		13
セイコーエプソン	1	1					2	3	5		12
マルコン電子	3		1	1					5		10

1.3.4 用途
(1) 電 池

　ポリマー電池の掛け声のもと 90 年初め各社ほぼ一斉に開発をスタートしたものの、96年以降開発が一段落したことと、事業戦略上研究を減速・縮小するところがあり、全体として出願件数が減少しているものと思われる。

　カネボウ、松下電産、リコー3 社の出願が多く、合計 200 件近くに達している。

　カネボウ、巴川製紙所は出願のスタートは早いものの、ここ数年出願を減速或いは縮小している。日本電気は出願のスタートは遅いものの、ここ数年出願を加速している。また、松下電産、三洋電機は一時出願を減速したもののここ数年出願を再開している。なお、富士通は出願を縮小している。

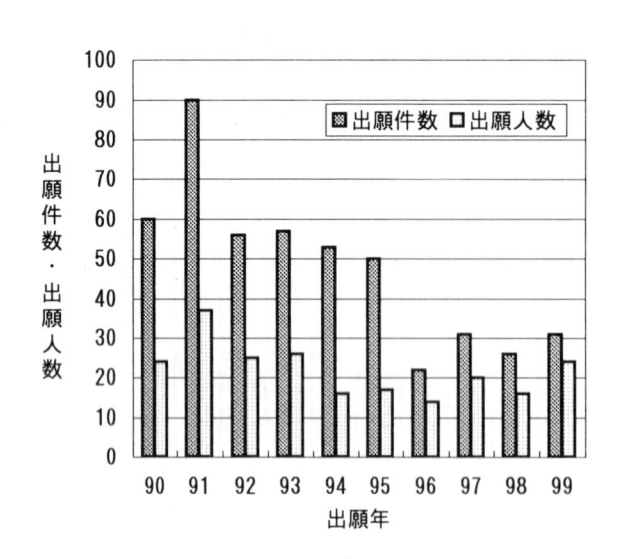

図 1.3.4-1 出願人数－出願件数の推移（電池）

表 1.3.4-1 主要出願人出願件数（電池）

企業名	90	91	92	93	94	95	96	97	98	99	計
カネボウ	6	10	11	5	24	9	1	1	1		68
松下電器産業	4	20	6	7	6	10	5		3	4	65
リコー	4	3	12	8	6	11	3	5	1		53
三洋電機	10	4						2	4	1	21
日本電気				2	1			5	4	3	15
昭和電工	2	4	1	2	1	2	1	1			14
巴川製紙所	2	4	1	5							12
富士通	3			1	2		1		1		8
積水化学工業	4										4
住友化学工業		2	1	1							4
日東電工		1						1			2
日本カーリット			1								1
セイコーエプソン					1						1

(2) コンデンサ

　出願件数は 1994 年および 95 年は落ち込んだが、ここ数年は 90 年代初頭のピーク時に近いレベルに回復している。出願人数は、ピーク時を含め 20 名前後であったものが、一時 10 名を割るレベルにダウンし、その後やや持ち直しここ数年 15 名前後で推移している。1994、95 年の出願件数の底は、各社とも出願件数が減少し、とくに専業メーカーである日本ケミコン、日本カーリット、マルコン電子の出願が殆んど見られないためと思われる。

　松下電産の出願件数が圧倒的に多い。一時出願を減速していたが、ここ数年再度出願を加速している。三洋電機、日本ケミコンも同様の傾向にある。出願のスタートは早いものの、出願を減速或いは縮小しているのは日本カーリット、日東電工、富士通である。また、最初から出願をコンスタントに維持しているのは日本電気である。

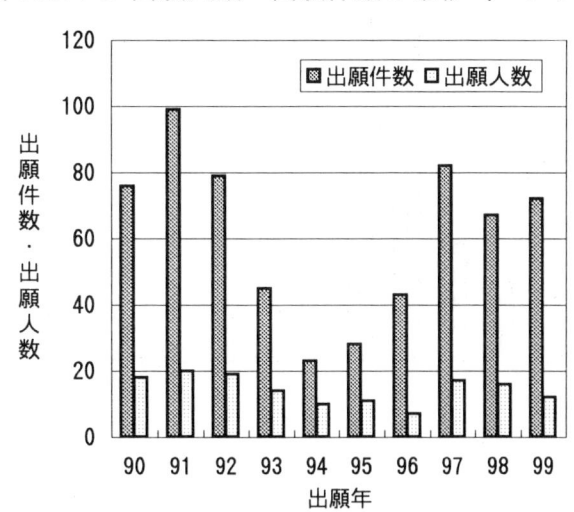

図 1.3.4-2 出願人数－出願件数の推移（コンデンサ）

表 1.3.4-2 主要出願人出願件数推移（コンデンサ）

企業名	90	91	92	93	94	95	96	97	98	99	計
松下電器産業	19	24	15	4	2	4	17	26	21	32	164
日本電気	3	7	6	22	10	12	8	3	3	6	80
日本ケミコン	6	19	20	2			5	5	10	1	68
三洋電機	1	1	1		1		5	16	7	12	44
日本カーリット	13	13	7	4							37
マルコン電子	10	5	4	1		1			6		27
ニチコン	3	2	4	1				4	7		21
日東電工	2	1	2	5	1		1	1			13
昭和電工		1		1	1	2		3	2	2	12
富士通		1	3	1							5
カネボウ	2				1						3
リコー	1	1									2
東洋紡績								1			1
住友化学工業	1										1
三菱レイヨン						1					1

(3) コーティング

　1992、93 年は松下電産、リコー、日本電気、富士通など各社が競って出願し、出願件数が急激に立ち上がり、その反動としてここ数年も極めて低調に推移している。出願人数はピーク時 40 名に急増したが、その後 10 分の 1 に急減し、そのまま回復が見られない。

　97 年以降出願企業は積水化学と東洋紡績の 2 社にとどまっている。出願件数が多い松下電産およびリコーにしても、96 年以降出願が見られない。

　本技術分野はノウハウに含まれることが多く、特許となり難いことも出願が低調な一因と考えられる。

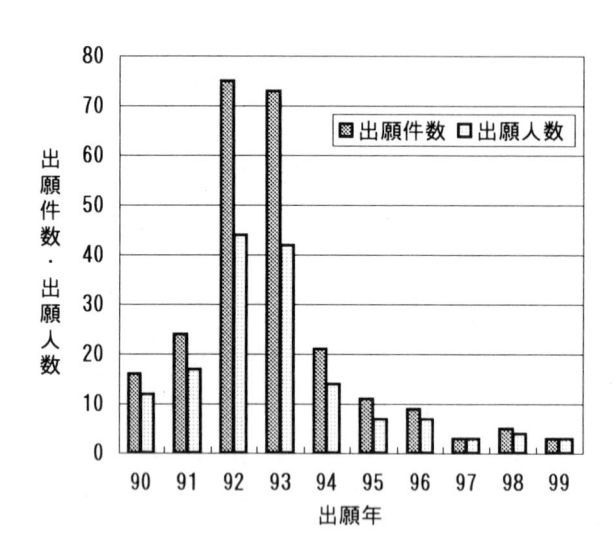

図1.3.4-3 出願人数－出願件数の推移（コーティング）

表1.3.4-3 主要出願人出願件数推移（コーティング）

企業名	90	91	92	93	94	95	96	97	98	99	計
松下電器産業	2		6	4	2	1					15
リコー		2	4	7		1					14
積水化学工業			3	3	2	2	2		2		14
日本電気		2	1	6							9
富士通	1		4	3	1						9
セイコーエプソン	3	4									7
日本ケミコン			7								7
日本カーリット			7								7
東洋紡績					4			1	1	1	7
住友化学工業	1		1	1	2		1				6
日東電工			2	4							6
三菱レイヨン		1		1	2		1				5
昭和電工		2	3								5
アキレス	1		1		1						3
マルコン電子			2	1							3
巴川製紙所		1	1	1							3
三洋電機			1								1
ニチコン			1								1

(4) 帯電防止

マーケット先行で且つ手がけやすい分野であり、立ち上がりは順調に推移した。すなわち、90年代初め出願件数が伸びたものの、94年頃から下降を辿り、96年以降急速に件数が減少し低調に推移している。また、出願人数は99年には遂にピーク時の10分の1程度にダウンし、数社を数える程度である。

日東電工、アキレス、日本電気、松下電産、巴川製紙所の出願は、90年代前半で出願がなくなっていくが、東洋紡績、三菱レイヨン、昭和電工の出願は、90年代後半も続いている。

このように「帯電防止」に関する出願件数がないのは、例えば電磁波シールド（EMI：Electro Magnetic Interference）分野で導電性フィラー複合ポリマーが加工性およびコスト面で優位に立ち、導電性ポリマーはマーケットに十分浸透し得ないことも一因と考えられる。

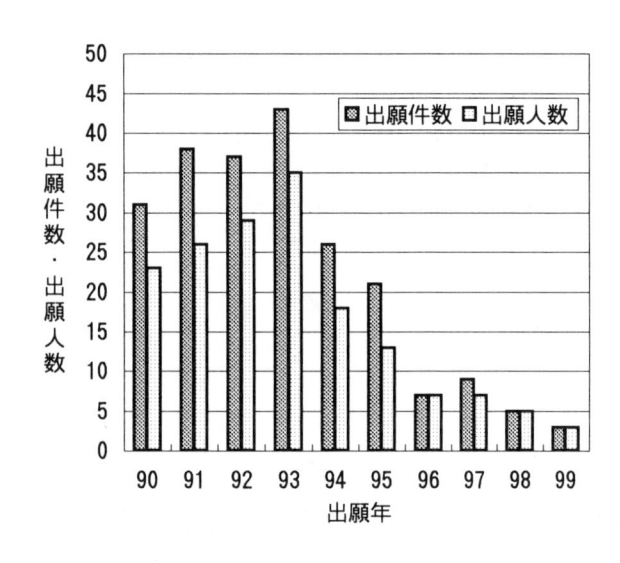

図1.3.4-4 出願人数－出願件数の推移（帯電防止）

表1.3.4-4 主要出願人出願件数推移（帯電防止）

企業名	90	91	92	93	94	95	96	97	98	99	計
日東電工	3	3	1	1		3					11
昭和電工		1	2	2		2	1	1			9
巴川製紙所	2	3	1	3							9
三菱レイヨン		2		3	1	2		1			9
積水化学工業			1	1	4	1			1		8
東洋紡績				1	4	1		2			8
アキレス	1		2	1	2						6
日本電気		2	1	1	1						5
松下電器産業	2	2									4
リコー	1		1	1							3
マルコン電子	2	1									3
日本カーリット	1		1								2
富士通	1			1							2
住友化学工業					1	1					2
カネボウ	1		1								2
日本ケミコン			1								1

(5) センサ

　センサに関する出願件数は若干減少気味では有るが、他の分野に比べ比較的コンスタントに推移している。また、出願人数は90年代初めの約3分の1に減少している。

　出願人別では、島津製作所の出願が圧倒的に多い。特に97年以降研究を重点実施している。これは測定機器メーカーとして蓄積した技術基盤の充実強化の一環として取り組み、導電性ポリマーの化学的性質を活かし各種センサーを重点開発しているものと推測される。

　巴川製紙所および松下電産は出願を縮小し、三洋電機は出願を粘り強く継続していることを伺わせる。

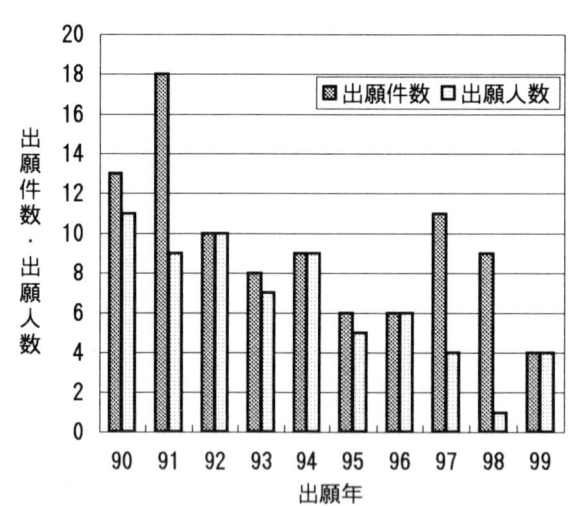

図1.3.4-5 出願人数－出願件数の推移（センサ）

表1.3.4-5 主要出願人出願件数推移（センサ）

企業名	90	91	92	93	94	95	96	97	98	99	計
島津製作所								8	9	1	18
巴川製紙所	2	2		2							6
松下電器産業		3			1	2					6
昭和電工		2	1	1		1					5
三洋電機			1		1		1	1		1	5
日東電工	1										1
住友化学工業		1									1
リコー						1					1

(6) 光関連

90年代初めに立ち上がり、93年をピークに出願件数は減少傾向を示しているものの、ここ数年は電子・情報機器の小型化・軽量化の流れに伴い、回復基調にある。出願人数は出願件数とほぼ同じ傾向にある。

住友化学が有機EL関連を中心として圧倒的に出願件数が多い。また、事業領域から予想されるように、松下電産、富士通、リコー、セイコーエプソンが上位を占める。出願を加速するグループと縮小するグループの二極化の傾向が見られる。すなわち、リコー、セイコーエプソンは一時出願を縮小するも最近再度増加しており、松下電産、富士通は出願を縮小した。

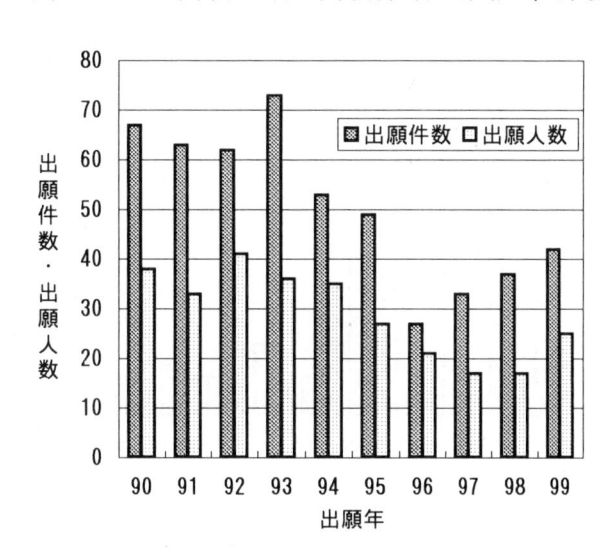

図 1.3.4-6 出願人数－出願件数の推移（光関連）

表 1.3.4-6 主要出願人出願件数推移（光関連）

企業名	90	91	92	93	94	95	96	97	98	99	計
住友化学工業	3	3	4	2	5	11	3	3	4	8	46
松下電器産業	3	10	2	2	1	2				1	21
富士通	7	1	2	4	1	1	1				17
リコー	3	1	2	4		1	1		2	2	16
セイコーエプソン	2	3				2	4	4	1		16
積水化学工業	6	1	2	2	1	1					13
昭和電工	1	2	4	2		3		1			13
巴川製紙所	3	2	2	5							12
日本電気				1	3	1	1		1	1	8
東洋紡績						4	1	3			8
日東電工		3	1			1			1		6
日本カーリット						1					1
三洋電機	1										1
三菱レイヨン				1							1

(7) 電気・電子・磁気関連

　出願件数は 1995 年以降減少している。92 年のピーク時に 50 件強を越えている。電気・電子・磁気関係の出願は、90 年代半ばから急激に減少した。出願人数をピーク時の 30 名強から 10 分の 1 程度に減少している。

　個別出願人では、日本電気と富士通とで出願傾向の大きく異なることが注目される。日本電気は印刷基板、コンタクトピンおよびプローブが中心で 90 年代後半も出願を続けている。半導体装置やその配線関連が中心である富士通は、97 年以降出願がなされていない。

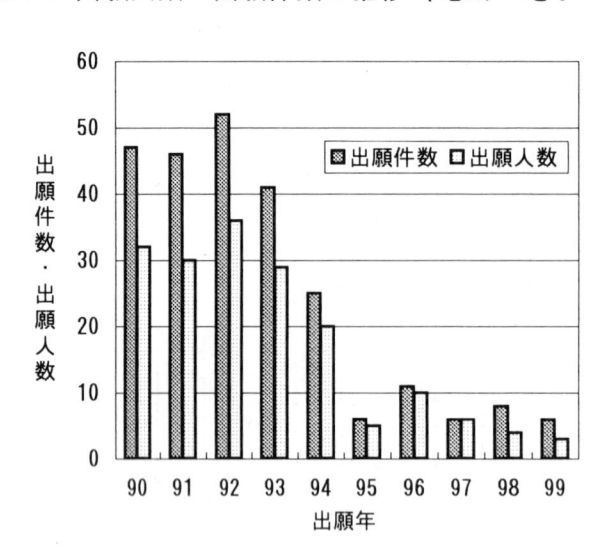

図 1.3.4-7 出願人数－出願件数の推移（電気・電子・磁気関連）

表 1.3.4-7 主要出願人出願件数推移（電気・電子・磁気関連）

企業名	90	91	92	93	94	95	96	97	98	99	計
富士通	5	5	7				2				19
日本電気		4	1			1	1		5	4	16
松下電器産業	4	2	2	4		2	1				15
リコー	2	2	4	2							10
昭和電工		1	3	1							5
巴川製紙所	1	2		1							4
積水化学工業		1		1	1						3
日本カーリット	2		1								3
セイコーエプソン	1	1						1			3
アキレス			1	1							2
マルコン電子	2										2
住友化学工業		2									2
東洋紡績							1				1
日東電工		1									1
三洋電機		1									1
三菱レイヨン				1							1
カネボウ					1						1

(8) その他の用途

　用途分類(1)〜(7)に属さない分野であり、多種類で出願総件数は少ない。93 年までは出願件数は増加しているが、94 年以降減少傾向にある。出願人数はピーク時の 5 分の 1 に減少している。

　アキレス、積水化学工業、日東電工が上位を占めている。例えば、アキレスのサンドブラスト材、日東電工の粘着テープ用保護シートなど極めてユニークなものからなっている。しかし、97 年から殆んど出願がなされていない。

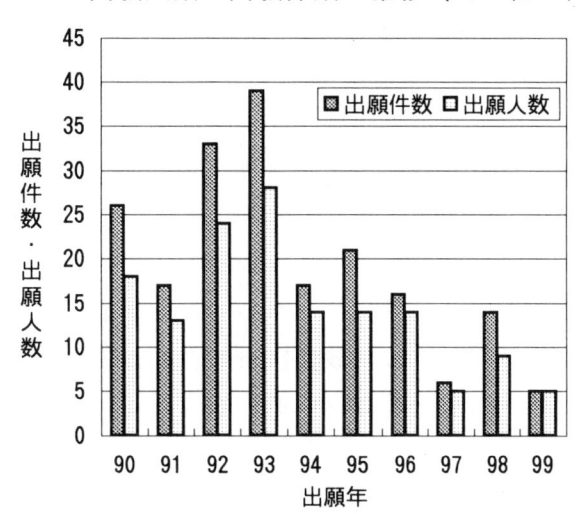

図 1.3.4-8 出願人数－出願件数の推移（その他の用途）

表 1.3.4-8 主要出願人出願件数推移（その他の用途）

企業名	90	91	92	93	94	95	96	97	98	99	計
アキレス	3	1	3	3		2	2				14
積水化学工業			1	1	3	5	1				11
富士通	2	3	2	1	1						9
日東電工	1	1	1	3					1		7
三菱レイヨン				3	1		1				5
セイコーエプソン	3				1						4
巴川製紙所	1	2									3
松下電器産業	1	2									3
昭和電工				3							3
日本電気					1				1		2
日本カーリット			2								2
住友化学工業					1	1					2
リコー				1			1				2
東洋紡績				1							1
三洋電機						1					1

1.4 技術開発の課題と解決手段

　材料合成技術、中間処理技術のドーピング技術および用途技術のうち電池対応技術、コンデンサ対応技術について、さらに発光素子など光関連技術から有機ＥＬ素子について、その技術開発課題と対応する解決手段について紹介する。
　対象とした特許は 1991 年 1 月から 2001 年 8 月までに公開されたもので、その中で主要 20 社（選定理由などは 2 章参照）の権利存続中および係属中の特許である。

1.4.1 有機導電性ポリマーの材料合成

　ここでは、有機導電性ポリマーの最も重要な技術である導電性ポリマーの材料合成に焦点を当てて、有機導電性ポリマーの技術開発の課題と解決手段との関連性を示している。
　表 1.4.1-1 に材料合成に関する技術開発の課題と解決手段を示す。
　技術課題は、重合体を構成するポリマー成分により異なることから、アニリン系単独重合体の合成やピロール系重合体の合成、チオフェン系重合体の合成、アセチレン系重合体の合成、フェニレン系重合体の合成、フェニレン・ビニレン系重合体の合成、上記共重合体の合成および上記以外の重合体の合成に区分し、それぞれ電気特性や機械的特性、加工特性、採算性（生産効率、価格）等に具体的内容を示している。

(1) アニリン系重合体の材料合成

　アニリン系の特色は、三菱レイヨンの保有特許が 60％（重複件数中）を占め、その技術課題としては高導電性や溶解性（重複 6 件）に集中している。解決手段は、酸性基置換アニリン系ポリマーの改良に注力している。また巴川製作所はポリアニリン誘導体について、発がん性物質を発生させない製法（1 件）の課題に取り組み、解決手段として、ｐ－アミノフェノールモノマーを特定触媒を用い手反応させることに注力し、環境問題への対策がわかる。

　①高い導電性を発現させると共に水や有機溶剤に対しての優れた溶解性を持った重合体を得るため、三菱レイヨンが、酸性基置換等の検討を行っている。
　②加工性の優れた重合体の合成のほか、ベンジジン等の発ガン性物質を発生させない重合触媒に対する重合体合成も巴川製紙所が検討している。
　③高い生産性と膜質の良好なアニリン系重合体の合成として、リコーは、アニリン単量体を定電位電解重合を行った後、定電流電解重合を連続して行うのがある（2 件）。

(2) ピロール系重合体の材料合成

　ピロール系の特色は、6 企業の保有特許からなり、多い所は三菱レイヨン、日本電気、アキレスである。その技術課題は導電性（複合体）に集中している（重複件数の約 60％）。その解決手段として、アキレスはピロール系ポリマーと被導電処理材とからなる導電性複合体を得ている。またアキレスは廃棄処分が容易な導電紙を技術課題として取り組み、その解決手段として繊維素材とピロール系重合体を化学酸化重合して複合化するこ

とに注力している。

①ピロール系重合体の出願は、日本電気、三菱レイヨンやアキレスに多い。例えば、ピロール系導電性重合体の大量合成にも対応可能な簡便な方法として、ピロール単量体とスルホン酸化合物アニオンおよび酸化剤の混合溶液を重合し、導電率の高いピロール系重合体を製造する方法を日本電気が出願している。

②ピロール単量体やカチオン性フッ素樹脂エマルジョン等を含有する処理液中で化学酸化剤を触媒として重合し、アキレスは、高い導電性に加えて撥水性、撥油性がより改良された導電性複合体を研究している。

③高い導電性および溶解性を示し、かつ高分子量の導電性重合体の製造法として、三菱レイヨンは、酸性基置換ピロール（ピロール系以外のアニリン系やチオフェン系、フラン系等の導電性重合体成分も適用）と塩基性化合物を含む溶液中で電解酸化重合させて酸性基を有する可溶性導電性重合体を開発している。

(3) チオフェン系重合体の材料合成

チオフェン系の特色は、5企業の保有特許（重複9件）と少ないが、技術課題では導電性（同4件）についてが最も多い。

その解決手段は、各企業により異なるが、例えば、三菱レイヨンは、可溶性アミノナフタレン系導電性ポリマーの製法に注力している。

また、松下電産は、物理的、化学的安定性についての技術課題に取り組み、その解決手段として蒸着重合法を用いて、特色構造のオリゴチオフェン重合体を得ることに注力している。

①特定構造のオリゴチオフェン重合体（オリゴチオフェンを主鎖に有するポリアミド）を松下電産（松下電器産業の略）は、蒸着重合法により製造し、オリゴチオフェンの呈する利点を生かしながら、物理的、化学的安定性に優れた高分子材料を提供している（2件）。

②電解重合可能な単量体（チオフェン系やアニリン系、ピレン系、アズレン系、アセチレン系等も適用）およびオリゴマーを含む電解液中で、非導電材料の存在下に磁場を印加しながら電解重合反応することにより、リコーは、非導電材料上に有機導電体薄膜を得ている（類似も含めて2件）。

③複素環化合物との混合化合物を酸化剤存在下重合し、積水化学（積水化学工業の略）は、耐熱性に優れた導電性重合体を得ている。

(4) アセチレン系重合体の材料合成

アセチレン系の特色は、一般に使用される酸化重合法でなく、ほとんどが蒸着重合等の化学重合法、出願企業も松下電産、富士通、日本電気の3社（重複10件）である。高導電性の向上を技術課題の最有力として3社とも取り組み、解決手段は各社各様であるが、例えば、富士通はチーグラナッタ触媒を塗布した基板を冷却し、アセチレンガス含有の雰囲気で基板表面をレーザー照射してポリアセチレン配向膜を得ることに注力している。

また、松下電産は、雰囲気安定の改良を技術課題として取り組み、解決手段としてアセチレン基等を含む化学吸着物質を基板表面に化学吸着させる工程を経て、アセチレン基の部分を重合させることに注目している。

　３件づつ松下電産と富士通が共に出願している。
　①アセチレン基とクロロシリル基を含む化学吸着物質を基板表面に化学吸着させたのち、アセチレン基の部分を重合させて、酸素含有雰囲気中で安定なポリアセチレン型共役ポリマーを松下電産は得ている。
　②チーグラー・ナッタ触媒を塗布した基板を冷却し、アセチレンガスを含む雰囲気で、基板表面をレーザ光でスキャンして、スポットされた部分が局所的に加熱され、簡便法で電気伝導度の高いポリアセチレン配向膜を富士通は得ている。

(5) フェニレン系重合体の材料合成
　フェニレン系の特色は、上述の各種ポリマーと比べて特許件数（住友化学工業２、リコー１件）が少なく、技術課題は工業的生産性の向上（住友化学工業）に取り組み、その解決手段は、側鎖にエチレンオキシド鎖を有するポリフェニレンの製法に注力している。

　出願しているのは、住友化学（２件）とリコー（１件）である。
　①エチレンオキシド鎖を有するポリフェニレンを工業的に有利な製法（住友化学工業）。
　②モノアルキル置換ベンゼンの単量体を重合して得られる可溶性のフェニレン系重合体を得た（リコー）。

(6) フェニレンビニレン系重合体の材料合成
　フェニレンビニレン系の特色は、出願件数が３件（住友化学工業２件、昭和電工１件）と少ないことである。技術課題は導電性高分子置換体や賦形性、成形加工性の改良にそれぞれ集中している。また解決手段も新規アリーレンビニレン重合体の向上（昭和電工）に注力している。

　①成形加工性が良い、加工性要求度の高い電極等に有用な新規のポリ（5-アルキルイソチアナフテニレンビニレン）を得た（昭和電工）。

(7) 各種共重合体の合成
　各種共重合体の特色は、三菱レイヨン（２件）を含めて５社の６件で、それぞれ独自の材料合成技術に集中していることがわかる。技術課題としては、高導電性を含めた品質特性の向上に取り組んでいるのが多く、解決手段としては、アニリン－アルコキシ基置換アミノベンゼンスルホン酸類共重合体の改良（三菱レイヨン）等に注力していることがわかる。
　また、積水化学は航空宇宙材料等に好適な導電性、光反応性等の向上のための技術課題に取り組み、解決手段としてケイ素化合物－アセチレン系化合物－メタロセン系化合物

の重縮合物の改良に注力していることがわかる。

　6件の出願を三菱レイヨン（2件）を含めて整理した。
　①高い導電性と溶解性の共重合体としてアニリン類とアミノベンゼンスルホン酸類の共重合体を得ている（三菱レイヨン）。
　②ジエチニルシリル化合物とジハロゲン化メタロセンを重縮合させて、導電性、光反応性等に優れた重合体を得ている（積水化学工業）。

(8) その他重合体の合成
　その他重合体の特色は、昭和電工（3件）、三菱レイヨン（2件）、日本電気の3社に絞られている。最も多い技術課題としては、導電性や有機溶剤可溶性を向上するために取り組み、その解決手段はそれぞれ異なっているが、例えば三菱レイヨンは、可溶性アミノナフタレン系導電性ポリマーの製法の改良に注力していることがわかる。

　また、日本電気は低コスト等の技術課題に取り組み、解決手段として、ポリ（6-ニトロインドール）の改良に注力していることがわかる。

　6件の出願を昭和電工の3件を含めて整理した。この中には三菱レイヨンと日本電気との共願（特開2001-172384）がある。
　①高分子量でかつ高導電率を有するポリアミン置換キノン重合体の工業的な製造法（三菱レイヨンと日本電気との共願）。
　②可溶性で加工性に優れ、しかも熱的導電性に優れた導電材等に有用な1,3-ジヒドロイソチアナフテンの重合体（昭和電工）。
　③導電性重合体としてポリ（6-ニトロインドール）を製造した（日本電気）。

表1.4.1-1 材料合成に関する技術開発の課題と解決手段の対応表(1/3)

課題		解決手段 酸化重合		電解重合	他重合法(蒸着重合、化学重合、エネルギー照射重合等)
アニリン系	高導電性	三菱レイヨン 5件	日本電気 1件		
	帯電防止性	三菱レイヨン 1件			
	耐熱性	日本電気 1件			
	高温空気中で信頼性高い	日本電気 1件			
	溶解性	三菱レイヨン 6件			
	塗工性	三菱レイヨン 4件			
	発ガン性物質を発生させない	巴川製紙所 1件			
	成膜性	三菱レイヨン 1件			
	成形性	日本電気 1件			
	安定、加工性	巴川製紙所 3件			
	膜質の機械強度	三菱レイヨン 1件		リコー 2件	
	高生産性			リコー 2件	
ピロール系	高導電性	日本電気 2件	三菱レイヨン 2件	三菱レイヨン 1件	
	帯電防止性	巴川製紙所 1件	アキレス 1件	巴川製紙所 1件	
	耐熱性	日本電気 1件			
	熱安定性	日本電気 1件			
	溶解性	三菱レイヨン 1件		三菱レイヨン 1件	
	耐薬品性	三菱レイヨン 1件	アキレス 1件		
	均一性(導電性)	松下電産 1件	アキレス 3件		
	軽量、成形可能	日本電気 1件			
	膜形成時間短絡	日本電気 1件			
	製造条件			リコー 1件	
チオフェン系	高導電性	三菱レイヨン 1件 積水化学工業 1件		リコー 1件	リコー 1件
	幅広い機能素子用				松下電産 1件

表1.4.1-1 材料合成に関する技術開発の課題と解決手段の対応表(2/3)

課題		解決手段 酸化重合	電解重合	他重合法（蒸着重合、化学重合、エネルギー照射重合等）	
チオフェン系（つづき）	熱安定性	日本電気 1件			
	溶解性	三菱レイヨン 2件			
	物理的、化学的安定性			松下電産 1件	
	高温空気中で信頼性高い				
アセチレン系	高導電性	日本電気 1件		松下電産 2件	富士通 3件
	非線形光学効果に優れる			松下電産 2件	
	酸素含有雰囲気中で安定			松下電産 1件	
フェニレン系	可溶性		リコー 1件		
	工業的に有利に生産	住友化学工業 1件			
	生産効率が良い	住友化学工業 1件			
フェニレンビニレン系重合体合成	賦形性	住友化学工業 1件			
	導電性高分子置換体	住友化学工業 1件			
	成形加工性	昭和電工 1件			
各種共重合体	高導電性、高強度、高弾性のフィルム形成	住友化学工業 1件 （2官能モノマー/3官能モノマー共重合体）			
	有機溶剤可溶性、自立性フィルム、ファイバーを形成	巴川製紙所 1件 （ポリアニリン・ポリエーテルブロック共重合体）			
	高導電性、塗工性、水・アルコール可溶性	三菱レイヨン 1件 （アニリン-アミノベンゼンスルホン酸共重合体スルホン化物）			
	高導電性、溶剤可溶性	三菱レイヨン 1件 （アニリン-アルコキシ基置換アミノベンゼンスルホン酸類共重合体）			

表1.4.1-1 材料合成に関する技術開発の課題と解決手段の対応表(3/3)

課題		解決手段 酸化重合		電解重合	他重合法(蒸着重合、化学重合、エネルギー照射重合等)	
各種共重合体（つづき）	常温の保存安定性、加工性、導電性低下のない安定な被膜の形成				昭和電工 1件 (スルホ置換イソチアナフテン-イソチアナフテン-1-3-共重合体)	
	導電性、光反応性及び耐熱性、航空宇宙材料等に好適				積水化学工業 1件 (ケイ素系化合物-アセチレン系化合物-メタロセン系化合物の重縮合物)	
その他	有機溶媒可溶性、熱的、機械的安定性、導電性	昭和電工 1件 (1,3-ジヒドロイソチアナフテン類)				
	有機溶媒可溶性、安定性	昭和電工 1件 (1,3-ジヒドロイソチアナフテン-5-スルホン酸ナトリウム)				
	導電性、経時安定性	昭和電工 1件 (ポリ[イソインドール-1,3-ジイル-2-エタンスルホン酸])				
	高導電性、水又は有機溶媒に可溶性	三菱レイヨン 1件 (アミノナフタレン系重合体)				
	高分子量、高導電率、工業的製造法	三菱レイヨン 1件（日本電気と共願） (ポリアミン置換キノン重合体)				
	安価、高収率	日本電気 1件 (ポリ(6-ニトロインドール))				

1.4.2 中間処理

中間処理の中で有機導電性ポリマーについて最も重要なドーピングについて課題と解決手段を紹介する。

表 1.4.2-1 にドーピングの技術開発の課題を分類し、解決手段との関連性を体系化した。

技術課題は、中区分『物性向上』と中区分『中間製品』に2分類する。『物性向上』は更に電気・光特性関連（高導電性、高誘電率、半導体化、赤外吸収強度）と化学的性能関連（耐湿性、耐水性、耐溶剤性、溶剤可溶性、耐熱性、熱安定性、経時安定性、密着性・接着性、耐化学薬品性）とに小分類する。一方、『中間製品』は作業動作関連（加工性、成形性、分散性、塗布性など）と作製法関連（ペイント作製、溶液作製、フィルム・薄膜・シート作製、成形体作製、組成物作製など）とに小分類する。

また、解決手段は材料面（ポリマー・重合体オリゴマーと化合物）と中間処理（組成物化、化学的・電気化学的）、その他に整理した。

(1) 物性向上

a. 電気・光特性関連

電気・光特性関連の特色は、ポリマー、オリゴマーでは特許6件中で昭和電工が4件を占めており、一方プロトン酸を含む化合物のドーピングは、東洋紡績、日東電工の各3件が最も多く、その他として5社から8件の出願となっている。

また、ポリマー、オリゴマーについて、最も多い技術課題として昭和電工が自己ドープ型ポリマーの製造技術（4件）に取り組み、解決手段として、スルホン酸等を環に含むポリアニリン等の改良に注力していることがわかる。

また、日東電工は、ポリアニリンの導電性の安定化の改良のための技術課題に取り組み、その解決手段としてイミノ-p-フェニレン型ポリアニリンをドーピング処理して導電性有機重合体を得ることに注力していることがわかる。

その他として松下電産は高導電性を向上するための多くの技術課題に取り組み、解決手段として、固定性ドーパントと易動性ドーパントの両方をドーパントとして電子共役性高分子中にドープすることに注力していることがわかる。

①高導電性
イ）ポリマー・重合体オリゴマー関連
・出願は昭和電工の自己ドーピング型導電性高分子の製造（4件）と松下電産（松下電器産業の略）、三菱レイヨンの1件づつである。
自己ドーピング機能を有する高分子導電体を製造し電気化学セルにおける電極等の用途に向けて昭和電工は検討中である。
・固定性ドーパントと易動性ドーパントの両方をドーパントとして松下電産は重合体中にドープしている。

ロ）プロトン酸等の化合物
化合物使用のドーピングは14件で、プロトン酸塩使用、東洋紡績（3件）、日東電工

（3件）等である。
・プロトン酸塩以外の化合物として、例えば、アニオン系界面活性剤（松下電産）や五沸化燐（アキレス各1件）等が使用。
・「超伝導複合体の製法」（住友化学工業は、吉野勝美との共願）において、フラーレンとアルカリ金属等を導電性重合体にドーピングし、超伝導性の外、可とう性、成形性などを付与し、新たな機能を持たせている。
・ポリアニリン系組成物にヨウ素等のハロゲン系化合物をドープして巴川製紙所は、高い導電率を得ている。

ハ）組成物化
・フィルムや皮膜形成に適し、ドーピングにより高い導電率を示すポリアニリンの酸化重合体を含有する高分子溶液組成物を巴川製紙所は得た。

②導電性以外の電気・光特性関連
　赤外吸収強度は、積水化学工業（2件）のみである。赤外吸収フィルターを用途対象として、均一な赤外線吸収特性を向上するため多くの技術課題に取り組み、解決手段として、アセチレン系ポリマーを主体とする有機層の改良に注力していることがわかる。
　また、半導体化は富士通の1件だけである。半導体装置を得るための多くの技術課題に取り組み、解決手段としてアセチレンにドーパントを導入することにより、半導体化の改良に注力していることがわかる。

イ）赤外線吸収フィルターその他
・化学的或いは電気化学的にドーピングされたアセチレン系重合体を主体とする有機層を設けて均一な赤外線吸収強度を有するフィルターを積水化学工業は得た（2件）。
・アセチレンガスから緻密で再現性の高いポリアセチレン膜を富士通は得ているが、このアセチレンはドーパントの導入により半導体化する特性をもっている。そのため、太陽電池や液晶表示パネル等の応用が可能。

b．化学的性能関連
　ポリマー、オリゴマーについては、昭和電工、松下電産、三菱レイヨンの3社（各1件）が耐水性、耐溶剤性、耐熱性、経時安定性を向上するための多くの技術課題に取り組み、例えば、松下電産は耐熱性、経時安定性改良の解決手段として、イオン性基を有するオリゴマーをドーパントとして電子共役性高分子中に分散させて、改良に注力していることがわかる。
　またプロトン酸塩の利用については、東洋紡績（7件）、日東電工（4件）、その他3社から15件（重複）の出願である。技術課題としては8課題あり、多い順に可溶性（4件）、耐熱性（3件）等となっている。その中、東洋紡績は、可溶性の技術課題を全量保有しており、例えば、可溶性を向上するための技術課題に取り組み、解決手段として、ポリアニリンと特定ドーパントを含有した有機重合体組成物の改良に注力していることがわかる。

その他として昭和電工は熱安定性を向上するための技術課題に取り組み、その解決手段としてポリ（アリーレンビニレン）とスルホン酸アニオン系ドーパントとの複合物の改良に注力していることがわかる。

この区分では、化学的性能課題として耐水性や耐溶剤性、溶剤可溶性、耐熱性、熱安定性、接着性、耐化学薬品性関連について全般的な概要を紹介する。

イ）ポリマー、重合体オリゴマー関連
出願は、松下電産、昭和電工、三菱レイヨンから1件づつである。
・イオン性基を有する重合体オリゴマーをドーパントとして電子共役性高分子（ポリピロールなど）中に分子分散させて、松下電産は、耐熱性や電界による経時安定性に優れた導電性高分子を得ている。
・特定構造の水溶性自己ドープ型導電性ポリマーを脱水処理して、同ポリマーを自己ドーピング機能導電性を備えたまま水不溶性にして、昭和電工は、耐水性、耐溶剤性の改良を行っている。

ロ）プロトン酸塩の利用
・化学的性能のうち、耐水性、耐湿性、溶剤可溶性の改善を目指したものは、東洋紡績（5件）、日本電気（2件）、アキレス（1件）である。ドーパントとしてプロトン酸塩は過半数となっているが他化合物の利用として東洋紡績（2件）は、ポリアニリンにアルキルスルホニル基化合物を含有させ、ドープ状態で汎用溶剤に溶解することを可能にしている。
・また、耐熱性や熱安定性、経時安定性、接着性等の化学的性能は、10件で日東電工（3件）が多い。ドーパントとしてプロトン酸塩が略々半数を占め目立つものとしてスルホン基含有化合物類である。

(2) 中間製品
a. 作業動作関連
加工性や成形性、分散性、塗布性の技術課題をまとめ全件数は重複を含めて8件（出願企業は、昭和電工、住友化学工業、日本カーリット、東洋紡績の2件づつ）である。
その中、ポリマー、オリゴマー関連は昭和電工のみで、加工性の技術課題に取り組み、その解決手段として自己ドープ型高分子と N-ビニルカルボン酸アミド系ポリマーより構成して改良に注力している。
また日本カーリットは、分散性の技術課題に取り組みその解決手段として、低分子プロトン酸をドープしたポリアニリンスルホン酸塩組成物の改良に注力していることがわかる。

・分子内にドーパント能を持つポリ（5-スルホイソチアナフテン-1,3-ジイル）等の自己ドープ型導電性高分子と他ポリマーとの複合体を昭和電工が製造し、加工性、機械的性質の工場を目指している。

・複数のドーパント（フラーレンおよびアルカリ金属又はアルカリ土類属）を導電性重合体に混合させ、住友化学工業は可とう性、加工性及び成形性を向上させている。

b．作製法関連

ペイント作製やフィルム・シート作製、組成物作製の技術課題を含め、全件数は重複を含めて9件（東洋紡績3件、日東電工2件、残りは4社の1件づつ）である。

プロトン酸含む化合物のドーパント使用は東洋紡績（3件）と日東電工（2件）および富士通1件である。

例えば、東洋紡績はドープ状態で水溶性ポリアニリン系組成物を向上するための技術課題に取り組み、解決手段として、ポリアニリンと特定ドーパントを含有した有機重合体組成物の改良に注力している。

また日東電工は、製造の容易なフィルムを向上するための技術課題に取り組み、解決手段としてイミノ-p-フェニレン型溶剤可溶性ポリアニリンとプロトン酸等から、自立性導電性ポリアニリンフィルムを得る改良に注力していることがわかる。

さらに富士通はドーピング関連特許が2件と少ないが、印刷基板の高信頼性を得るフィルム技術を向上するための技術課題に取り組み、解決手段として未ドープの導電性高分子を塗布し、これにスルホン酸系のドーパントを作用させる改良に注力している。

表1.4.2-1 ドーピングに関する技術開発の課題と解決手段の対応表(1/2)

課題			解決手段 材料 ポリマー、オリゴマー	化合物（プロトン酸含む）	中間処理 組成物化	化学的・電気化学的	その他
物性向上	電気・光特性関連	高導電性、導電性	昭和電工 4件 松下電産 1件 三菱レイヨン 1件	東洋紡績 3件 日東電工 3件 巴川製紙所 2件 日本カーリット 2件 アキレス 2件 松下電産 1件 住友化学工業 1件	巴川製紙所 1件		
		高誘電率		巴川製紙所 1件			
		半導体化					富士通 1件
		赤外吸収強度安定				積水化学工業 2件	
	化学的性能関連	耐湿性		日東電工 2件 東洋紡績 1件 アキレス 1件			
		耐水性	昭和電工 1件	東洋紡績 1件			
		耐溶剤性	昭和電工 1件				
		溶剤可溶性		東洋紡績 4件			
		耐熱性	松下電産 1件 三菱レイヨン 1件	日東電工 2件 日本電気 1件			
		熱安定性		昭和電工 2件			
		経時安定性	松下電産 1件	日本カーリット 2件 松下電産 1件 東洋紡績 1件			
		密着性、接着性		東洋紡績 1件 日東電工 1件			
		透明性		東洋紡績 1件			
		耐化学薬品性		日東電工 1件			

表 1.4.2-1 ドーピングに関する技術開発の課題と解決手段(2/2)

課題		解決手段	材料		中間処理		その他
			ポリマー、オリゴマー	化合物（プロトン酸含む）	組成物化	化学的・電気化学的	
中間製品	作業動作関連	加工性	昭和電工 1件	昭和電工 1件 日本カーリット 1件 住友化学工業 1件			
		成形性		住友化学工業 1件			
		分散性		日本カーリット 1件			
		塗布性		東洋紡績 2件			
	作製法関連	ペイント作製、溶液作製		東洋紡績 2件 日東電工 1件			
		フィルム・シート・プレート作製		日東電工 1件		積水化学工業 1件	富士通 1件
		組成物作製		東洋紡績 1件	松下電産 1件		住友化学工業 1件

1.4.3 用　途
(1) コンデンサ

　表 1.4.3-1 および表 1.4.3-2 に、電解コンデンサの技術開発の課題を分類し、解決手段との関連性を体系化した。技術課題は、静電容量（耐電圧を含む）、容量達成率（出現率）、周波数特性（インピーダンスを含む）および等価内部抵抗を中区分『電気特性』とし、漏れ電流防止、耐熱・耐湿性および特性安定性（耐久性を含む）を中区分『信頼性』とし、更に歩留り、生産性および小型・軽量化を中区分『経済性』として大別される。

a．電気特性

　大きな容量をもち、高い周波数に対応するコンデンサが求められており、静電容量や周波数特性を向上するための多くの技術課題に取り組み、解決手段としては、材料面や中間処理の技術開発を行っている。

イ．静電容量
①材料をポリピロール系主体とし、固体電解層の導電体層を積層構造とするのは松下電産である。（重合は電解酸化・化学酸化を採用）
②材料をポリチオフェン系主体とし、中間処理は表面処理など（注入を一部含む）を行っているのは日本ケミコンである。

ロ．周波数特性
①材料をポリピロール系・ポリチオフェン系主体とし、化学酸化重合を用い表面処理、浸漬および界面活性剤処理を一部行う（松下電産）。
②ポリピロール系・ポリチオフェン系・ポリアニリン系材料をほぼ均等とし、重合は電解酸化・化学酸化を用い、中間処理として浸漬およびエージングを行う（ニチコン）。
③材料をポリチオフェン系およびその他（3,4ジオキソ置換チエニン構造高分子）主体とし、中間処理としてドーピングおよび組成物による（昭和電工）。

ハ．等価内部抵抗（ＥＳＲ）
①ポリピロール系・ポリチオフェン系・ポリアニリン系材料を用いて、表面処理、ドーピング、エージングおよび浸漬などの中間処理をほぼ均等に行う（三洋電機）。
②ポリピロール・ポリアニリン系材料を用いて、中間処理としては主に浸漬を行う（日本電気）。

b．信頼性

　耐熱・耐湿性の向上や漏れ電流を防止するための技術課題に取り組み、解決手段としては、材料面はもとより浸漬・含浸を中心とする中間処理の技術開発に注力している。

イ．漏れ電流防止
①ポリピロール系・ポリチオフェン系・ポリアニリン系材料にて、中間処理に表面処理、ドーピングを行う（松下電産）。

②ポリピロール系・ポリアニリン系材料を用い、中間処理に塗布、浸漬を行う（日本電気）。
③ポリピロール系材料を用い、重合は電解酸化、中間処理は浸漬処理を行う（日本ケミコン）。

ロ．耐熱・耐湿性
①中間処理にドーピング・浸漬を、又耐熱性テープ粘着などの構造対策（松下電産）。
②中間処理に表面処理・ドーピング・浸漬を行う（日本電気）。

c．経済性
　コンデンサは出来るだけ小型軽量で、低価格化が求められており、生産性の向上や一層小型にするために多くの技術課題に取り組み、解決手段として、中間処理の簡易化などに工夫を凝らした技術開発がなされている。
　小型軽量化には、その解決手段として、フイルムコンデンサの技術開発もなされている。

イ．生産性
①化学酸化重合が主体で中間処理は一部エージングによる（松下電産）。
②中間処理が主体（ドーピング、浸漬およびモノマー滴下）（日本電気）。

ロ．小型・軽量化
①外装構造のほか、フイルムタイプでは導電体層を積層構造（松下電産）。
②有底構造に工夫（三洋電機）。

　（注）
　①課題および解決手段各項目の特許件数は、上位3社かつ3件（1社当り）以上を原則（件数の少ない項目および中間処理に関しては例外）
　②日本ケミコンおよび日本カーリットの特許の中で、技術課題に『電気的特性』とのみ記載され再分類不能の特許は、そのまま記載
　③日本カーリット特許はマルコン電子との共願を含む
　④フイルムコンデンサは『小型・軽量化』に含める（括弧内はフイルム分）
　⑤略称；松下電器産業：松下電産　日本ケミコン：ケミコン　日本カーリット：カーリット

表 1.4.3-1 コンデンサに関する技術課題と解決手段の対応表（その１）

	解決手段	材		料		作 製 時 の 重 合		
課題		ポリピロール系	ポリチオフェン系	ポリアニリン系	その他	電解酸化	化学酸化	その他
電気特性	静電容量（耐電圧を含む）	松下電産 8件 日本カーリット 4件 日本ケミコン 3件	日本ケミコン 10件 松下電産 5件 ニチコン 4件	松下電産 4件 ニチコン 4件	松下電産 1件	松下電産 4件 ニチコン 4件 日本ケミコン 3件	松下電産 4件 日本カーリット 4件 ニチコン 3件	
	容量達成率（出現率）	松下電産 4件 日本電気 3件				松下電産 3件	松下電産 4件 日本電気 4件	
	周波数特性（インピーダンスを含む）	松下電産 11件 ニチコン 4件 日本電気 3件	松下電産 7件 ニチコン 5件 昭和電工 3件	ニチコン 4件 日本電気 3件	昭和電工 3件 松下電産 1件	ニチコン 3件	松下電産 6件 ニチコン 2件 日本電気 2件	
	等価内部抵抗（ESR）	三洋電機 7件 日本電気 3件	三洋電機 4件	三洋電機 6件 日本電気 4件			三洋電機 8件 日本電気 5件	
	電気的特性	日本ケミコン 10件	日本ケミコン 14件	日本ケミコン 4件		日本ケミコン 4件 日本カーリット 3件	日本ケミコン 14件 日本カーリット 4件	
信頼性	漏れ電流防止	松下電産 8件 日本電気 5件 日本ケミコン 4件	松下電産 3件	松下電産 3件 日本電気 2件	松下電産 1件	松下電産 5件 日本電気 2件 日本ケミコン 2件	松下電産 3件 日本電気 3件	
	耐熱・耐湿性	松下電産 15件 日本電気 5件 日本カーリット 3件	松下電産 6件	日本電気 4件		松下電産 11件 日本カーリット 3件	日本電気 4件	
	特性安定性（バラツキ、劣化など）	ニチコン 3件 松下電産 2件	日本ケミコン 8件 松下電産 4件 日本カーリット 4件				日本ケミコン 8件 松下電産 4件 日本カーリット 4件	

表 1.4.3-1 コンデンサに関する技術課題と解決手段の対応表（その１）

	解決手段	材料				作製時の重合		
	課題	ポリピロール系	ポリチオフェン系	ポリアニリン系	その他	電解酸化	化学酸化	その他
経済性	歩留り	日本ケミコン 3件 日本カーリット 2件					日本カーリット 3件	
	生産性	松下電産 6件 日本カーリット 5件 三洋電機 4件 日本電気 4件 日本ケミコン 4件	松下電産 6件 三洋電機 4件		ニチコン 4件	日本カーリット 6件 日本電気 4件 ニチコン 3件 三洋電機 3件	松下電産 6件 三洋電機 3件	日本ケミコン 2件
	小型・軽量化	松下電産 16件 (5)	松下電産 2件 (1) 日本電気 1件			松下電産 3件	松下電産 6件	

（　）内はフィルムコンデンサの出願件数

表1.4.3-2 コンデンサに関する術課題と解決手段の対応表（その2）

解決手段／課題		中間処理					その他
		表面処理	ドーピング	エージング	浸漬含浸	塗布	その他	構造・構成
電気特性	静電容量（耐電圧を含む）	三洋電機 2件 日本ケミコン 2件 日本カーリット 2件	日本電気 1件	ニチコン 4件	日本カーリット 3件	ニチコン 1件	日本ケミコン 1件（注入）	松下電産 3件
	容量達成率		松下電産 1件		松下電産 4件	日本電気 1件		
	周波数特性（インピーダンスを含む）	松下電産 2件 三洋電機 2件	日本電気 2件 昭和電工 2件	ニチコン 1件	松下電産 5件 ニチコン 2件 日本電気 2件		昭和電工 2件（組成物） 松下電産 1件（界面活性剤）	
	等価内部抵抗	三洋電機 5件	三洋電機 2件 日本カーリット 1件	三洋電機 4件	三洋電機 8件 日本電気 3件			
	電気的特性		日本カーリット 1件	日本ケミコン 4件	日本ケミコン 11件 日本カーリット 3件			
信頼性	漏れ電流防止	松下電産 2件	松下電産 1件		日本ケミコン 4件	日本電気 2件	三洋電機 3件 日本電気 2件	
	耐熱・耐湿性	日本電気 2件	日本電気 3件 松下電産 2件		松下電産 2件 日本電気 2件			松下電産 3件
	特性安定性（バラツキ、劣化など）	ニチコン 2件	ニチコン 1件	日本ケミコン 8件 松下電産 3件	日本ケミコン 9件 日本カーリット 3件		三洋電機 3件 日本電気 1件（噴霧）	マルコン電子 6件 日本ケミコン 4件
経済性	歩留り	ニチコン 2件						三洋電機 4件
	生産性		日本電気 1件 ニチコン 1件 日本カーリット 1件	日本ケミコン 3件 松下電産 2件	日本電気 4件 三洋電機 3件		日本電気 1件（滴下）	
	小型・軽量化	日本カーリット 1件		松下電産 1件	日本電気 1件 三洋電機 1件			松下電産 8件 (5) 三洋電機 2件

注）（　）内はフィルムコンデンサの出願件数または出願内容の特徴を表す

(2) 電 池

表1.4.3-3 および表1.4.3-4 に電池の技術課題を分類し、解決手段との関連性を体系化した。

技術課題は大区分として二次電池、太陽電池、燃料電池ならびに電極関連（複合電極、ポリマー電極、可逆性電極等も含む）に分類してポリマーの種類との対応を行い、さらに二次電池については技術課題項目が多いので、中区分を設け、中区分『充放電特性』は充放電サイクル、高速充電、大電流充放電、自己放電および過放電に小分類する。また中区分『エネルギー特性』はエネルギー密度、エネルギー効率に中区分『容量特性』は電池容量、放電容量、低温時容量に、さらに中区分『その他特性』には残りのショート時安全性、内部短絡による大電流の発生や火花、製造の容易化、耐熱性、軽量化を包含して4中区分とする。

二次電池（表1.4.3-5）については次ページのように整理する。

a．二次電池

二次電池関連の特許は、184件（重複含む）と多い。中区分の対比では『充放電特性』が90件（全件数の48.9％）、『エネルギー特性』が39件（同21.2％）、『容量特性』が43件（同23.4％）、『その他特性』が12件（同6.5％）となり『充放電特性』が過半数に近い。

一方、ポリマー別で見ると、ポリアニリン系が66件（同35.9％）、ポリピロール系が20件（同10.9％）、ポリチオフェン系が12件（同6.5％）、アセチレン系が2件（同1.1％）、ポリアセン系が60件（同32.6％）、その他ポリマー（上述のポリマー以外やポリマー指名のないもの）が、24件（同13.0％）となっている。ポリアセン系がポリアニリン系に次いで多いのは、カネボウの保有特許が多かったためである。

以下中区分単位で内容を説明する。

イ．充放電特性

日本電気、松下電産、リコーの3社で、ポリアニリン系の大部分を占めている。課題として充放電サイクル特性や高速充放電技術の向上にむけた取り組みを行い、解決手段として電極を構成する化合物に、窒素原子を含むπ共役高分子を用いている（松下電産）。また日本電気は急速充放電が可能で、かつサイクル特性に優れたポリアニリン型ポリマー電池を得ている。

またカネボウはポリアセン系導電性ポリマーを用いて、急速充放電を向上するための多くの技術課題に取り組み、解決手段として、ポリアセン系骨格構造含有の不溶不融性基体（PAS）を用いて改良に注力していることがわかる。

急速充放電が可能で、かつサイクル特性に優れたポリアニリン製ポリマー電池を得た（日本電気）。同電池は化合物の酸化還元反応に伴う電子授受を電気エネルギーとして取り出す電極と、電解液または固体電解質もしくはゲル電解質を有するもので、プロトン濃度と動作電圧の制御により電子授受が行われる。

ロ．エネルギー特性

　表 1.4.4-1 を見ると、リコーの特許が、60％強を占めている。アニリン系ポリマー使用が多く、高エネルギー密度やエネルギー効率を向上するため多くの技術課題に取り組み、解決手段として電解酸化により硫黄－硫黄結合を精製するジスルフィド化合物を正極物質とする改良を進めている（松下電産）。またリコーは、高エネルギー密度を技術課題として、取り組み解決手段として、リチウム複合酸化物を用いた高容量電池用電極の使用に注力していることがわかる（ポリアニリン使用）。

　リチウム複合酸化物を用いた高容量電池用電極を使用し高エネルギー密度でサイクル特性に優れた二次電池を得た（ポリアニリンを使用）（リコー）。

ハ．容量特性

　表 1.4.4-1 を見ると、ポリアセン系ポリマーを使用したカネボウが過半数を占めている。カネボウは電池容量の増大するため技術課題に取り組み、解決手段として、負極がポリアセン系骨格構造体とポリフッ化ビニリデンよりなるものに注力している。

ニ．その他特性

　表 1.4.4-1 を見ると、カネボウがポリアセン系使用による耐熱性、製造の容易化等に取り組み、この項の 2/3 を占めている。また、松下電産は安全性の向上をするための技術課題に取り組み、解決手段として、負極に金属リチウムを用いずに構成し、また放電終了後は金属リチウムの存在をなくすことに注力している。

b．太陽電池

　表 1.4.4-1 を見ると、9件（重複含む）と少ない。

　太陽電池の品質特性の向上として製造容易、軽量、自由な形状裁断可能や電極間の短絡がないことへの向上等の技術課題に取り組み、解決手段として例えば、松下電産は、有機導電性繊維を主成分とする織物を電極とし、その上に光電位誘起層と集電極とを形成することに注力している。

　有機導電性繊維を主成分とする織物より構成され製造が容易で、軽量且つ自由な形状に裁断加工できる高分子太陽電池を得た（ポリピロール、ポリアニリン、ポリチオフェン等が使用）（松下電産）。

c．燃料電池

　表 1.4.4-1 を見ると、燃料電池は松下電産の１件のみである。同社は、電解質型燃料電池向上の技術課題に取り組み、解決手段として、プロトン伝導性電解質膜を挟んで配置する一対の電極が、触媒と電子－プロトン両電導性を有する混合導電性材料とを具備することに注力している。

　プロトン伝導性高分子電解質膜を挟んで配置する一対の電極が、触媒と電子－プロトン両電導性を有する混合導電性材料（ポリアニリン系等）とを具備してい、高い効率の電池特性を得た（松下電産）。

d．電極関連

　表 1.4.4-1 を見ると、可逆性電極（5件）や複合電極（14件）、ポリマー電極（2件）ならびに電池用電極（14件）が出願されているが、電池用電極はカネボウがポリアセン系の検討を進め、残りは松下電産の出願で2社に限定されている。

　例えば、カネボウは、誘起電解質電気用電極の高容量や電解液含浸速度の向上するため多くの技術課題に取り組み、解決手段として、電極として窒素を含む熱硬化性樹脂成分を含有するPAS（前述）粉末を形成することに注力している。

e．電池用配合物関連

　電池並びに電池用電極の特性を決定するのは、当然、前記導電性ポリマー（今回、ポリアニリン系とポリピロール系、ポリチオフェン系に絞った）に負う所大であるが、同製品性能をより向上させる手段として個々の配合剤の利用の工夫も重要である。

　この項では多数の技術課題の中からあえて、電気的性質や作製法、低価格化、軽量化に取り組み、解決手段もポリマーの物性改良と配合剤の被覆、組成物複合体の4手段に絞った。

　表 1.4.4-2 を見ると、電気的性質の向上のための技術課題に取り組みでいるのが 90％以上を占めたのが最も多く、以下は作製法、低価格化等となっている。

　また、出願企業はカネボウが約 30％で次いで松下電産（20％強）、三洋電機、日本電気等である。

①ポリマー電極において、π電子共有導電性高分子が主体の層で、最上部および最下部を構成し、かつこの層と有機ジスルフィド化合物が主体の層とを交互に積層して充放電効率および同サイクル特性の向上を図った（松下電産）。

②電気化学的酸化還元反応特性を有するポリマー活物質（ポリアニリン系等）の粉末と導電補助剤（アセチレンブラック等）の粉末を混合した粉末を熱プレスで一体成型し、ヒビ、割れの発生のない厚膜の電池用電極を製造した（日本電気）。

③非水電解二次電池用負極として、アルミニウムあるいはアルミニウム合金の充放電に伴う微粉化対策として、負極表面を炭素および導電性高分子（ポリチオフェン系等）で被覆して、放電容量を向上させ、合わせてサイクル特性に優れた同電池を提供した（三洋電機）。

表1.4.3-3 電池における技術開発の課題と解決手段の対応表 (1/2)

課題		解決手段	ポリアニリン系	ポリピロール系	ポリチオフェン系
			\multicolumn{3}{l}{ポリマーの種類（ポリマーの重複を含む）}
二次電池	充放電特性	充放電サイクル特性 充放電可能	日本電気 8件　松下電産 8件 リコー 8件　三洋電機 2件	松下電産 3件 リコー 2件 三洋電機 1件	三洋電機 1件　リコー 2件
		高出力の充放電 高速充電 大電流充放電	松下電産 3件	松下電産 1件	
		低温においても高容量			
		自己放電が少ない			
	エネルギー特性	高エネルギー密度 体積エネルギー効率 重量エネルギー効率	リコー 14件　松下電産 7件 日本電気 2件	松下電産 2件　リコー 2件 ソニー 1件	リコー 2件
	容量特性	電池容量の増大 放電容量の増大	三洋電機 6件　日本電気 3件	三洋電機 4件 松下電産 1件	三洋電機 4件
	その他特性	ショート時安全性 内部短絡による大電流の発生や火花	リコー 1件	リコー 1件	日本電気 1件
		過放電特性の向上	リコー 3件		リコー 1件
		製造の容易化			
		軽量化			
		耐熱性			
太陽電池		均一な薄膜と選択的にイオンを透過			
		製造容易 軽量 自由な形状裁断可能	松下電産 1件	松下電産 1件	松下電産 1件
		光電変換効率の向上			
		電極間の短絡がない 性能安定		積水化学 1件	積水化学 1件
		ポリアセチレンの軽量 フレキシブル且つ 大面積化の特性			
		電流密度が高くピンホールによる短絡確率が小			
燃料電池		高分子電解質型燃料電池の電極 高効率特性	松下電産 1件		
		固体高分子電解質の孔中の電子伝導性 高分子を含む電極 高出力を得る			

表1.4.3-3 電池における技術開発の課題と解決手段の対応表 (2/2)

課題			解決手段	ポリマーの種類（ポリマーの重複を含む）		
				ポリアニリン系	ポリピロール系	ポリチオフェン系
電極関連	組成物	固形電極	大電流充放電を可能		松下電産 2件	松下電産 1件
			電子電導経路を形成	松下電産 1件		
			大電流電解を可能	松下電産 1件		
		可逆性電極	酸化還元反応速度の改善	松下電産 1件	松下電産 1件	松下電産 1件
			高エネルギー密度 大電流充放電可能	松下電産 1件		
			高エネルギー密度安全性			
	電極の製法		充放電サイクル特性 充放電効率を高く保持	松下電産 3件		
	電極ポリマー		充放電効率及び充放電サイクルの向上	松下電産 2件		
	複合電極		酸化還元繰り返し 寿命の長い	松下電産 2件		
			充放電サイクル特性	松下電産 4件		
			大電流での使用が可能	松下電産 1件		
			充放電容量のバラツキのない	松下電産 1件		
			充放電を繰り返しても劣化せず	松下電産 1件		
			高容量、高エネルギー密度の特徴維持	松下電産 2件		
	組成物	複合電極	高容量、高エネルギー密度の特徴維持		松下電産 1件	
	合金電極	水素吸蔵	電極反応性や保温保存特性		三洋電機 1件	

表1.4.3-4 電池における技術開発の課題と解決手段の対応表(1/2)

課題		解決手段	ポリアセチレン系	ポリアセン系	その他の導電性ポリマー化(指名のないものを含む)
二次電池	充放電特性	充放電サイクル特性 充放電可能		カネボウ 12件	三洋電機 リコー 8件 4件 松下電産 1件
		高出力の充放電 高速充電 大電流充放電		カネボウ 16件	
		低温においても高容量		カネボウ 3件	松下電産 リコー 1件 1件
		自己放電が少ない			日本電気 1件
	エネルギー特性	高エネルギー密度 体積エネルギー効率 重量エネルギー効率	リコー 2件	カネボウ 1件	リコー 5件
	容量特性	電池容量の増大 放電容量の増大		カネボウ 20件	リコー 1件
	その他の特性	ショート時安全性 内部短絡による大電流の 発生や火花			松下電産 1件
		過放電特性の向上			リコー 1件
		製造の容易化		カネボウ 3件	
		軽量化		カネボウ 1件	
		耐熱性		カネボウ 4件	
太陽電池		均一な薄膜と選択的に イオンを透過			
		製造容易 軽量 自由な形状裁断可能	松下電産 1件		
		光電変換効率の向上			
		電極間の短絡がない 性能安定			
		ポリアセチレンの軽量 フレキシブル且つ 大面積化の特性	富士通 1件		
		電流密度が高くピンホールによる 短絡確率が小	リコー 1件		
燃料電池		高分子電解質型燃料電池 の電極 高効率特性			
		固体高分子電解質の孔中 の電子伝導性 高分子を含む電極 高出力を得る			

表1.4.3-4 電池における技術開発の課題と解決手段の対応表(2/2)

課題			解決手段 ポリマーの種類（ポリマーの重複を含む）		
			ポリアセチレン系	ポリアセン系	その他の導電性ポリマー化（指名のないものを含む）
電極関連	有機電解質電池用電極	単位体積当たり高容量		カネボウ 3件	
		電解液の含浸速度アップ 製造容易化		カネボウ 2件	
		成形体層と金属箔との付着性向上		カネボウ 1件	
	電池用電極	単位体積当り高容量 長期充放電可能 製造容易		カネボウ 3件	
		電解液含浸時の電気伝導度の低下が少		カネボウ 1件	
		形態安定性		カネボウ 1件	
		長期充放電可能		カネボウ 1件	
	二次電池用電極	圧縮成型可能 充分な強度		カネボウ 1件	
		成型物の精度を良好 寸法バラツキを小		カネボウ 1件	
	固形電極組成物	大電流充放電を可能		松下電産 1件	
		電子電導経路を形成			
		大電流電解を可能			
	可逆性電極	酸化還元反応速度の改善			
		高エネルギー密度 大電流充放電可能			
		高エネルギー密度安全性			松下電産 1件
	電極の製法	充放電サイクル特性 充放電効率を高く保持			
	複合電極	充放電サイクル寿命の長い			
		高エネルギー密度の特徴を損なわず			
	電極ポリマー	充放電効率及び充放電サイクルの向上			
	複合電極	酸化還元繰り返し寿命の長い 充放電サイクル特性			松下電産 1件
		大電流での使用が可能			
		充放電容量のバラツキのない			
		充放電を繰り返しても劣化せず			
		高容量、高エネルギー密度の特徴維持			
	複合電極組成物	高容量、高エネルギー密度の特徴維持		松下電産 1件	

表1.4.3-5 二次電池における技術開発の課題と解決手段の対応表

課題 \ 解決手段	個々の配合物関連					
	ポリマー物性改良、保持		組成物		複合体 （構造体、積層体など）	
電気的性質 （大容量、充放電サイクル特性、急速充電能力等）	カネボウ 24件	松下電産 11件	松下電産 20件	リコー 20件	リコー 18件	松下電産 9件
	巴川製紙所 7件	三洋電機 4件	カネボウ 17件	三洋電機 11件	カネボウ 7件	昭和電工 4件
	昭和電工 4件	日本電気 4件	日本電気 6件	昭和電工 4件	日本電気 4件	三洋電機 3件
	リコー 3件		巴川製紙所 2件	富士通 2件	巴川製紙所 3件	
作製法 （密着性、均一膜厚分布等）	カネボウ 5件		カネボウ 2件	松下電産 3件	カネボウ 1件	
			リコー 1件			
低価格化	カネボウ 1件		カネボウ 1件	松下電産 1件	カネボウ 1件	
軽量化			カネボウ 1件			

(3) 有機 EL

発光素子など光関連の中から有機 EL の課題と解決手段について以下に述べる。

表 1.4.3-6 に、有機 EL の技術開発の課題を分類し、解決手段との関連性を体系化した。

技術課題は、発光効率、輝度、発光強度および発光量子効率を中区分『光電特性』とし、耐久性、熱安定性をを中区分『信頼性』とし、更に低電圧駆動、大画面・薄型化およびコストを中区分『経済性』として大別される。

a．光電特性

発光効率や輝度を向上するための多くの技術課題に取り組み、解決手段として、材料の化学構造や中間処理の技術開発に注力していることがわかる。

イ．発光効率

①芳香族ビニレンおよび全芳香族を主体とすると共に、一部特殊構造の共役系高分子を用いる。また、高分子蛍光体を使いこなし、発光特性の向上を図っている。更に、中間処理として可溶化・塗布・スピンコーティングによる（素子の構造は、2層から3層の積層構造が中心）。（住友化学工業）

②芳香族ビニレンで中間処理に可溶化・乾燥工程を採用した。（セイコーエプソン）

③アミン化合物と発光材の混合層を発光層に接して設けている（素子は2層構造）。（松下電産）

ロ．輝度

①芳香族ビニレンを主体に、中間処理として可溶化・塗布を行う。素子の構造は2層から3層の積層構造が中心。（住友化学工業）

②芳香族ビニレンを主体に、蛍光色素を添加して、特性の向上を図っている。（セイコーエプソン）

b．信頼性

耐久性を向上するための技術課題に重点的に取り組み、解決手段として素子の構造に関する技術開発を行っていることがわかる。

イ．耐久性

①芳香族ビニレン・全芳香族材料にて、中間処理に塗布採用。素子は2層構造を中心に一部3層積層構造もある。（住友化学工業）

②芳香族ビニレン材料とバッファ層を用いて2層構造とする。（セイコーエプソン）

③自己ドープ型の特殊材料（自己ドープ型導電性ポリマーとアミド系ポリマーからなる導電性複合体）を用いる。（昭和電工）

c．経済性
　駆動電圧の低減やコストを下げるための技術課題に取り組み、解決手段として、中間処理や素子の構造に関する技術開発に注力していることが窺われる。

イ．低電圧駆動
　①素子の構造を3層積層構造とする場合が多い。（住友化学工業）
　②素子構造を2層構造（フッ化物質）とするケースが見られる。（セイコーエプソン）

ロ．コスト
　中間処理に塗布法（インクジェット方式）を用いることによりコスト低減を図っている。（セイコーエプソン）

ハ．大画面・薄型化
　電荷輸送材料に特殊導電性高分子（芳香環と結合基が交互に結合）を用い、中間処理にスピンコーティング法やキャスティング法などにより大画面・薄型化を可能とし、コスト低減を図っている。（住友化学工業）

（注）
　　①課題および解決手段各項目の特許件数は、重複を含む
　　②低電圧駆動を中区分『経済性』に分類。又発光強度には発光均一性および応答速度を、耐久性には発光安定性および液漏れ防止を含む
　　③発光特性の向上を狙い、発光色素の添加、低分子および高分子との複合化が図られるが、それらを組成物として分類
　　④素子の構造は、2層構造（正孔輸送層・発光層又は発光層・電子輸送層）、3層構造（正孔輸送層・発光層・電子輸送層）およびその他に分類
　　⑤略称；松下電器産業：松下電産

表1.4.3-6 有機ELに関する技術課題と解決手段の対応表(1/2)

課題		解決手段 化学構造 芳香族ビニレン	全芳香族	その他	中間処理 可溶化	塗布	その他
光電特性	発光効率	住友化学工業 12件 セイコーエプソン 1件 松下電産 1件 昭和電工 1件	住友化学工業 5件	住友化学工業 1件	住友化学工業 1件 セイコーエプソン 1件	住友化学工業 2件	住友化学工業 1件 (スピンコート) セイコーエプソン 1件 (乾燥) 昭和電工 1件 (自己ドープ)
	輝度	住友化学工業 10件 セイコーエプソン 2件	住友化学工業 1件 日本電気 1件		住友化学工業 1件	住友化学工業 2件 セイコーエプソン 2件	
	発光強度	住友化学工業 1件 セイコーエプソン 2件	住友化学工業 4件 日本電気 1件		住友化学工業 2件 セイコーエプソン 1件		セイコーエプソン 1件 (乾燥)
	発光量子効率	住友化学工業 5件	住友化学工業 1件		住友化学工業 4件	住友化学工業 1件	
信頼性	耐久性	住友化学工業 3件 セイコーエプソン 1件 昭和電工 1件 松下電産 1件	住友化学工業 2件 日本電気 2件	昭和電工 1件		住友化学工業 1件 セイコーエプソン 1件	昭和電工 1件 (自己ドープ)
	熱安定性	住友化学工業 4件	住友化学工業 5件				
経済性	低電圧駆動	住友化学工業 9件 セイコーエプソン 1件	住友化学工業 2件				
	コスト	住友化学工業 5件 セイコーエプソン 3件	セイコーエプソン 2件			セイコーエプソン 2件	
	大画面	住友化学工業 1件 セイコーエプソン 1件		住友化学工業 1件			
	薄型化(薄膜化)		日本電気 1件	住友化学工業 2件			

表 1.4.3-6 有機ELに関する技術課題と解決手段の対応表(2/2)

課題		解決手段 組成物（複合化）			素子の構造		
		添加剤（色素）	高分子（蛍光等）	その他	2層積層	3層積層	その他
光電特性	発光効率		住友化学工業 8件 (2件)	松下電産 1件（アミン化合物と発光材の混合）	住友化学工業 4件 セイコーエプソン 4件 日本電気 1件 松下電産 1件	住友化学工業 3件	
	輝度	セイコーエプソン 2件 日本電気 1件	住友化学工業 1件 (1件)		住友化学工業 3件 セイコーエプソン 1件	住友化学工業 3件 日本電気 1件	
	発光強度		住友化学工業 4件			住友化学工業 1件	
	発光量子効率		住友化学工業 5件 (5件)			住友化学工業 1件	
信頼性	耐久性		昭和電工 1件	松下電産 1件	住友化学工業 4件 セイコーエプソン 1件 昭和電工 1件	住友化学工業 1件	セイコーエプソン 2件（独立電極、バッファ層）
	熱安定性						
経済性	低電圧駆動				セイコーエプソン 1件	住友化学工業 4件	
	コスト				セイコーエプソン 1件		
	大画面				住友化学工業 2件		住友化学工業 1件（スピンコート）
	薄型化（薄膜化）						住友化学工業 1件（スピンコート）

（　）内は内容の特徴とフィルムコンデンサの出願件数を表す

2. 主要企業等の特許流通活動

2.1 松下電器産業
2.2 日本電気
2.3 リコー
2.4 日本ケミコン
2.5 巴川製紙所
2.6 カネボウ
2.7 三洋電機
2.8 日本カーリット
2.9 住友化学工業
2.10 昭和電工
2.11 富士通
2.12 日東電工
2.13 積水化学工業
2.14 東洋紡績
2.15 マルコン電子
2.16 三菱レイヨン
2.17 セイコーエプソン
2.18 ニチコン
2.19 アキレス
2.20 島津製作所
2.21 大学

> 特許流通
> 支援チャート

2．主要企業等の特許活動

電気、化学を中心に非常に幅広い産業で有機導電性ポリマーが検討され、極めて広い分野での用途が生まれようとしている。特にコンデンサなど有機導電性ポリマーを商品化している企業は最近特に研究人員の増加が見られる。

主要企業を次の20社に選定した。
選定会社（商品化および研究開発内容）出願（係属）ランキング

	選定会社	出願（係属）	ランキング
1)	松下電器産業（電解コンデンサ、ポリチオフェン製造）	297 (225)	1
2)	日本電気（電解コンデンサ、ポリピロール製造）	134 (107)	2
3)	リコー（二次電池、コーティング開発）	111 (58)	3
4)	日本ケミコン（電解コンデンサ）	85 (55)	4
5)	巴川製紙所（製造法研究開発）	83 (63)	5
6)	鐘紡（二次電池、ポリアセン開発）	81 (61)	6
7)	三洋電機（電解コンデンサ、ポリピロール製造）	79 (66)	7
8)	日本カーリット（電解コンデンサ、ポリピロール製造）	68 (27)	8
8)	住友化学工業（表示素子、ポリフェニレンビニレン開発）	66 (61)	9
10)	昭和電工（電解コンデンサ、ポリチオフェン製造）	64 (52)	10
11)	富士通（回路基板研究開発）	66 (22)	10
12)	日東電工（フィルム、ポリアニリン製造）	53 (38)	12
13)	積水化学工業（コーティング開発）	50 (39)	14
14)	東洋紡績（防食塗料、ポリアニリン製造）	50 (48)	14
15)	マルコン電子（電解コンデンサ研究開発）	44 (20)	16
16)	三菱レイヨン（ポリアニリン製造）	35 (30)	19
17)	セイコーエプソン（表示素子）	34 (16)	20
18)	ニチコン（電解コンデンサ研究開発）	28 (21)	26
19)	アキレス（導電性被覆シート、ポリピロール製造）	22 (15)	38
20)	島津製作所（センサの研究開発）	18 (18)	44

この20社を選定した理由は次の通りである。

エルナーと旭硝子は、出願件数は50件および49件で多いが、係属件数はそれぞれ2件および5件で非常に少ないので選定の対象外とした。

選定にあたっては、出願件数総合ランキング14位まで会社をまず選定した。

それらの会社は、松下電器産業、日本電気、リコー、日本ケミコン、巴川製紙所、カネボウ、三洋電機、日本カーリット、住友化学工業、昭和電工、富士通、日東電工、積水

化学工業、東洋紡績である。

他の6社の選定理由は以下に述べる。

マルコン電子：総合ランキング16位、コンデンサランキング7位、上位6社はエルナー（係属2件）以外は総合ランキング8位までにはいっている。

三菱レーヨン：総合ランキング19位、帯電防止ランキング3位、その上位2社は総合ランキング12位までに入っている。ポリアニリンスルホン酸を商品化。

セイコーエプソン：総合ランキング20位、光関連ランキング4位、その上位はキヤノンを除いて総合ランキング9位までに入っている。高分子有機ELを試作。

ニチコン：総合ランキング27位、コンデンサランキング9位、その上位はエルナー（係属2件）、旭硝子（係属5件）、マルコン電子以外は総合ランキング8位までに入っている。有機導電性ポリマーを含む電解コンデンサを開発中。

アキレス：総合ランキング22位、その他ランキング1位、ポリピロール系導電処理剤「STポリ」を商品化、シート、フィルム、繊維で対応可能。

島津製作所：総合ランキング44位　センサーランキング1位。

各企業における保有特許の記載は、1991年1月から2001年12月までに公開されている特許庁に係属中および権利存続中の特許である。また、開放の用意のある特許とは、限りません。

また、本書では特許出願時の出願人をもとに解析しており、保有特許とは、必ずしも特許権利者等の権利関係を示すものではありません。

2.1 松下電器産業

2.1.1 企業の概要

表 2.1.1-1 松下電器産業の企業概要

1)	商　　　　号	松下電器産業株式会社
2)	設 立 年 月 日	大正7年3月
3)	資　本　金	2,109億9,400万円（2001年3月現在）
4)	従　業　員	44,951名（2001年3月現在）
5)	事　業　内　容	総合エレクトロニクスメーカー 民生分野、産業分野および部品分野の3分野に関する開発・生産・販売・サービス
6)	技術・資本提携 関　　　　係	技術提携／モトローラ(米国)、テキサス・インスツルメンツ(米国) 　　　　　トムソン・エス・エー（フランス）他 業務提携／レイケム社(米国)、クアンタム社(米国) 合弁／東レ
7)	事　業　所	本社／大阪府門真市 工場／門真、茨木、仙台、群馬、甲府他
8)	関　連　会　社 (連結子会社)	国内／日本ビクター、九州松下電器、松下電子部品、松下通信工業、松下精工、松下冷機 松下電池工業、松下寿電子工業他 海外／アメリカ松下電器、メキシコ松下電器、ペルー松下電器、ブラジル松下電器、ヨーロッパ松下電器、イギリス松下電器他
9)	業　績　推　移	（単位：百万円） 　　　　　　平成12年3月　　　　　平成13年3月 売上高　　　4,553,223　　　　　4,831,866 経常利益　　　113,536　　　　　　115,494 税引き利益　　42,349　　　　　　63,687
10)	主　要　製　品	①民生分野：ビデオ、カラーテレビ、DVDプレーヤー、冷蔵庫、エアコン、洗濯機、掃除機、電子レンジ ②産業分野：ファクシミリ、携帯電話、パソコン、プリンター、複写機、産業ロボット、配電機器、空調機器、自動販売機 ③部品分野：半導体、電子回路部品、コンデンサ、各種電池
11)	主 な 取 引 先	（仕入）新日鉄、川崎製鉄、住友金属他
12)	技 術 移 転 窓 口	

　電解コンデンサは、関連会社の松下電子部品で生産している。

　機能性高分子タンタル電解コンデンサは、松下電子部品が松下電器産業のデバイス・エンジニアリング開発センター、松下技研（2001年10月松下電器産業と合併）、松下テクノリサーチとの共同開発したもの。

　技術移転を希望する企業には、対応を取る。その際、仲介は介しても介さなくてもどちらでも可能である。

2.1.2 有機導電性ポリマー技術に関する製品・技術

　機能性高分子タンタル電解コンデンサは、陽極にタンタル焼結体を用い、多孔質の焼結体内部に高導電性のポリピロールを高密度に充填する技術により、小型・大容量・低ESR（等価内部抵抗）を実現、また、外装樹脂材料、端子フレームの開発により耐熱性に優れ、かつ高さ1.9mmの薄型を実現したものである。

　機能性高分子アルミ電解コンデンサ UD シリーズ／UE シリーズ：機能性高分子アルミ電

解コンデンサは、従来の電解質の代わりに高電導度のポリピロールを用いた固体電解コンデンサで、電子機器のデジタル化・高周波化に伴い高周波帯域で求められている低インピーダンスおよび周波数変化にも安定したインピーダンスを実現するとともに、ノイズ吸収特性、高温負荷寿命特性などにも優れたものである。従来のCDシリーズ(W43mm×L7.3mm×H1.8mm)のランド面積を維持しつつ、高さを拡大したもので、UDシリーズは3.1mmに、UEシリーズは4.3mmまで拡大、収納容量を大幅に拡大した(最高容量値270μF/従来は56μFが最高)もの、また、独自の積層工法により、更なる低ESR化を実現(約30%ダウン)している。

以上、小型化、高温特性向上、低等価内部抵抗化、周波数特性、インピーダンス特性、それに生産性の向上などの一連の特許の課題がこれらコンデンサの商品化に役立っているものと思われる。

表2.1.2-1 松下電器産業の有機導電性ポリマー技術に関する製品・技術

技術要素	製品	製品名	発売時期	出典
用途コンデンサ	電解コンデンサ	機能性高分子タンタル電解コンデンサ	'00.01	http://www.mrit.co.jp/press'99.4.8 化学工業日報 '99.4.9
		機能性高分子アルミ電解コンデンサ UDシリーズ/UEシリーズ	'99秋	http://www.mrit.co.jp/press'99.4.8 化学工業日報 '99.4.9
材料合成ポリチオフェン系	導電性高分子	ポリチオフェン系導電性高分子	――	化学工業日報 '98.10.22 工業材料 Vol.46 No.12 ('98) 日経産業新聞 '98.4.14

2.1.3 技術開発課題対応保有特許の概要

表2.1.3-1 松下電器産業の技術開発課題対応特許

技術要素	出願件数(係属)
材料合成	8
中間処理	13
用途	
コンデンサ	137
電池	40
発光素子など光関連	6
電気・電子・磁気関連	8
帯電防止	1
その他の用途	8

コンデンサおよび電池に関する特許が主体である。とりわけ、コンデンサは既に製品化されているポリピロール系のアルミニウム固体電解コンデンサに関するものが多い。

情報処理のデジタル化、高周波数化、さらにモバイル電子機器の普及を背景に、コンデンサには大容量、小型・軽量で、高い周波数に対応することが求められる。また、ポリマー電池には軽量で、高起電力である有機導電性ポリマーを用いることにより、充放電特性に優れかつ高エネルギー密度、高出力密度の新型二次電池が要望されている。

①コンデンサは導電性ポリマーの特徴を活かし、高容量・周波数特性等の電気特性向上から生産性に到るほぼすべての技術課題にわたり開発がなされている。また、小型・大容量としてのフイルムコンデンサに関する特許（5件）が見られる。

②「ジスルフィド系化合物とポリピロールとを複合化して正極とする」高出力2次電池をはじめ、サイクル特性、エネルギー密度に優れる各種の2次電池に関する開発が活発に行われている。プロトン伝導性高分子電解質膜を用いた燃料電池および太陽電池に関し、各1件の特許がある。

③有機ELおよび液晶素子をはじめとする光関連特許は6件ある。

④材料合成および組成物に関しては、ポリチオフェン系導電性高分子に注目特許（特開平7-58659、特開平10-308117、特開平11-80420他）が見られる。

⑤その他としては、ポリイミド系耐熱性樹脂フイルムを不活性ガス中で熱処理し、導電性と柔軟性を付与したグラファイトに関する特許（7件）がある。

松下電産の保有特許の特徴は、用途とりわけコンデンサおよび電池の特性を向上する技術に集中している点である。コンデンサについては表1.4.3-1および表1.4.3-2を見ると、静電容量や周波数特性などの電気特性、耐熱・耐湿性の向上、生産性アップ、さらには小型・軽量化など多くの技術課題に取り組み、解決手段として、ポリピロール系、ポリチオフェン系などの導電性ポリマーを上手く使いこなし、表面処理および浸漬含浸を中心とする中間処理技術開発に注力していることがわかる。表2.1.3-2に松下電産のコンデンサの保有特許の技術課題と解決手段を示す。

また、電池に関しては表1.4.3-3を見ると、充放電サイクル特性や高エネルギー密度の向上の技術課題に取り組み、解決手段として、ポリアニリン系やポリピロール系などの導電性ポリマーと特殊構造の化学物質との複合化による二次電池を得ることに注力していることがわかる。さらに、ポリアニリン系導電性ポリマーを主体とする複合電極に関する技術開発が行われていることも伺われる。

表 2.1.3-2 松下電器産業のコンデンサに関する技術課題と解決手段の対応表（1/2）

	解決手段　課題	材料				作製時の重合		
		ポリピロール系	ポリチオフェン系	ポリアニリン系	その他	電解酸化	化学酸化	その他
電気特性	静電容量（耐電圧を含む）	松下電産 8件	松下電産 5件	松下電産 4件	松下電産 1件	松下電産 4件	松下電産 4件	
	容量達成率（出現率）	松下電産 4件				松下電産 3件	松下電産 4件	
	周波数特性（インピーダンスを含む）	松下電産 11件	松下電産 7件		松下電産 1件		松下電産 6件	
信頼性	漏れ電流防止	松下電産 8件	松下電産 3件	松下電産 3件	松下電産 1件	松下電産 5件	松下電産 3件	
	耐熱・耐湿性	松下電産 15件	松下電産 6件			松下電産 11件		
	特性安定性（バラツキ、劣化など）	松下電産 2件	松下電産 4件				松下電産 4件	
経済性	生産性	松下電産 6件	松下電産 6件				松下電産 6件	
	小型・軽量化	松下電産 16件 (5)	松下電産 2件 (1)			松下電産 3件	松下電産 6件	

表 2.1.3-2 松下電器産業のコンデンサに関する技術課題と解決手段の対応表（2/2）

	解決手段　課題	中間処理						その他
		表面処理	ドーピング	エージング	浸漬含浸	塗布	その他	構造・構成
電気特性	静電容量（耐電圧を含む）							松下電産 3件
	容量達成率		松下電産 1件		松下電産 4件			
	周波数特性（インピーダンスを含む）	松下電産 2件			松下電産 5件		松下電産 1件（界面活性剤）	
信頼性	漏れ電流防止	松下電産 2件	松下電産 1件					
	耐熱・耐湿性		松下電産 2件		松下電産 2件			松下電産 3件
	特性安定性（バラツキ、劣化など）			松下電産 3件				
経済性	生産性			松下電産 2件				
	小型・軽量化			松下電産 1件				松下電産 8件 (5)

注）（ ）内はフィルムコンデンサの出願件数または出願内容の特徴を表す

表 2.1.3-3 松下電器産業の技術開発課題対応保有特許(1/7)

技術要素		課題		特許番号	筆頭 IPC	概要(解決手段)
材料合成	ポリピロール系	均一析出		特許 2957692	C25B3/02	電解液中でモノマーを酸化重合して陽極上に析出させる際、陽極形状に応じた形状の陰極を用いて電流分布をほぼ均一にする
	ポリチオフェン系	物性向上	(高抵抗)	特公平 7-58659	H01G4/18,324	支持電解質とドーパント可溶性の可塑剤を含む溶解材を含有する溶液中で重合性モノマーを電解重合し、その後、電解還元する
		化学活性、電子活性		特開平 8-231536	C07D333/20	特定の化合物にブチルリチウムを使用させ、次いでハロゲン、マグネシウム、ニッケル触媒を作用させる
		物理的、化学的安定性		特開平 10-7792	C08G69/42	蒸着重合法を用いて、特定の構造のオリゴチオフェン重合体とする
	ポリアセチレン系	物性向上	(導電性)	特公平 6-67982	C08F38/00	特定の直鎖状分子の単分子膜を吸着形成した基板を、金属化合物触媒含有有機溶媒中に浸漬して不飽和基の部分を重合させる
				特公平 6-67983	C08F38/00	
		雰囲気安定性		特公平 8-846	C08F38/00	アセチレン基とクロロシリル基を含む化学吸着物質を基板表面に化学吸着させ、次いでチーグラ・ナッタ触媒を含む溶媒中でアセチレン基の部分を重合させる
	その他の系	物性向上	(導電性)	特許 2728843	C08G61/12	テトラシアノエチレンと 1,2-ジアミノテトラメチルジシランとを反応させる
中間処理	ドーピング	均一分散		特公平 6-74345	C08K3/00	長いπ電子共役主鎖を持つ高分子に、ドーパント可溶性の可塑材を含む溶解材を分散させる
		物性向上	(高導電性)	特公平 6-68926	H01B1/12	固定性ドーパントと易動性ドーパントの両方をドーパントとして電子共役性高分子中にドープする
			(耐熱性)	特公平 6-74382	C08L101/00	イオン性基を有する平均重合度が特定の重合体オリゴマーをドーパントとして電子共役性高分子中に分子分散させる
	組成物	自己修復性		特開 2001-155964	H01G9/028	可溶性導電性高分子とフェノール誘導体と分散媒体からなる液体導電性高分子組成物前駆体を作製し、これから液体媒体を除去
		物性向上	(高抵抗)	特許 2502795	C08G61/12	支持電解質の存在下で、特定の複素五員環化合物誘導体を電解重合させ、その後、電解還元する
			(電気伝導度)	特許 3094432	C08G61/12	化学重合によって得られる共役二重結合を有する高分子を主体とする
				特許 3127819	C08L101/00	
				特開平 10-308117	H01B1/12	
				特開平 11-302305	C08F2/00	
			(高導電性)	特開平 11-80420	C08K3/10	重合性モノマーを、遷移金属イオンを含む塩とベンジルアルコール誘導体とを含む水性媒体を用いて化学重合させる
			(電気化学特性)	特許 3047492	H01M4/60	ジスルフィド化合物と、ポリアニリンと有機溶剤をアクリロニトリルとアクリル酸メチルとの共重合体を用いてゲル状にした固形電解質との複合体
			(環境安定性)	特開 2000-90732	H01B1/12	モノマーと酸化剤の配合比率を変化させた溶液を用い、溶媒揮散と重合を同時に行わしめる
				特開 2001-64386	C08G73/02	

表 2.1.3-3 松下電器産業の技術開発課題対応保有特許(2/7)

技術要素		課題		特許番号	筆頭 IPC	概要(解決手段)
用途	電池	二次電池	(出力)	特許 2940198	H01M4/60	ジスルフイド系化合物とポリピロールとを複合化した正極と、ポリアクリロニトリルとアクリル酸メチル等との共重合体を含む固形電解質を用いる
				特許 3168592	H01M4/02	
				特許 3089707	H01M4/60	
				特許 3111506	H01M4/60	
				特許 3115153	H01M10/40	
				特許 2955177	H01M4/04	
			(寿命)	特許 3042743	H01M4/04	ジスルフイド化合物と導電性物質とを混合した後、ポリエチレンオキサイドを溶解した溶液と混合し、溶媒を除去
				特開平 8-203530	H01M4/60	
				特開平 10-27615	H01M4/60	
				特開 2000-90970	H01M10/40	
			(サイクル特性)	特開平 6-231752	H01M4/02	4,5-ジアミノ-2,6-ジメチルカプトピリミジンをπ電子共有電子導電性高分子と複合化して用いる
				特開平 8-115724	H01M4/60	
				特許 3115202	H01M4/02	
				特開平 9-82329	H01M4/60	
				特開平 9-106820	H01M4/60	
				特開平 9-259864	H01M4/02	
				特開平 9-259865	H01M4/02	
				特開平 10-241661	H01M4/02	
				特開平 10-241662	H01M4/02	
				特開 2001-155975	H01G9/22	
			(エネルギー密度)	特許 3139072	H01M10/40	電解酸化により硫黄―硫黄結合を生成するジスルフイド化合物を正極物質とする
				特許 3116451	H01M4/60	
				特許 2715778	H01M4/60	
				特開平 8-124570	H01M4/60	
				特開平 8-138742	H01M10/40	
				特開平 10-21918	H01M4/58	
			(容量)	特許 3115165	H01M10/40	電解質として、リチウム塩を溶解したエチレンカーボネートやジエチルカーボネートよりなる有機電解質を用いる
				特許 3070820	H01M4/60	
				特開平 8-298113	H01M4/58	
				特開平 8-329947	H01M4/60	
				特開平 9-320572	H01M4/04	
				特開平 11-214008	H01M4/60	
				特開 2000-340225	H01M4/58	
			(安全性)	特許 3038945	H01M10/40	負極に金属リチウムを用いずに構成し、また放電終了後は金属リチウムの存在をなくす
		太陽電池		特許 3069160	H01L31/04	有機導電性繊維を主成分とする織物を電極とし、その上に高分子光電位誘起層と集電極とを順次形成して構成する
		電解質型燃料電池		特開 2001-110428	H01M4/86	プロトン伝導性高分子電解質膜を挟んで配置する一対の電極が、触媒と電子―プロトン両電導性を有する混合導電性材料とを具備する

表 2.1.3-3 松下電器産業の技術開発課題対応保有特許(3/7)

技術要素		課題	特許番号	筆頭 IPC	概要(解決手段)
用途(つづき)	電池(つづき)	その他二次電池電極 (膨張・収縮緩和)	特開 2001-68096	H01M4/02	リチウム吸蔵相とリチウム非吸蔵相とからなる含有活物質粒子の表面を導電性材料で被覆した複合粒子を用いる
		鉛蓄電池用電極 (電圧特性)	特開平 8-293303	H01M4/14	集電体上に活物質を塗着してその表面に二酸化鉛にした後、二酸化鉛表面に導電性高分子層を形成する
		(長寿命)	特開平 8-293308	H01M4/82	
			特開平 9-167619	H01M4/62	
	発光素子など光関連	有機EL (良好な発光特性、発光安定性)	特開平 8-259934	C09K11/06	特定式で示されるアミン化合物と発光材の混合層を発光層に接して設ける
		液晶素子 (高コントラスト、高輝度)	特開 2001-42305	G02F1/1,333,610	電極層に直流電圧を印加し、パターニングされた導電性高分子の体積を可逆的に変化させる
		光関連・その他 (高感度・高解像度)	特許 2586692	G03F7/039,501	特定フォト酸発生剤と酸分解性樹脂、導電性高分子の三成分系物質をレジストとして使用
		(高集積化)	特許 2507153	H01L51/00	
		(耐久性)	特許 2992141	G01B21/30	
		(低抵抗、高信頼性)	特開 2000-269335	H01L21/768	
	電気・電子・磁気関連	トランジスター (キャリヤー移動度大)	特開平 7-206599	C30B29/54	導電性有機化合物の配向性を高め、導電性有機化合物配向性膜を用いる
			特開平 8-191162	H01L51/00	
		(常温作動)	特許 3149718	H01L51/00	
			特開平 6-119630	G11B5/708	
		磁気記録媒体 (低電気抵抗)	特開平 6-243461	G11B5/72	磁気記録媒体の磁性層中に、カーボンブラックと導電性ポリマーを含有させる
			特許 3006353	G11B13/04	
			特許 3050000	G11B13/04	
		電磁気関連・その他 (新規電子制御素子)	特公平 7-60907	H01L51/00	電極間に高分子半導体層とドーパント保持層、絶縁層を形成し制御電極を得る
	帯電防止	帯電防止その他 (透明性、耐久性、帯電防止効果)	特許 3181092	C08J7/04	導電性が低い基材表面に化学吸着法を用い、高い導電性を有する単分子膜を化学結合によって結合させる
	その他の用途	グラファイト (導電性)	特許 2803292	C01B31/04,101	特定の球状の耐熱性樹脂を窒素中で加熱し、前駆体を経てグラファイト化する
			特許 2976481	C01B31/04,101	
			特許 2976486	C01B31/04,101	
			特許 3182814	C01B31/04,101	
		(柔軟性、強靱性)	特開平 7-109171	C04B35/52	
			特開平 9-142820	C01B31/04,101	
		(熱遮断、放熱性)	特開平 9-156913	C01B31/04,101	
		表面弾性波素子 (異方性、柔軟性、熱伝導性) (ショート不良防止)	特開平 9-172349	H03H9/25	被覆膜が導電性高分子とそのドーパントを含む

表 2.1.3-3 松下電器産業の技術開発課題対応保有特許(4/7)

技術要素		課題		特許番号	筆頭IPC	概要(解決手段)
用途（つづき）	コンデンサ（つづき）	電解コンデンサ(つづき)	(高容量)	特公平 7-22068	H01G4/18,324	多孔質化した導電体表面の形状に応じて追従性のよいポリイミド被膜を形成
				特許 3192194	H01G4/33	
				特開平 6-151258	H01G9/02,331	
				特開平 9-246105	H01G9/028	
				特開平 9-283389	H01G13/00,371	
				特開平 10-144573	H01G9/04	
				特開平 11-26309	H01G9/012	
				特開平 11-26298	H01G9/004	
				特開平 11-97277	H01G4/10	
				特開 2000-106330	H01G9/028	
				特開 2000-150305	H01G9/012	
				特開 2000-49054	H01G9/04	
				特開 2001-189242	H01G9/04	
				特開 2001-196270	H01G9/02,301	
			(高耐圧)	特許 2924251	H01G9/00	固体電解質として導電性高分子を用いる
				特許 2982543	H01G9/028	
				特開平 11-283874	H01G9/02,301	
				特開 2000-340462	H01G9/028	
			(小型・大容量)	特許 3110445	H01G9/04,301	絶縁性高分子膜と陽極酸化による誘電体酸化被膜の複合誘電体を用いる
				特許 3150327	H01G9/04,301	
				特許 2921998	H01G4/18,311	
				特許 3055199	H01G9/00	
				特開平 8-191037	H01G9/032	
				特開平 9-115767	H01G4/14	
				特開平 10-321463	H01G4/33	
				特開 2000-21672	H01G4/14	
			(漏れ電流防止)	特許 2906473	H01G9/028	電解重合反応を行い、固体電解質用の導電性高分子層を、導電層上に積層形成する
				特公平 6-93419	H01G9/02,331	
				特許 2836114	H01G9/028	
				特公平 6-90995	H01G9/24	
				特開平 8-83735	H01G9/028	
				特開平 9-306793	H01G9/04,301	
				特開平 10-321462	H01G4/33	
				特開平 10-321464	H01G4/33	
				特開平 11-297570	H01G9/028	
				特開平 11-340096	H01G9/028	
				特開 2000-232033	H01G4/18,304	
				特開 2001-60536	H01G9/028	
				特開 2001-85276	H01G9/028	
				特開 2001-148329	H01G9/028	
			(容量達成率)	特許 2867514	H01G9/004	コンデンサ素子部分とリード端子部分を垂直に配置する エッチド箔表面に誘電体被膜、マンガン酸化物を積層形成し、更に化学重合ポリピロール高分子膜を介して電解重合ポリピロール高分子膜を形成
				特許 2783038	H01G9/028	
				特開平 7-183177	H01G9/04	
				特開平 11-74156	H01G9/028	
				特開平 11-74157	H01G9/028	
				特開平 11-274008	H01G9/028	
				特開平 11-54374	H01G9/028	
				特開平 11-219862	H01G9/028	

表2.1.3-3 松下電器産業の技術開発課題対応保有特許(5/7)

技術要素		課題	特許番号	筆頭IPC	概要(解決手段)
用途(つづき)	コンデンサ(つづき)	電解コンデンサ(つづき)	(容量達成率)(つづき) 特開2000-269070	H01G4/18,311	
			特開2000-299253	H01G9/028	
			特開2001-155966	H01G9/028	
			(周波数特性) 特許2734652	H01G9/028	酸化被膜を形成した陽極弁金属上に、溶媒に可溶で且つ加熱することにより導電性を発現する物質からなる薄い導電層を予め形成し、更にその導電層を介して電解重合する
			特公平8-21518	H01G9/00,331	
			特公平8-17146	H01G9/032	
			特開平9-115768	H01G4/14	
			特開平11-67602	H01G9/028	
			特開平11-186105	H01G9/028	
			特開平11-219861	H01G9/028	
			特開2000-21687	H01G9/028	
			(インピーダンス特性) 特開平5-144676	H01G9/02,311	ポリエーテルポリオールを基本骨格とし、特定のアンモニウム塩を含有する高分子電解質を、誘電体表面に形成
			特開平7-249543	H01G9/028	
			特開2001-102255	H01G9/028	
			特開2001-135551	H01G9/028	
			(等価内部抵抗特性) 特開平11-26304	H01G9/004	底面サイズの略等しい複数の方形型チップ形固体電解コンデンサを接触させて積み重ね、対応する端子部を溶接により電気的に並列接続する
			特開2000-133551	H01G9/028	
			特開2000-232036	H01G9/028	
			特開2000-138138	H01G9/04	
			特開2001-6967	H01G4/14	
			特開2000-297142	C08G61/12	
			特開2001-167984	H01G9/04	
			特開2001-203128	H01G9/012	
			(高温・高湿特性) 特公平6-101418	H01G9/02,331	少なくとも一つのスルフォン基を含むアントラキノンスルフォネートなどから選ばれる少なくとも一種のアニオンをドーパントとして含む導電性高分子からなる電解質を設ける
			特許2940059	H01G9/04	
			特公平7-36375	H01G9/00	陽極表面に電解重合導電性高分子電解質被膜を形成する際の重合性モノマーと、支持電解質を含む電解重合水溶液にリン酸塩を添加
			特公平7-27842	H01G9/028	
			特許2853376	H01G9/00	
			特許2762779	H01G9/028	
			特許2730329	H01G9/028	
			特許3067284	H01G9/028	
			特許2730330	H01G9/028	
			特許2730343	H01G9/028	
			特許2762819	H01G9/028	
			特許2785565	H01G9/028	
			特許2776113	H01G9/028	
			特開平10-149952	H01G9/004	
			特開平11-45824	H01G9/028	
			特開平11-312626	H01G9/028	
			特開2000-235937	H01G9/028	
			特開2001-126964	H01G9/052	

表 2.1.3-3 松下電器産業の技術開発課題対応保有特許(6/7)

技術要素			課題	特許番号	筆頭 IPC	概要(解決手段)
用途(つづき)	コンデンサ(つづき)	電解コンデンサ(つづき)	(密着性)	特開平 9-213574	H01G9/028	モノマー浸漬後、酸化剤のオゾンとドーパントを含む溶液に電極体を浸漬し、化学酸化重合により誘電体酸化皮膜上に導電性高分子電解質層を形成
				特開平 9-213575	H01G9/028	
				特開平 9-213576	H01G9/028	
				特開平 9-246104	H01G9/028	
				特開平 10-70043	H01G9/028	
				特開平 11-26310	H01G9/028	
			(抵抗特性の安定性)	特開平 10-70050	H01G9/08	コンデンサ素子と、陰極端子の一部と、陽極導出線の一部と、陰極層と、導電性接着剤の一部をアルキル及びアルキレンからなる弾性重合体材料で被覆
				特開平 11-26323	H01G9/08	
				特開平 11-26303	H01G9/004	
			(特性劣化防止)	特許 2874228	H01G9/012	内部のコンデンサ素子からのリード引き出しを、L字型リード線によって行う
				特開平 10-199758	H01G9/028	
				特開 2001-126959	H01G9/012	
				特開 2001-143975	H01G9/07	
			(特性欠陥防止)	特開平 9-283390	H01G13/00,371	溶解工程で、有機誘電体膜の未付着部の金属エッチド箔を溶解する
				特開 2000-208367	H01G9/012	
				特開 2001-110680	H01G9/028	残留塩基性有機溶媒量が特定量以下の複素環式モノマーを化学酸化重合した導電性高分子を固体電解質とする
				特開 2001-176758	H01G9/028	
			(小型化)	特開平 9-320895	H01G9/004	コンデンサ素子とリードフレームとを外装樹脂でモールドして、リードフレームの一部を外装樹脂より外部に引き出す
				特開平 11-204376	H01G9/004	
				特開 2000-340463	H01G9/028	
			(歩留り)	特許 2819628	H01G9/04,307	コンデンサ素子を外装する工程中に一定時間、定電圧を印加する
				特許 3160921	H01G9/04,307	
				特開平 9-246114	H01G9/04,307	
				特開平 10-4035	H01G9/04	
				特開 2000-223365	H01G9/028	
				特開 2000-243665	H01G9/04	
				特開 2001-167981	H01G9/028	
			(生産性)	特公平 7-87165	H01G9/04	
				特許 3104241	H01G9/028	連続的に製造工程を組める金属線条体を電極とするため、これを芯として電解コンデンサーを電線のような形状に形成した後カットする
				特許 2924310	H01G9/00	導電性高分子保護膜で補助電極を被覆することにより、補助電極部において電流が消費されにくく、陽極表面上での重合電流が効率的になる
				特開平 10-308116	H01B1/12	
				特開平 10-308327	H01G9/028	
				特開平 11-307396	H01G9/028	
				特開平 11-312627	H01G9/028	
				特開 2000-21686	H01G9/028	
				特開 2000-49050	H01G9/028	
				特開 2000-188238	H01G9/028	

表 2.1.3-3 松下電器産業の技術開発課題対応保有特許(7/7)

技術要素		課題		特許番号	筆頭 IPC	概要(解決手段)
用途(つづき)	コンデンサ(つづき)	電解コンデンサ(つづき)	(生産性)(つづき)	特開 2000-260664	H01G9/016	
				特開 2000-331884	H01G9/028	
				特開 2001-167980	H01G9/028	
		フイルムコンデンサ	(小型・大容量)	特開平 11-186088	H01G4/14	特定樹脂薄膜の誘電体層表面上に導電体層の第1ポリピロール層、第2ポリピロール層を形成
			(漏れ電流小)	特開平 11-186089	H01G4/14	
				特開平 11-233368	H01G4/18,307	
				特開 2001-6973	H01G4/33	
		電気二重層コンデンサ	(高耐電圧)	特開平 11-45835	H01G9/10	封口部材のゴム状弾性体部分を、イソブチレン等の共重合体からなる主ポリマーに特定基本式で示される結晶アルミノ・シリケートの含水アルカリ金属塩等からなるゼオライトを配合した素材を過酸化物加硫することにより構成
				特開平 11-54377	H01G9/038	
				特許 2945890	H01G9/038	
			(内部抵抗低減)	特開平 11-219857	H01G9/016	
			(振動信頼性向上)	特開 2000-243670	H01G9/155	

2.1.4 技術開発拠点

有機導電性ポリマーの開発を行っていると思われる事業所・研究所などを発明者住所をもとに紹介する。ただし、組織変更などにより、事業所名称などが現時点の名称とは異なる場合も有り得ます。

大阪府:門真市
神奈川県:川崎市(松下技研株式会社内)

2.1.5 研究開発者

図 2.1.5-1 に特許情報から得られる発明者数と出願件数の推移を示す。
前半の山は、電池とコンデンサ、後半の山はコンデンサで、後者の方に特に他社に例がないほどの多数の研究者を投入している。

図 2.1.5-1 松下電器産業の研究開発者と出願件数の推移

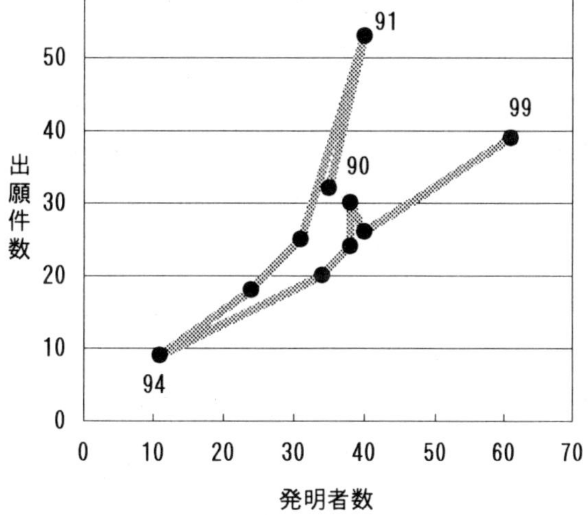

2.2 日本電気

2.2.1 企業の概要

表2.2.1-1 日本電気の企業概要

1)	商　　　　号	日本電気株式会社
2)	設立年月日	明治32年7月
3)	資　本　金	2,447億1,700万円(2001年3月現在)
4)	従　業　員	34,878名(2001年3月現在)
5)	事業内容	NECソリューションズ、NECネットワークス、NECエレクトロンデバイス、その他
6)	技術・資本提携関係	技術提携／エイ・ティー・アンド・ティー社（米国）、インターナショナル・ビジネス・マシーンズ社（米国）、インテル社（米国）、シーメンス社（ドイツ）、テキサス・インスツルメンツ社（米国）、ハリス社（米国）、マイクロソフト・ライセンシング社（米国）ラムバス社（米国）
7)	事　業　所	本社／東京都港区、事業場／川崎、府中、相模原、横浜、安孫子、中央研究所／川崎
8)	関連会社	国内／東北日本電気、山形日本電気、襴富山日本電気、長野日本電気、関西日本亀気、広島日本電気、山口日本電気、九州日本電気、福岡日本電気、熊本日本電気、、鹿児島日本電気、NECモバイルエナジー、NEC SCHOTTコンポーネンツ、海外／NECエレクロニクス（米国）、NECセミコンクターズ・シンガポール社（シンガポール）、NECテクノロジーズ(タイランド)社（タイ）、NECコンポーネンツ・フィリピンズ社（フィリピン）
9)	業績推移	（単位：百万円） 　　　　　　　平成12年3月　　　　平成13年3月 売上高　　　3,784,519　　　　4,099,323 経常利益　　　65,855　　　　　63,917 税引き利益　　22,824　　　　　23,670
10)	主要製品	NECソリューションズ、NECネットワークス、NECエレクトロンデバイス、その他
11)	主な取引先	エヌ・テイ・テイ・ドコモ、中国信息産業部、NECパーソナルシステム、住友商事、三井物産他
12)	技術移転窓口	

　機能性高分子タンタルコンデンサNeo Capacitor PSシリーズは関連会社のＮＥＣ富山、タイのＮＥＣテクノロジー社で生産している。

2.2.2 有機導電性ポリマー技術に関する製品・技術

　機能性高分子タンタルコンデンサNeo Capacitor PSLシリーズは、従来のPSNシリーズ、PSMシリーズに加え、新たに開発したもので、陰極層としてPSNシリーズ、PSMシリーズに使用してきたポリピロール系に替えてポリビニレン系を用い、105℃の高温保証対応とさらなる低ESR特性（約20%低減）を実現したものである。

　機能性高分子ニオブコンデンサNB/Pは、世界で初めてニオブ金属を陽極や誘電体材料に使ったコンデンサで、従来のチップタンタルコンデンサと同一形状・同一構造で性能的にも同等である。またポリマーを電解質に用いていることで、低ESR(等価内部抵抗)を実現した。

　低ESR大容量コンデンサーの陽極や誘電体には、これまでタンタル金属が用いられてきたが、独自の新工法をニオブ素子焼結プロセスや酸化皮膜形成プロセスに適用、ニオブ

特有の熱的不安定性の問題を解決し、タンタル・ニオブのダブルソースの利用を可能にした。これによって今後ニオブの量産が進めば、タンタルコンデンサではコスト的に困難だった、アルミ電解コンデンサの領域である 1000 マイクロファラド以上の大容量域での製品化が可能となる。

以上、高温特性向上、低等価内部抵抗化、耐熱性向上等コンデンサ関係の特許の課題のほかに、中間処理における膜厚均一性向上などの特許の課題がこれらの商品化に役立っているものと思われる。

プロトンポリマー電池は、正極にはインドール系、負極にはキノキサリン系のポリマー、電解液には硫酸水溶液を使用し、正、負極ともにプロトンだけが電荷の授受にかかわる構造で、起電力は約 1.2 ボルト、容量は 1 立方センチメートル当たり 25 ミリワット／時と電気二重層キャパシタの 10 倍、鉛電池に匹敵する高エネルギー密度になるほか、5 分程度で 8 割方の充電もできる。

表 2.2.2-1 日本電気の有機導電性ポリマー技術に関する製品・技術

製 品	製品名	発売時期	出 典
機能性高分子タンタルコンデンサ	───	平成元年	化学工業日報　'00.8.3
機能性高分子タンタルコンデンサ	Neo Capacitor PSN シリーズ Neo Capacitor PSM シリーズ Neo Capacitor PSL シリーズ	平成 12 年	電波新聞　'00.3.29
機能性高分ニオブコンデンサ	NB/P	平成 14 年前半	化学工業日報　'01.7.11
プロトンポリマー電池	プロトンポリマー電池（サンプル供給）	平成 12 年秋	化学工業日報　'00.4.14

2.2.3 技術開発課題対応保有特許の概要

表 2.2.3-1 日本電気の技術開発課題対応保有特許

技術要素	特許件数（係属）	備　考
材料合成	10	－
中間処理	5	－
用　途		
コンデンサ	58	電気二重層コンデンサ 4 件を含む
電池	10	
発光素子など光関連	9	
電気・電子・磁気関連	15	

コンデンサ、電池、有機 EL・液晶素子などの光関連および印刷基板を主体とする電気・電子関連の特許が中心である。

一般にタンタル電解コンデンサはタンタル（Ta）微粒子の焼結体表面を酸化して誘電体としたものである。すべての層が固体で構成され、電解液の漏れや乾燥の心配は無いが、電極の導電率が余り高くないため周波数特性は十分とは言えない。また、タンタル焼結体

からなる誘電体酸化被膜と導電性ポリマー被膜との密着性が悪いと容量出現率が不十分となる問題を有している。

　①コンデンサに関する特許は全体の約半分（58件）を占める。既に販売を行っている、タンタル焼結体を用いた固体電解質コンデンサに関するものが多い。また、導電性高分子の特長を活かした、電気特性（高容量・周波特性）および耐熱・耐湿性に優れた電解コンデンサに的を絞った研究がなされている。
　②材料合成および中間処理に関する特許も比較的多く、タンタル焼結体に導電性高分子膜を均一に付け、電気特性と信頼性の向上を目的とする例（特開2000-353641）などが見られる。
　③電池（10件）、有機EL、液晶素子などの光関連（9件）および印刷基板などの電気関連（15件）に関しては、ほぼ平均して技術開発がなされている。
　④その他としては、高い導電性と柔軟性が要求される、プリント配線基板の検査用コンタクトピンおよび検査プローブに関する特許（9件）が見られる。

　日本電気の保有特許の特徴は、コンデンサの特性を向上する技術に集中している点である。表1.4.3-1および表1.4.3-2を見ると、コンデンサの容量や周波数特性などの電気特性、漏れ電流防止や耐熱・耐湿性を向上するための多くの技術課題に取り組み、解決手段として、主としてポリピロール系とポリアニリン系導電性ポリマーを用いてドーピングと浸漬含浸などの中間処理に関する技術開発に注力していることがわかる。
　また、表1.4.1-1を見ると、導電性や耐熱性を向上するための技術課題に取り組み、解決手段として、ポリピロール系やポリアニリン系などの導電性ポリマーに特定構造の有機化合物を含有させる、一部材料合成に遡った研究がなされていることがわかる。

表2.2.3-2 日本電気のコンデンサに関する技術課題と解決手段の対応表（その1）

	解決手段	材料				作製時の重合		
課題		ポリピロール系	ポリチオフェン系	ポリアニリン系	その他	電解酸化	化学酸化	その他
電気特性	容量達成率（出現率）	日本電気3件					日本電気4件	
	周波数特性（インピーダンスを含む）	日本電気3件		日本電気3件			日本電気2件	
	等価内部抵抗(ESR)	日本電気3件		日本電気4件			日本電気5件	
信頼性	漏れ電流防止	日本電気5件		日本電気2件		日本電気2件	日本電気3件	
	耐熱・耐湿性	日本電気5件		日本電気4件			日本電気4件	
経済性	生産性	日本電気4件				日本電気4件		
	小型・軽量化		日本電気1件					

（　）内はフィルムコンデンサの出願件数

表2.2.3-2 日本電気のコンデンサに関する技術課題と解決手段の対応表（その2）

	解決手段	中間処理						その他
課題		表面処理	ドーピング	エージング	浸漬含浸	塗布	その他	構造・構成
電気特性	静電容量（耐電圧を含む）		日本電気1件					
	容量達成率					日本電気1件		
	周波数特性（インピーダンスを含む）		日本電気2件					
信頼性	漏れ電流防止					日本電気2件	日本電気2件	
	耐熱・耐湿性	日本電気2件	日本電気3件		日本電気2件			
	特性安定性（バラツキ、劣化など）						日本電気1件（噴霧）	
経済性	生産性		日本電気1件		日本電気4件		日本電気1件（滴下）	
	小型・軽量化				日本電気1件			

注）（　）内はフィルムコンデンサの出願件数または出願内容の特徴を表す

表 2.2.3-3 日本電気の技術開発課題対応保有特許（1/4）

技術要素		課題		特許番号	筆頭IPC	概要（解決手段）
材料合成	ポリピロール系	物性向上	（高導電率）	特許2586387	C08G61/12	ピロール系モノマー／スルホネートアニオン／遷移金属カチオンの重合系で溶媒に2%以上を含ませ、酸化剤濃度及びモノマー濃度を特定化した条件下で反応を行う
	ポリアニリン系		（高導電性、耐熱性）	特許2991408	C08G73/00	スルホン酸基を有するキノン化合物を酸化剤として含有する溶液中でアニオンを酸化重合する
			（耐熱・耐湿性）	特許2536458	C07C309/23	
	ポリピロール／ポリアニリン系	長時間安定性		特許2576403	C08L65/00	ポリアニリン又はポリピロール誘導体を脱ドープ後、メタン骨格を有するドーパントでドーピングする
	ポリピロール／ポリチオフェン／ポリアニリン系	物性向上	（耐熱性）	特開平9-25417	C08L101/12	特定構造の有機化合物を成分として含有する
				特許3076259	C08G61/12	
			（高導電率）	特開2001-172384	C08G73/02	
	その他の系		（低コスト）	特許2891165	C07C309/29	イオン交換工程を省き、ベンゼンジスルホン酸と硫酸の混合物から硫酸を分離除去
				特開2001-131266	C08G61/12	
	導電性材料一般		（生産性向上）	特開2000-273671	C25B11/00	有機高分子と導電補助剤との混合物を集電体に積層成膜後乾燥して電極とし、その電極をドーパントを溶解させた電解液に浸漬し、電解重合して導電性高分子とする
中間処理	フイルム	接続信頼性		特開2000-243147	H01B5/16	絶縁フイルムの厚み方向に導電性条体を充填した絶縁性のコア層の、両面に熱により溶融する接着剤層を設ける
	成形体	簡便な製造法		特許2601207	C08J9/28,101	モノマー／プロトン酸／酸化剤／溶媒を冷却凍結し、溶媒の融点以下の温度で重合する
	組成物	物性向上	（等価内部抵抗低減）	特公平7-91449	C08L65/00	活性炭と、フェノール系樹脂との混合物を、熱硬化し、熱処理した混合物とポリアセン系材料との複合体を得る
			（安定性）	特許2768099	C08L79/00	
	その他の中間処理	膜厚均一性		特開2000-353641	H01G9/028	タンタル焼結体上に、導電性高分子層を形成するとき、焼結体を電解重合液から引き上げつつ電解重合を行う
用途	コンデンサ	電解コンデンサ	（高容量）	特許2728001	H01G9/028	2種以上の導電性高分子で、導電率の高い導電性高分子を連続相としてドーピング状態、低導電率のものが低濃度ドーピング状態又は脱ドーピングする
				特許2809158	H01G9/028	
				特許3196832	H01G9/052	
			（漏れ電流防止）	特許3036027	H01G9/028	電導性高分子化合物を形成後、誘電体被膜層を形成する
				特許2792394	H01G9/028	
				特許2570979	H01G9/028	
				特許2580980	H01G9/028	
				特許2861774	H01G9/012	
				特許2792469	H01G9/028	
				特許2790100	H01G9/028	

表2.2.3-3 日本電気の技術開発課題対応保有特許 (2/4)

技術要素	課題		特許番号	筆頭IPC	概要（解決手段）
用途(つづき)	コンデンサ(つづき)	電解コンデンサ(つづき)			
		(容量達成率)	特許2570600	H01G9/028	酸化物被膜を、電解質を含む高級アルコールで予め処理し、固体電解質となる導電性ポリマー膜を酸化重合でつける
			特許2765453	H01G9/028	
			特許2500657	H01G9/012	
			特許2778477	H01G9/028	
			特開平10-149954	H01G9/028	
		(周波数特性)	特許2725553	H01G9/028	酸化皮膜上にアニリン／プロトン酸を入れ、アニリンの酸化重合を行って固体電解質を形成させる
			特許2765437	H01G9/028	
			特許2605596	C08K5/09	
			特許2937716	H01G9/028	
		(等価内部特性)	特許2765440	H01G9/028	誘電体に化学重合で固体電解質をつける工程で、誘電体に電荷を付加し、放電されない状態で化学重合を行う
			特許2765462	H01G9/028	
			特許2850774	H01G9/04	
			特許3070446	H01G9/08	
			特許2776330	H01G9/012	
			特開2001-44080	H01G9/028	
		(等価内部特性)(続き)	特開2001-68381	H01G9/028	
			特開2001-148328	H01G9/028	
		(高温・高湿特性)	特許2770746	H01G9/028	導電性ポリマー表層に限って、抗酸化剤を含ませる
			特許3070408	H01G9/04	
			特許2778495	H01G9/028	
			特許2636793	C08L101/00	
			特開平10-32145	H01G9/028	
			特許2907131	C08L101/12	
			特許3063640	H01G9/028	
			特許3201466	H01G9/028	
			特開平11-87177	H01G9/028	
			特許3065286	H01G9/028	
		(低抵抗)	特許3092512	H01G9/028	アニリン溶液に多孔質焼結体を含浸し、低温雰囲気で乾燥
			特許3060958	H01G9/028	
		(機械ストレス低減)	特許3079780	H01G9/012	積層体の陰極部に導電性接着層を設け、複数枚の陽極を側面において電気的導通がとれるよう組み上げる
			特許2570152	H01G9/00	
		(小型化)	特許2682478	H01G9/012	陽極リードの突出しなし
			特許2850823	H01G9/004	
			特開2001-110682	H01G9/028	
		(歩留り)	特許2570121	H01G9/00	陰極に導電性ポリマーを使った固体電解質に、導電性ポリマーが陽極リードに這い上がって形成される
			特許2718353	H01G9/012	
			特許2828035	H01G9/028	

表2.2.3-3 日本電気の技術開発課題対応保有特許（3/4）

技術要素		課題		特許番号	筆頭IPC	概要（解決手段）
用途(つづき)	コンデンサ(つづき)	電解コンデンサ(つづき)	（生産性）	特公平8-21528	H01G9/12	陰極導電体層の表面に導電性高分子膜を形成し、更に外装樹脂層を形成
				特許3198518	H01G9/028	
				特許3180358	H01G9/028	
				特許2792441	H01G9/04,307	
				特許3087654	H01G9/028	
				特開2000-188239	H01G9/028	
				特開2000-200736	H01G9/052	
		電気二重層コンデンサ	（等価内部抵抗低減）	特許3003400	H01G9/058	
				特開平11-224834	H01G9/058	
			（エネルギ利用効率）	特開2000-358326	H02J1/00,309	
			（製造プロセス簡易）	特許2998401	H01G9/155	
	電池	二次電池	（充放電特性）	特許3039484	H01M4/60	電極を構成する化合物に、窒素原子を含むπ共役高分子又は及びキノン系化合物を用いる
				特許2943792	H01M4/60	
				特開2000-40527	H01M10/40	
				特開2001-118577	H01M4/60	
			（エネルギー効率）	特許3144410	H01M4/02	キノキサリン樹脂を含有する膜を施すことにより電極を形成し、硫酸イオン又はスルホン酸イオンを含む電解質の水溶液で電極中のキノキサリン樹脂をドーピング
				特許2001-118570	H01M4/04	
			（容量）	特許3168962	H01M4/60	正負極の少なくとも一方に活物質として含窒素化合物高分子とキノン類化合物とを含有させる
			（容量出現率）	特許3111945	H01M4/60	
				特開平11-329438	H01M4/62	
			（大電流発生防止）	特許3114651	H01M10/40	正極と電気的に接続された、N型ドーピング可能な導電性高分子の多孔質成形体配置
		有機EL	（応答速度大、耐久性）	特許2596378	G02F1/17	ポリチオフェン誘導体薄膜を挟む極間にかける電圧を変化(制御)させる
		液晶素子	（高信頼性）	特許3068393	G02B5/20	酸化重合によりポリアニリン／ルイス酸化物(0.1～5モル%／モノマー)の薄膜とする
			（表示品位の改善）	特許2725633	G02F1/1,333	
			（高画質）	特許2845215	G02F1/136,500	
				特開2001-176675	H05B33/28	
			（表示異常防止）	特許3165100	G02F1/1,343	
		スクリーン感光体	（密着性向上）	特許3011175	G03G5/00,102	光導電層と絶縁性スクリーンとの間に、分散された導電性微粒子を含む接着層を形成する
		光関連・その他、光デバイス	（帯電防止）	特許2773792	G02F1/313	ポリアニリン／アルキルベンゼンスルホン酸ドーパント薄膜をコートする
		光記録媒体	（再生信号検出可能）	特許3068420	G11B7/24,533	ポリー(2,5-チエニレンビニレン)を非線形屈折率特性調整膜として使用

表 2.2.3-3 日本電気の技術開発課題対応保有特許（4/4）

技術要素		課題	特許番号	筆頭IPC	概要（解決手段）
用途（つづき）	電気・電子・磁気関連	印刷基板（高周波特性）	特許2692465	H05K1/03,610	ビニル基の一部を多官能ビニル化合物を介して架橋したポリ(p－フェニレンビニレン)とする
			特許2770627	H05K3/46	
		（低コスト）	特許2795236	H05K3/24	
			特許2858564	H05K3/24	
			特開2000-199775	G01R31/02	
		電磁気関連圧電素子（柔軟性）	特許2836332	H01L41/083	
	その他	コンタクトピン（高導電性、柔軟性）	特開平11-326375	G01R1/073	感光性樹脂層の開口部に導電性高分子の成形体を形成
			特許3168983	G01R1/073	
			特開平11-326380	G01R1/073	
			特許2976293	G01R1/073	
			特許3077673	G01R1/073	
			特開2000-199766	G01R1/073	
		（高信頼性）	特許3120793	G01R1/073	
		（低抵抗、高強度）	特許3120796	G01R1/073	感光性樹脂層の上に、導電性高分子と感光性樹脂層からなる複合体の導電層を形成し、酸化剤溶液と接触させる
			特開2000-252624	H05K3/40	

2.2.4 技術開発拠点

有機導電性ポリマーの開発を行っていると思われる事業所・研究所などを発明者住所をもとに紹介する。ただし、組織変更などにより、事業所名称などが現時点の名称とは異なる場合も有り得ます。

東京都：港区（本社地区）

2.2.5 研究開発者

図2.2.5-1に特許情報から得られる発明者数と出願件数の推移を示す。

95年までは主にコンデンサの開発、それにコーティグ、97年からは電池の開発で再び増加に転じている。96年が谷になっている。

図 2.2.5-1 日本電気の研究開発者と出願件数の推移

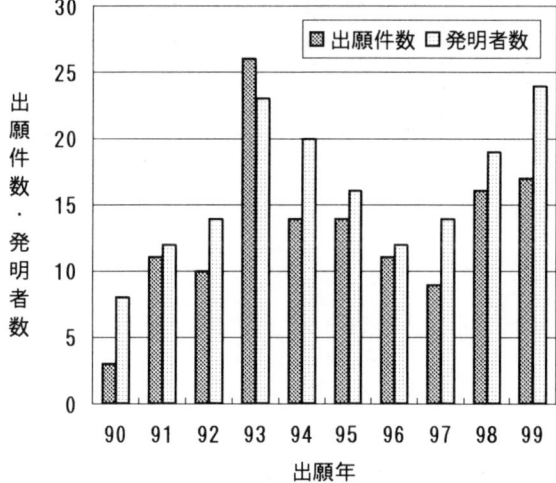

2.3 リコー

2.3.1 企業の概要

表 2.3.1-1 リコーの企業概要

1)	商号	株式会社リコー
2)	設立年月日	1936年2月
3)	資本金	1,034億3,400万円（2001年3月31日現在）
4)	従業員	12,242名
5)	事業内容	OA機器、カメラ、電子部品、機器関連消耗品の製造・販売
6)	技術・資本提携関係	［技術援助契約先］ Xerox Corporation（米国）、International Business Machines Corporation（米国）、ADOBE Systems Incorporated（米国）、Jerome H. Lemelson（米国）、日本IBM, Texas Instrument（米国）、シャープ、キヤノン、ブラザー工業
7)	事業所	本社／東京都港区南青山1-15-5　リコービル 工場／兵庫県加東郡、神奈川県厚木市、静岡県沼津市、大阪府池田市、神奈川県秦野市、福井県坂井市、静岡県御殿場市
8)	関連会社	東北リコー、迫リコー、リコーユニテクノ、リコーエレメックス、リコー計器、リコーマイクロエレクトロニクス、その他
9)	業績推移		H11.3	H12.3	H13.3
		売上高(百万円)	720,502	777,501	855,499
		当期利益(千円)	18,977,000	22,613,000	34,404,000
10)	主要製品	デジタル/アナログ複写機、マルチ・ファンクション・プリンター、レーザプリンター、ファクシミリ、デジタル印刷機、光ディスク応用商品、デジタルカメラ、アナログカメラ、光学レンズ
11)	主な取引先	東京リコー、エヌビーエスリコー、大阪リコー、神奈川リコー、リコーリース

技術移転を希望する企業には、対応を取る。その際、自社内に技術移転に関する機能があるので、仲介等は不要であり、直接交渉しても構わない。

2.3.2 有機導電性ポリマー技術に関する製品・技術

リコーの商品は特許および一般情報から以下に述べることが商品化に結びついている。

特許の課題と一般文献からアニリンを正極、炭素を負極として高分子固体電解質を挟んだ集電効率の高いシート電極を用いていると思われる。

表 2.3.2-1 リコーの有機導電性ポリマー技術に関する製品・技術

製品	製品名	発売時期	出典
ペーパー型ポリマー電池	─	平成4年	http://www.ari.co.jp/sentan/89.htm

2.3.3 技術開発課題対応保有特許の概要

表 2.3.3-1 リコーの技術開発課題対応保有特許

技術要素	出願件数（係属）
材料合成	6
中間処理	2
用　　途	
電池	38
発光素子など光関連	9
その他の用途	3

出願の 58 件は、材料合成の 6 件（約 10％）、中間処理の 2 件（同 4％）、用途の 50 件（同 86％）の構成で、とりわけ用途面に注力しており、なかでも非水電解質二次電池や電極関連は 76％（用途分野中）と多く、次いで光関連の 18％（同）となっている。

導電性ポリマーの製造面は、特定ポリマーに限定しないで、高生産性や薄膜形成など幅広く検討している。また用途面は、電池や電極関連が多く、充放電サイクル特性や高エネルギー密度の向上などが目につく。

①導電性ポリマーとしては、高生産性や高性能の膜形成に向け、ポリアニリン系、ポリピロール系等の研究が進んでいる。また異質のものとして、磁場存在下に電気化学反応を利用して高導電性のポリチオフェン系繊維状ポリマーの検討も行われている。
②充放電サイクル特性やエネルギー密度の向上への非水電解質二次電池の取り組みやまた融着性シートを用いた集電体基板付の複合電極を用い、集電効率やエネルギー容量を向上させる研究も進んでいる。
③カラーフィルターを用いた液晶表示素子や電子写真感光体用材料等が光関連に含まれる。
④共願は吉野勝美との 3 件（特開平 5-47211、特開平 5-326923、特許 2528798）と山本隆一との 1 件（特開平 5-234617）の計 4 件である。例えば吉野との『高分子電荷移動錯体』（特開平 5-47211）は有機ドナー材料としてポリアニリン系等を用い成型性などを有し、電子材料としての安定性に優れた同錯体を得るものである。

リコーの保有特許の特徴は、二次電池の向上技術に集中している点である。表 1.4.3-3 を見ると、二次電池の品質特性を向上するため、充放電サイクル特性や高エネルギー密度、過放電特性の向上の技術課題に取り組み、解決手段として、ポリアニリン系やポリピロール系等の導電性ポリマーと粒子状電気化学物質との複合電極を用いた非水電解質二次電池を得ることに注力していることがわかる。

なお、掲載の特許については、開放していない。

表 2.3.3-2 リコーの電池における技術開発の課題と解決手段の対応表（その１）

課題		解決手段	ポリマーの種類（ポリマーの重複を含む）		
			ポリアニリン系	ポリピロール系	ポリチオフェン系
二次電池	特性	充放電	充放電サイクル特性 充放電可能	リコー 8件	リコー 2件	リコー 2件
		エネルギー特性	高エネルギー密度 体積エネルギー効率 重量エネルギー効率	リコー 14件	リコー 2件	リコー 2件
		その他の特性	ショート時安全性 内部短絡による大電流の発生や火花	リコー 1件	リコー 1件	
			過放電特性の向上	リコー 3件		リコー 1件

表 2.3.3-2 リコーの電池における技術開発の課題と解決手段の対応表（その２）

課題		解決手段	ポリマーの種類（ポリマーの重複を含む）		
			ポリアセチレン系	ポリアセン系	その他の導電性ポリマー化（指名のないものを含む）
二次電池	特性	充放電	充放電サイクル特性 充放電可能			リコー 4件
			低温においても高容量			リコー 1件
		エネルギー特性	高エネルギー密度 体積エネルギー効率 重量エネルギー効率	リコー 2件		リコー 5件
		容量特性	電池容量の増大 放電容量の増大			リコー 1件
		その他の特性	過放電特性の向上			リコー 1件
太陽電池			電流密度が高くピンホールによる短絡確率が小	リコー 1件		

表 2.3.3-2 リコーの二次電池における技術開発の課題と解決手段の対応表（その３）

課題 \ 解決手段	個々の配合物関連		
	ポリマー物性改良、保持	組成物	複合体（構造体、積層体など）
電気的性質（大容量、充放電サイクル特性、急速充電能力等）	リコー 3件	リコー 20件	リコー 18件
作製法（密着性、均一膜厚分布等）		リコー 1件	

表 2.3.3-3 リコーの技術開発課題対応保有特許 (1/3)

技術要素			課題	特許番号	筆頭IPC	概要(解決手段)
材料合成	ポリアニリン系		高生産性、良好膜質	特許2826849	C25B3/00	ポリアニリン単量体を定電位電解重合と定電流電解重合を連続して行う
				特許2826850	C25B3/00	
	ポリフェニレン系		可溶性	特許3103138	C08G61/10	モノアルキル置接ベンゼンモノマーを重合して可溶性ポリフェニレン系重合体を得る
	ポリチオフェン系		高導電性の繊維状ポリチオフェン	特許3081742	C08G61/00	チオフェン系モノマーを、ピン電極に対し垂直方向の磁場をかけて電解重合する
			非導電材料上に導電体薄膜形成	特開平9-208675	C08G61/12	電解重合可能なモノマーやオリゴマーを含む電解液中で、磁場を印加しながら電解重合反応する(有機導電体の製法)
	ポリピロール系			特開平8-239455	C08G61/12	
中間処理	組成物		高強度、高接着性	特開平6-124708	H01M4/62	可溶性導電性ポリアニリンとポリフッ化ビニリデンを溶媒に溶解後、溶媒を除去して導電性組成物を形成する
			安定なポリアニリン溶液の調整、保存	特許3190475	C08L79/00	ポリアニリンを溶媒に溶解する際、不活性ガス中で溶解および保存する
用途	電池	(非水電解液二次電池)	低温特性、サイクル特性	特開平8-287951	H01M10/40	可溶性導電性高分子と粒子状電気化学活物質との複合電極を用いる非水電解質二次電池を得る
				特開平9-73917	H01M10/40	
				特開平9-161771	H01M4/02	
				特開平10-188993	H01M4/62	
				特開平10-188985	H01M4/58	
				特開平11-67211	H01M4/62	
			過放電に強い	特開平8-222272	H01M10/40	同二次電池と太陽電池との組合せ電池正極側に集電体層、活物質層と電解質層をまた負極側に活物質層、集電体層の積層構造体からなる同二次電池と太陽電池とを組合せる
		(その他の二次電池)	高重量エネルギー密度、電池性能向上	特許2885426	H01M4/02	プラスチック二次電池。正極を活物質、導電性フィラー、イオン伝導性結着剤で構成する。活物質にはポリアセチレン、ポリピロール等のレドックス活性高分子を用いる
				特許2849120	H01M10/40	
				特開平5-234617	H01M10/36	
				特開平6-163047	H01M4/58	
				特開平8-222221	H01M4/58	
				特開平8-298137	H01M10/40	
				特開平9-50823	H01M10/40	
				特開平10-134798	H01M4/02	
				特開平11-67214	H01M4/62	
				特開平11-86855	H01M4/48	
				特開平11-307126	H01M10/40	

表 2.3.3-3 リコーの技術開発課題対応保有特許（2/3）

技術要素		課題	特許番号	筆頭 IPC	概要（（解決手段）
用途（つづき）	電池（つづき）	（電池用電極）サイクル寿命の長い	特許 3131441	H01M4/02	負極を還元反応によって得る導電性高分子と金属及び炭素系材料との複合体で形成
			特開平 5-242892	H01M4/60	
			特開平 5-290618	H01B1/12	
			特開平 7-130356	H01M4/02	
			特開平 8-50893	H01M4/02	
			特開平 8-279359	H01M4/60	
		集電効率、利用効率に優れる	特開平 5-266879	H01M4/02	複合電極及び電池
		（電極及び電池）薄型化	特開平 6-44957	H01M4/02	シート状電極と集電体基板とを、融着性シートを用い結合させ集電体基板付き電極とし、シート状薄型電池を得る
		高エネルギー密度、低インピーダンス	特開平 6-318453	H01M4/02	二次電池用正極および同電極を用いた二次電池
			特開平 7-134987	H01M4/02	
		高信頼性の高エネルギー密度	特開平 8-64203	H01M4/02	電極の製法と同電極を用いた二次電池
			特開平 8-185851	H01M4/02	
			特開平 8-279354	H01M4/02	
			特開平 8-227708	H01M4/02	
		高エネルギー密度	特開平 9-161772	H01M4/02	リチウム二次電池用電極および同電極を使用したニチウム二次電池。複合電極の正極活物質層の導電性高分子層構造で、全細孔体積、全細孔表面積の形成量を制御して電極を作製する
		高容量、サイクル特性、高エネルギー密度	特開平 9-73893	H01M4/02	リチウム複合酸化物を用いた高容量電池用電極および同電極を用いた二次電池を得る
			特開平 11-40143	H01M4/04	
		（その他の電池関連）太陽電池等の電流密度を高め、安定な動作を図る	特許 3135899	H01L31/04	電気素子。仕事関数の大きな金属 n 型無機半導体層、電子伝導性有機半導体層を順次積層して陰極側を構成している
		イオンフィルターやセパレーターとして有用な積層体	特許 2528798	C08G61/12	重合錯体膜と導電性物質層とから構成する
		自己放電、サイクル特性	特開平 10-208544	H01B1/12	高分子団体電解質及びそれを用いた電池
	光関連	（カラーフィルター）表面性の良い	特開 2000-162421	G02B5/20,101	色フィルター
		コスト安、製造容易	特開 2000-206521	G02F1/1,335,505	色フィルター、およびフィルター使用の表示素子
			特開 2000-81509	G02B5/20,101	
			特開 2000-304914	G02B5/20,101	

表 2.3.3-3 リコーの技術開発課題対応保有特許 (3/3)

技術要素		課題	特許番号	筆頭 IPC	概要((解決手段)
用途(つづき)	光関連(つづき)	(その他の光関連) 耐久性	特開平 5-333605	G03G9/113	二成分現像剤用キャリア
		高感度	特開平 8-311363	C09B67/46	有機顔料分散液(有機顔料粒子や導電性高分子などを含有)
		記録コントラストが大	特開平 9-7221	G11B7/24,516	可逆光情報記録媒体及び記録消去法
		軽量化、小型化	特開平 9-222695	G03C3/00,570	カメラ(パトロネと電池を一体化する)
		耐摩耗性の向上	特開平 9-319104	G03G5/05,101	電子写真感光体
	その他	成型性、加工性	特開平 5-47211	H01B1/12	高分子電荷移動鎖体(有機ドナー材料に導電性高分子材料を用いる)
		加工性のよいメモリ効果	特開平 5-326923	H01L29/28	非線形電気伝導素子(未ドープのポリアニリンと有機アクセプターを反応させる)
		室温で安定な	特開平 6-196309	H01F1/00	有機磁性体および磁性トナー(ポリフラン系等の導電性ポリマーよりなる有機磁性体)

2.3.4 技術開発拠点

有機導電性ポリマーの開発を行っていると思われる事業所・研究所などを発明者住所をもとに紹介する。ただし、組織変更などにより、事業所名称などが現時点の名称とは異なる場合も有り得ます。

東京都：大田区（本社地区）

2.3.5 研究開発者

図2.3.5-1に特許情報から得られる発明者数と出願件数の推移を示す。
95年まではコーティング開発と電池の開発に注力したため、多数が投入されたが、それ以降は急激に減少している。

図 2.3.5-1 リコーの研究開発者と出願件数の推移

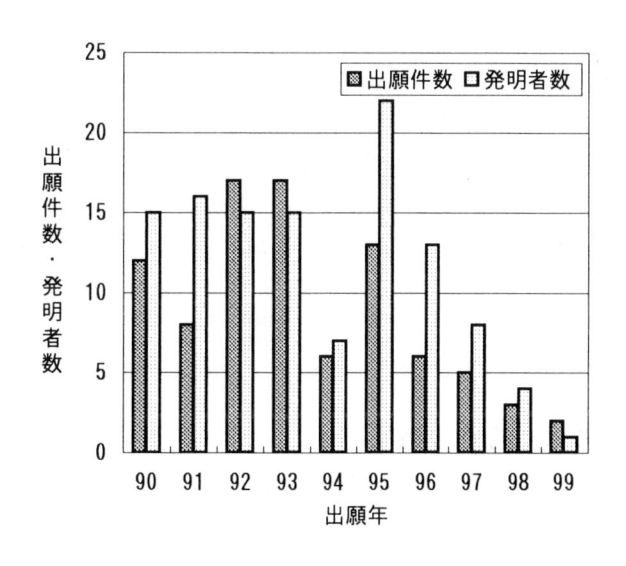

2.4 日本ケミコン

2.4.1 企業の概要

表 2.4.1-1 日本ケミコンの企業概要

1)	商　　　　　号	日本ケミコン株式会社
2)	設　立　年　月　日	昭和 22 年 8 月
3)	資　　本　　金	157 億 5,100 万円(2001 年 3 月現在)
4)	従　　業　　員	1,894 名(2001 年 3 月現在)
5)	事　業　内　容	コンデンサ、回路部品、機構部品、コンデンサ用材料他
6)	技術・資本提携関係	――
7)	事　業　所	本社／東京都青梅市、宮城県田尻町、岩手県北上市、福島県矢吹町、茨城県高萩市、新潟県聖施町、岩手県北上市
8)	関　連　会　社	国内／福島電気工業、マルコン電子、ケミコンアドバンスビジネス、海外／Chemi-Con Materials Corp.、Chemi-Con (Malaysia)Sdn.Bhd.、United Chemi-Con.Inc.、P.T.Indonesia Chemi-Con
9)	業　績　推　移	（単位：百万円） 　　　　　　　平成 12 年 3 月　　　平成 13 年 3 月 売上高　　　 97,062　　　　　　 107,890 経常利益　　 2,481　　　　　　　10,702 税引き利益　　2,335　　　　　　　 3,214
10)	主　要　製　品	コンデンサ、回路部品、機構部品、コンデンサ用材料他
11)	主　な　取　引　先	KDK 販売、ソニー木更津、ソニー美濃加茂、長野日本無線、東立通信工業
12)	技　術　移　転　窓　口	

有機半導体コンデンサ　PT シリーズは生産子会社のマルコン電子で生産している。

2.4.2 有機導電性ポリマー技術に関する製品・技術

有機半導体コンデンサは、PEDT を陰極材料にしたもので、従来のものにくらべ 1/40 -1/50 の非常に低いインピーダンスと ESR を有するほか、耐熱性が 350 ℃と機能性ポリマー系では最も高く表面実装が可能である。

電気特性向上、低等価内部抵抗化、耐熱性向上等の日本ケミコン社の特許の課題が商品化に役立っているものと思われる。

表 2.4.2-1 日本ケミコンの有機導電性ポリマー技術に関する製品・技術

製品	製品名	発売時期	出典
有機半導体コンデンサ	POSCAP TP シリーズ AP シリーズ	平成 9 年 1 月	電波新聞 '96.10.5
	PT シリーズ	平成 11 年 2 月	ニュースリリース '99.4.9

2.4.3 技術開発課題対応保有特許の概要

電解コンデンサの専門メーカーとしては最大手であり、すべての特許（55 件）がコンデンサに関するものである。

専門メーカーとしての立場から、コンデンサについてその電気特性から信頼性、さら

には生産面にわたり、幅広く研究開発を行っている。

　コンデンサの大容量化と小型化、すなわち、単位面積あたり、および単位体積あたりの電荷蓄積量をできるだけ大きくすることが要求されている。大容量化を実現するためには、誘電体の誘電率が大きいことと、膜厚が薄いことが重要である。

　①静電容量を含む電気的性質に優れたコンデンサに関する特許（25件）が全特許の約半数近くに達している。（電気的特性：11件、静電容量：5件、電気的特性＋静電容量：9件）
　②誘電体酸化被膜を有する金属ペレットの表面に、導電性高分子からなる均一な固体電解質層を形成して、高信頼性のコンデンサを作りこむ技術を開発している。（関連特許7件）
　③その他としては、電解重合の容易化と確実化を図り、製造工程全体の効率向上を狙った生産技術関連の開発も行っている。（関連特許4件）

　日本ケミコンの保有特許の特徴は、コンデンサ技術に集中している点である。表1.4.3-1および表1.4.3-2を見ると、このコンデンサについて電気特性や信頼性の向上、さらには生産性を向上するための多くの技術課題に取り組み、解決手段として、エージングや浸漬含浸などの中間処理によりコンデンサ素子の改質に注力していることがわかる。

表2.4.3-1 日本ケミコンのコンデンサに関する技術課題と解決手段の対応表（その１）

	解決手段	材料				作製時の重合		
課題		ポリピロール系	ポリチオフェン系	ポリアニリン系	その他	電解酸化	化学酸化	その他
電気特性	静電容量（耐電圧を含む）	日本ｹﾐｺﾝ 3件	日本ｹﾐｺﾝ 10件					
	電気的特性	日本ｹﾐｺﾝ 10件	日本ｹﾐｺﾝ 14件	日本ｹﾐｺﾝ 4件		日本ｹﾐｺﾝ 4件	日本ｹﾐｺﾝ 14件	
信頼性	漏れ電流防止	日本ｹﾐｺﾝ 4件				日本ｹﾐｺﾝ 2件		
	特性安定性（バラツキ、劣化など）		日本ｹﾐｺﾝ 8件				日本ｹﾐｺﾝ 8件	
経済性	歩留り	日本ｹﾐｺﾝ 3件						
	生産性	日本ｹﾐｺﾝ 4件						日本ｹﾐｺﾝ 2件

（　）内はフィルムコンデンサの出願件数

表2.4.3-1 日本ケミコンのコンデンサに関する術課題と解決手段の対応表（その２）

	解決手段	中間処理						その他
課題		表面処理	ドーピング	エージング	浸漬含浸	塗布	その他	構造・構成
電気特性	静電容量（耐電圧を含む）	日本ｹﾐｺﾝ 2件					日本ｹﾐｺﾝ 1件（注入）	
	電気的特性			日本ｹﾐｺﾝ 4件	日本ｹﾐｺﾝ 11件			
信頼性	漏れ電流防止				日本ｹﾐｺﾝ 4件			
	特性安定性（バラツキ、劣化など）			日本ｹﾐｺﾝ 8件	日本ｹﾐｺﾝ 9件			日本ｹﾐｺﾝ 4件
経済性	生産性			日本ｹﾐｺﾝ 3件				

注）（　）内はフィルムコンデンサの出願件数または出願内容の特徴を表す

表2.4.3-2 日本ケミコンの技術開発課題対応保有特許(1/2)

技術要素			課題	特許番号	筆頭IPC	概要（解決手段）
用途	コンデンサ	電解コンデンサ	（電気特性）	特許2822216	H01G9/028	陽極酸化膜上に特定の複素環式化合物群から選択された化合物の電解酸化重合を行い固体電解質層を形成する
				特許2741071	H01G9/028	
				特許2741072	H01G9/028	
				特許2741073	H01G9/028	
				特許3196783	H01G9/004	
				特開平6-45198	H01G9/02,331	
				特開平6-45201	H01G9/02,331	
				特許3206776	H01G9/00	
				特開平6-188160	H01G9/24	
				特開平6-196371	H01G9/04,307	
				特開平6-204092	H01G9/02,331	
			（耐電圧）	特開2000-195758	H01G9/028	
			（高容量）	特許3026817	H01G9/028	ポリピロールの化学重合を特定温度で行う
				特許2955312	H01G9/04	
				特許3096055	H01G9/04	
				特開平6-45197	H01G9/02,331	
			（電気特性、大容量）	特開平9-293639	H01G9/028	コンデンサ素子の内部に、3,4-エチレンジオキシチオフェンと酸化剤の混合溶液を含浸する
				特開平10-340829	H01G9/028	
				特開平10-340830	H01G9/028	
				特開平10-340831	H01G9/028	
				特開平11-87178	H01G9/028	
				特開2000-82638	H01G9/028	
				特開2000-150313	H01G9/028	
				特開2000-150314	H01G9/028	
				特開2001-110685	H01G9/028	
				特開2001-76973	H01G9/028	
			（等価内部抵抗特性）	特許2886195	H01G9/028	コンデンサ素子に特定の固体電解質層を積層形成する
				特許2951983	H01G9/028	
				特開平5-198462	H01G9/05	
			（漏れ電流防止）	特許2962743	H01G9/028	コンデンサ製造の際、未化成部分を絶縁材料でマスクする
				特開平5-36573	H01G9/02,331	
				特開平5-36574	H01G9/02,331	
				特開平5-234823	H01G9/02,331	
			（耐熱性）	特開平11-283877	H01G9/028	
			（密着性）	特許2902714	H01G9/04	
			（密封性）	特許2972304	H01G9/04	陽極体の外表面に耐熱性の合成樹脂からなるフイルムを巻きまわし、その端部に樹脂層を形成してコンデンサ本体とする
				特許2996314	H01G9/04	
				特許3149419	H01G9/00	
				特開平6-188159	H01G9/05	

表 2.4.3-2 日本ケミコンの技術開発課題対応保有特許(2/2)

技術要素		課題	特許番号	筆頭IPC	概要（解決手段）
用途（つづき）	コンデンサ（つづき）	電解コンデンサ（つづき）（高信頼性）	特開平11-238648	H01G9/028	所定濃度のEDT溶液に浸漬して、誘電体酸化皮膜上にEDTを付着し、所定濃度の酸化剤溶液に浸漬し、酸化重合を行わせる
			特開平11-238649	H01G9/028	
			特開平11-238650	H01G9/028	
			特開平11-251191	H01G9/028	
			特開平11-251192	H01G9/028	
			特開平11-251193	H01G9/028	
			特開平11-283875	H01G9/028	
			特開平11-283876	H01G9/028	
		（歩留り）	特許2958040	H01G9/04	陽極体の表面に、凹部を形成し、酸化被膜層、電解質層を順次生成する
			特開平6-196373	H01G9/05	
			特開平11-317327	H01G9/028	
			特開2001-102272	H01G9/052	
		（生産性）	特許2941857	H01G9/028	帯状のポリピロール膜上に導電ペースト層を形成し、その上にシーリング材を載置して素子を作る
			特公平6-82595	H01G9/02,331	
			特許2886197	H01G9/028	
			特許2918590	H01G9/028	

2.4.4 技術開発拠点

有機導電性ポリマーの開発を行っていると思われる事業所・研究所などを発明者住所をもとに紹介する。ただし、組織変更などにより、事業所名称などが現時点の名称とは異なる場合も有り得ます。

東京都：青梅地区

2.4.5 研究開発者

図2.4.5-1 に特許情報から得られる発明者数と出願件数の推移を示す。

92年までは有機半導体コンデンサ POSCAP AP シリーズ、98年までは TP シリーズや PT シリーズの開発のための山が形成され、94、95年が谷になっている。

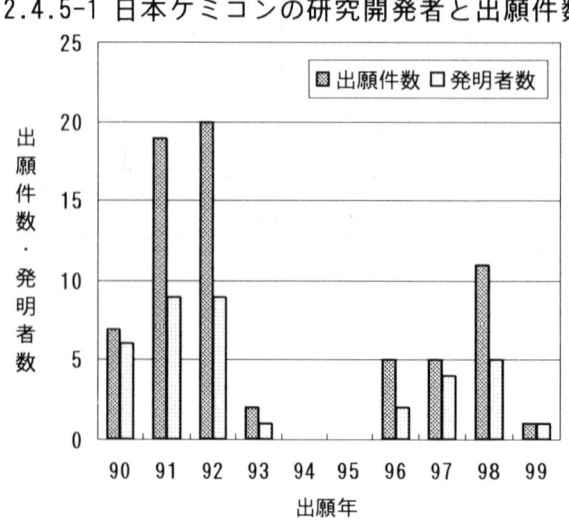

図 2.4.5-1 日本ケミコンの研究開発者と出願件数の推移

2.5 巴川製紙所

2.5.1 企業の概要

表2.5.1-1 巴川製紙所の企業概要

1)	商 号	株式会社巴川製紙所
2)	設 立 年 月 日	大正6年10月
3)	資 本 金	19億9,000万円(2001年3月現在)
4)	従 業 員	823名(2001年3月現在)
5)	事 業 内 容	製紙・塗工紙関連事業、化成品・電子材料事業、その他の事業
6)	技術・資本提携関係	技術提携／TOMOEGAWA(U.S.A.)INC.
7)	事 業 所	本社／東京都中央区、事業所／静岡、清水
8)	関 連 会 社	国内／新巴川加工、日本理化製紙、巴川物流サービス、海外／TOMOEGAWA(U.S.A.)INC.
9)	業 績 推 移	（単位：百万円） 　　　　　　　　平成12年3月　　　平成13年3月 売上高　　　　　42,457　　　　　　43,098 経常利益　　　　 2,831　　　　　　 3,599 税引き利益　　　　926　　　　　　　 423
10)	主 要 製 品	洋紙、情報メディア製品、化成品、電子材料
11)	主 な 取 引 先	TOMOEGAWA(U.S.A.)INC.、花王、シーマ電子、オー・ジー、東紙業他
12)	技 術 移 転 窓 口	法務部 知的財産グループ

技術移転を希望する企業には、積極的に交渉していく対応を取る。その際、仲介は不要であり、直接交渉しても構わない。

2.5.2 有機導電性ポリマー技術に関する製品・技術
商品化されていない。

2.5.3 技術開発課題対応保有特許の概要

表2.5.3-1 巴川製紙所の技術開発課題対応保有特許

技術要素	出願件数（係属）
材料合成	
ポリアニリン誘導体	38
ポリアニリン系重合体	3
その他のポリアニリン系	4
ポリピロール誘導体	4
ポリヘテロ系	1
中間処理 （組成物、複合成形体）	4
用　　途	
電池	3
センサ	3
発光素子など光関連、その他	3

出願の63件は材料合成の50件（約80％）、中間処理の4件（同6％）、用途の9件（同14％）の構成である。全件数の80％を占める製造において、対象ポリマーは、ポリ

アニリン系（誘導体や重合体を含む）が45件（製造のうち90％）と大部分を占め、残りをポリピロール系の4件、ポリヘテロ系の1件である。

　材料合成は、ポリアニリンやポリアニリン誘導体を対象に有機溶剤への溶解性や自立性フィルムの形成性の課題が多い。また用途では充放電サイクルの向上の電池や検知剤検討のセンサなどがあった。

①材料合成では、有機溶媒に可溶で可撓性のある自立性のフィルムを形成するポリアニリン誘導体の製法が30件と多く、繊維基材は9件である。またポリピロール系ではフィルム対象が3件、繊維基材が1件であった。
②共願は、材料合成で吉野勝美と3件あり、導電材料向け等の加工性に優れたアニリン系重合体の製法（特許2992054）や繊維とピロール系高分子化合物との複合体（特公平6-70319）等がある。

　巴川製紙所の保有特許の特徴は、アニリン系導電性高分子誘導体からなる可溶性のフィルム作成の技術に集中している点である。表1.4.1-1を見ると、フィルム作成のため、帯電防止性や加工性向上の技術課題に取り組み、解決手段として、ポリアニリンに高分子化合物を反応させたポリアニリン誘導体を得ることに注力していることがわかる。

表2.5.3-2　巴川製紙所の材料合成に関する技術開発の課題と解決手段の対応表

課題		酸化重合	電解重合	他重合法（蒸着重合、化学重合、エネルギー照射重合等）	
アニリン系	発ガン性物質を発生させない	巴川製紙所 1件			
	安定、加工性	巴川製紙所 3件			
ピロール系	帯電防止性	巴川製紙所 1件	巴川製紙所 1件		
各種共重合体	有機溶剤可溶性、自立性フィルム、ファイバーを形成	巴川製紙所 1件 ｛ポリアニリン・ポリエーテルブロック共重合体｝			

表 2.5.3-3 巴川製紙所の技術開発課題対応保有特許(1/2)

技術要素		課題	特許番号	筆頭IPC	概要（解決手段）
材料合成	ポリアニリン誘導体	有機溶剤に可溶、自立性フィルム作成	特公平7-57790	C08G18/64	ポリアニリン誘導体およびその製法（還元型ポリアニリンを両末端にNCO基を有する高分子化合物と反応させて得る）
			特許2909852	C08G73/00	
			特許2909853	C08G73/00	
			特公平7-100736	C08G73/00	
			特許2992148	C08G73/00	
			特許2992149	C08G73/00	
			特許2992150	C08G73/00	
			特許2961631	C08G73/00	
			特許2607412	C08G73/00	
			特許2727040	C08G73/00	
			特許2612524	C08G73/00	
			特許3129541	C08G73/00	
			特開平6-220192	C08G73/00	
			特開平6-220193	C08G73/00	
			特許2683995	C08G73/00	
			特許2683996	C08G73/00	
			特開平7-62093	C08G73/00	
		ポリアニリン特性を損なわず、有機溶剤に可溶、フィルム化	特公平7-57802	C08G73/00	ポリアニリン溶液に、ハロゲン化炭化水素を滴下して反応させる
		（同上の課題よりフィルム化を除く）	特公平7-8908	C08G73/00	還元型ポリアニリンにスルフィニルハライドを反応させ、ポリアニリン誘導体を製造する
			特公平7-5732	C08G73/00	
			特公平7-5733	C08G73/00	
			特公平7-5734	C08G73/00	
			特許2932011	C08G73/00	
			特許2841123	C08G73/00	
			特許2841124	C08G73/00	
			特許2884121	C08G73/00	
		可溶性、可とう性、電子材料等に有用	特許3129543	C08G73/00	還元型ポリアニリンをポリエステル化合物と反応させて目的の誘導体を得る
			特許3105676	C08G73/00	
			特許3105677	C08G73/00	
		有機溶剤、水で膨潤かゲル化、加工可能	特許2537710	C08G59/14	還元型ポリアニリンをジエポキシドと反応させ、架橋させてポリアニリン誘導体を得る
			特許2909848	C08G73/00	
			特公平7-37508	C08G18/64	
			特公平7-116292	C08G69/40	
			特許2607411	C08G73/00	
		本来の特性に加えて自己ドープ性	特許2982088	C08G73/00	還元型ポリアニリン環状の分子内オキシスルホン酸エステルとを反応させる
		膨潤可、自己ドープ性	特許3130998	C08G73/00	
		フィルム形成性のよい	特許3137469	C08G73/00	還元型ポリアニリンと特定のポリウレタンと反応させる
		発ガン性物質を発生させない製法	特許2992131	C08G73/00	Pーアミノフェノールモノマーを特定の重合触媒を用いて反応させる
			特許2992142	C08G73/00	
		成形加工性	特許2844089	C08J3/09	ゲル状導電性高分子化合物の製法

表 2.5.3-3 巴川製紙所の技術開発課題対応保有特許(2/2)

技術要素		課題	特許番号	筆頭IPC	概要（解決手段）
材料合成（つづき）	アニリン系重合体	安定性、加工性の向上	特許2992053	C08G73/00	アニリン誘導体を単独又は同誘導体とアニリンを重合させる
			特許2992054	C08G73/00	
			特許2992056	C08G73/00	
	その他のポリアニリン	可溶性、フィルム形成	特公平7-8909	C08G73/00	ポリアニリンをハロゲン化（ポリ）アルキルエーテルと反応させる
		フィルムやファイバー形成	特許2704587	C08G73/00	ポリアニリン-ポリエーテルブロック共重合体
	ポリピロールと同誘導体	主鎖に共役系が発達した電池電極や包装紙等に有用	特公平6-70319	D21H27/00	ピロール等を紙の存在下電解重合する
		有機溶剤に可溶、自立性フィルム形成	特許3088525	C08G61/12	ポリピロールをポリ（ピロール-N-カリウム）に変換した後、ハロゲン化物を反応させる
			特許3058735	C08G61/12	
			特許3058737	C08G61/12	
	その他の導電性ポリマー	化合物を紙の繊維間に生成	特公平6-63196	D21H17/58	機能性複合体の製法
中間処理	組成物	溶液状態で安定で長期保存可	特許3017563	C08L79/00	ポリアニリンの酸化重合体やアミド系溶剤及びヒドラジンを高分子溶液組成物
		加工性、耐熱性	特許3081057	C08L79/00	ポリアニリン系化合物とハロゲン系化合物を含む導電性組成物
		耐熱性、強度	特許2949554	C08L79/00	ポリアニリン・ポリイミドの複合成形体
		安定した導電性	特許2835816	C08L79/00	ポリアニリン複合成形体
用途	電極	充放電サイクル、安定性	特許2515656	H01M4/60	導電性基体表面に共役系導電性高分子化合物とイオン導電性高分子化合物からなる電極活物質層を設ける
		充放電サイクル	特許2645966	H01M4/60	
		応答速度速い	特許2770259	G02F1/155	電極活物質層にポリアニリン系を含む
	センサ	色相変化が不可逆的	特許2949515	G01N31/22,122	酸素検知剤（ポリアニリン系を含む）
			特公平7-95063	G01N31/22,122	
		色相差を肉眼判定	特許2949523	G01N31/22,123	水素イオン検知剤（ポリアニリン系を含む）
	（示温材料）	変色温度範囲を制御	特許2844122	C09K3/00	高分子示温材料（ポリチオフェン系使用）
	（指示材料）	極性変化を色相で	特公平7-43367	G01N31/22,122	溶媒極性指示材料
	（その他）	耐オゾン性、耐熱性	特許3051523	C08G73/00	ゴム用劣化防止剤

2.5.4 技術開発拠点

有機導電性ポリマーの開発を行っていると思われる事業所・研究所などを発明者住所をもとに紹介する。ただし、組織変更などにより、事業所名称などが現時点の名称とは異なる場合も有り得ます。

静岡県：静岡市（技術研究所）

2.5.5 研究開発者

図 2.5.5-1 に特許情報から得られる発明者数と出願件数の推移を示す。

研究者の絶対数は極めて少ないが、91 年 1 年間に 40 件近い出願があり、1 人当たりの出願は 20 社の中での記録である。

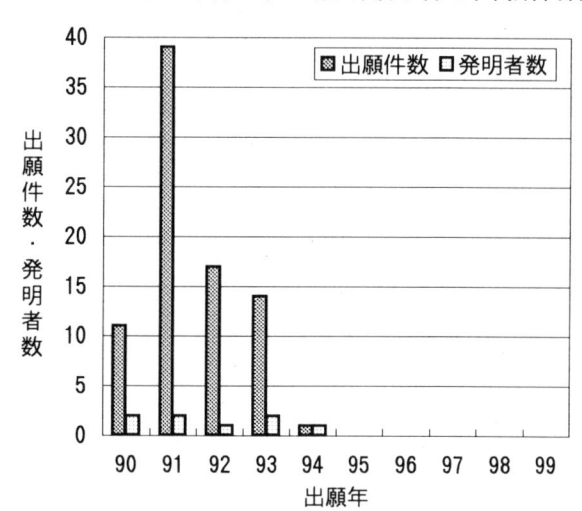

図 2.5.5-1 巴川製紙所の研究開発者と出願件数の推移

2.6 カネボウ

2.6.1 企業の概要

表 2.6.1-1 カネボウの企業概要

1)	商　　　　　　号	カネボウ株式会社
2)	設 立 年 月 日	明治 20 年 5 月 6 日
3)	資　　本　　金	313 億 4,100 万円（2001 年 3 月現在）
4)	従　業　員	2,859 名　　　（　〃　）
5)	事 業 内 容	化粧品、ホームプロダクツ、繊維、食品、薬品及びその他の事業
6)	技術・資本提携関係	技術提携／フィラ・スポートプライベート・リミテッド（シンガポール）、ジャンヌ・ランバン S.A.（フランス）、クリスチャンディオール（日）
7)	事　業　所	本社／東京、工場／小田原、津島、高槻、高岡、群馬、防府他
8)	関 連 会 社	国内／カネボウ合繊、カネボウ繊維、カネボウストッキング、カネボウ薬品、カネボウフーズ、カネボウ電子、他 海外／P.T.カネボウ・インドネシア・テキスタイルミルズ、カネボウ・ブラジル S.A.他
9)	業　績　推　移	平成 13 年 3 月期は前記に比し、売上高 2.3%減、経常利益 23.8%増
10)	主　要　製　品	化粧品、トイレタリー商品、天然繊維、合成繊維、複合繊維、食品、薬品、ガラス繊維、人工皮革、等
11)	主 な 取 引 先	商社、卸し、小売業、繊布業、病品、一般産業他
12)	技 術 移 転 窓 口	知的財産権センター／東京都港区海岸 3-20-20／03-5446-3575

　技術移転を希望する企業には、対応を取る。その際、自社内に技術移転に関する機能があるので、仲介等は不要であり、直接交渉しても構わない。
　ポリマー電池は新素材事業部電池グループで開発を行っている。

2.6.2 有機導電性ポリマー技術に関する製品・技術

　ポリマー電池 PAS18650-TA （円筒型）は、正極と負極に PAS(ポリアセン)を採用している。容量は 120F で活性炭キャパシタと比較して、エネルギー密度で 2 倍以上である。20 秒程度で充放電が行え、φ18×65mm サイズで 10A の電流が取り出せる。
　ポリマー電池 PAS621R （コイン型）はリフローハンダ付け(200℃) を可能とした製品である。
　商品化に、前者では高容量、急速充電、後者では耐熱性の向上、リフローハンダ付け性の可能化等の特許の課題が役立っているものと思われる。

表 2.6.2-1 カネボウの有機導電性ポリマー技術に関する製品・技術

製品	製品名	発売時期	出典
ポリマー電池	PAS18650-TA （円筒型）	平成 9 年 7 月	DRMI 資料
ポリマー電池	PAS621E （コイン型）	平成 10 年 7 月	DRMI 資料

2.6.3 技術開発課題対応保有特許の概要

表 2.6.3-1 カネボウの技術開発課題対応保有特許

技術要素	出願件数（係属）
中間処理	1
用　途	
電池（有機電解質）	41
電池（電極）	15
コンデンサ	2
電気・電子・磁気	2

今回の解析で、他出願人と異なる同社の重点的な開発計画に注目した。その第1は、61件の特許がすべて導電性ポリマーとして、芳香族系縮合ポリマーの熱処理物で、水素と炭素の原子比が特定のポリアセン系骨格構造を有する不溶不融性基体に絞り込み、正極、負極等の電池の構成材料として検討していること。第2は研究開発重点を用途面（60件）に絞り込み、さらに電池(有機電解質)に41件（全出願件数の約67％）、電池（電極）に15件（同25％）と両者に絞っている点である。

ポリアセン系導電性ポリマーを対象に電池・電極の高容量、充放電サイクル特性などの電気特性の向上への課題がほとんどで、ポリアセン系ポリマーとフッ素系樹脂などとのブレンド物などが検討された。

①電池の課題として、主要な電気特性は、高容量や高電圧、長期にわたる充電放電が可能な有機電解質電池を得ることである。
②電池用電極の課題では、急速充電特性が優れ、長期に亘って充放電が可能な、しかも製造が容易な同電極を実現することである。
③共願は電池関連では9件で、そのうち6件はセイコー電子工業（特許2942451、特開平8-17470 など）とがあり、高温保存性向上を図るため、電解液に特定の有機溶媒溶液を使用する（特許2619845）。

またエスアイアイマイクロパーツとは電池の構成部材を検討して電池の耐熱性を向上するものなど（特許3174804、特開平8-306384）がある。さらに電力中央研究所（特許2954991）とは高電圧化、作動の安定化を図っている。

一方コンデンサー関連はセイコー電子工業（現：セイコーインスツルメンツ）との2件（特開平3-72614、特許3023179）があり、正極の劣化を防止して高容量、高性能なコンデンサを得る（特許3023179）ものである。

カネボウの保有特許の特徴は、ポリアセン系導電性ポリマーの二次電池の向上技術に集中している点である。

表1.4.3-3（その4）を見ると、二次電池の品質特性を向上するため、充放電サイクル特性や電池容量増大の向上技術の課題に取り組み、解決手段としてポリアセン系ポリマーを主要材料にもちいており、有機電解質電池の電極を形成していることがわかる。

表 2.6.3-2 カネボウの電池における技術開発の課題と解決手段の対応表(その1)

課題			解決手段 ポリマーの種類（ポリマーの重複を含む）		
			ポリアセチレン系	ポリアセン系	その他の導電性ポリマー化（指名のないものを含む）
二次電池	充放電特性	充放電サイクル特性 充放電可能		カネボウ 12件	
		高出力の充放電 高速充電 大電流充放電		カネボウ 16件	
		低温においても高容量		カネボウ 3件	
	エネルギー特性	高エネルギー密度 体積エネルギー効率 重量エネルギー効率		カネボウ 1件	
	容量特性	電池容量の増大 放電容量の増大		カネボウ 20件	
	その他の特性	製造の容易化		カネボウ 3件	
		軽量化		カネボウ 1件	
		耐熱性		カネボウ 4件	

表 2.6.3-2 カネボウの電池における技術開発の課題と解決手段の対応表(その2)

課題			解決手段 ポリマーの種類（ポリマーの重複を含む）		
			ポリアセチレン系	ポリアセン系	その他の導電性ポリマー化（指名のないものを含む）
電極関連	有機電解質電池用電極	単位体積当たり高容量		カネボウ 3件	
		電解液の含浸速度アップ 製造容易化		カネボウ 2件	
		成形体層と金属箔との付着性向上		カネボウ 1件	
	電池用電極	単位体積当り高容量 長期充放電可能 製造容易		カネボウ 3件	
		電解液含浸時の電気伝導度の低下が少		カネボウ 1件	
		形態安定性		カネボウ 1件	
		長期充放電可能		カネボウ 1件	
	二次電池用電極	圧縮成型可能 充分な強度		カネボウ 1件	
		成型物の精度を良好 寸法バラツキを小		カネボウ 1件	

表2.6.3-2 カネボウの二次電池における技術開発の課題と解決手段の対応表（その3）

課題＼解決手段	個々の配合物関連		
	ポリマー物性改良、保持	組成物	複合体（構造体、積層体など）
電気的性質（大容量、充放電サイクル特性、急速充電能力等）	カネボウ 24件	カネボウ 17件	カネボウ 7件
作製法（密着性、均一膜厚分布等）	カネボウ 5件	カネボウ 2件	カネボウ 1件
低価格化	カネボウ 1件	カネボウ 1件	カネボウ 1件
軽量化		カネボウ 1件	

表2.6.3-3 カネボウの技術開発課題対応保有特許(1/3)

	技術要素	課題	特許番号	筆頭IPC	概要（解決手段）
中間処理	電池（結合剤）	電気伝導性、成型性	特許2843261	H01M4/60	C,H,Oからなる芳香族系縮合ポリマーの熱処理物で、H原子、C原子の原子比を特定したポリアセン系骨格構造を有する不溶不融性基体の粉末をポリテトラフルオロエチレン系結合剤を使用して顆粒状となり同顆粒状基体にセルロース系結合剤を加え、混合、造粒する（電極合剤の製法）
用途	電池（ポリアセン系導電性ポリマー）	高容量、高電圧（長期に充放電可）	特許2703696	H01M10/40	有機電解質電池（正極がポリアセン系ポリマーと細孔のあるリチウム酸化コバルト粒子との複合物、負極がポリアセン系ポリマーと熱硬化性樹脂とを含む成形体にリチウム担持したもの）
			特許2920069	H01M10/40	
			特許2920070	H01M10/40	
			特許2781725	H01M10/40	
			特開平8-255634	H01M10/40	
			特開平9-102301	H01M4/02	
			特許3002123	H01M10/40	
			特許2869191	H01M10/40	
			特許3078229	H01M10/40	
			特開平9-330702	H01M4/02	
		低温で高容量、高負荷放電に対して容量低下が少	特許3002111	H01M10/40	電極活物質にポリアセン系骨格構造の不溶不融性基体を用い、電解液溶媒として混合溶媒を用いる
		高容量、軽量化	特許3002112	H01M10/40	負極が、ポリアセン系骨格構造体とポリフッ化ビニリデンよりなる
			特許2923424	H01M4/02	

表 2.6.3-3 カネボウの技術開発課題対応保有特許(2/3)

技術要素		課題		特許番号	筆頭 IPC	概要（解決手段）
用途(つづき)	電池(ポリアセン系導電性ポリマー)(つづき)	低内部抵抗、長期特性		特許 2968097	H01M4/02	ポリアセン系骨格構造含有の不溶不融性基体（PSA）の粉末に導電材のアセチレンブラックと熱硬化性樹脂を加えて加熱加圧して成形体を形成する。さらに同成形体にリチウムを担持させて電池の負極電極を形成する
				特許 2920075	H01M10/40	
				特許 2869354	H01M10/40	
			(高容量、高電圧)	特許 2869355	H01M10/40	
				特許 2920079	H01M10/40	
				特開平 8-255633	H01M10/40	
		高温保存性向上		特許 2619845	H01M4/60	上記ポリアセン系基体（PSA）を正、負両極に用い、さらに電解液としてテトラアルキルホスホニウム塩を含む有機溶媒溶液を使用する
				特許 2920073	H01M10/40	
				特許 3174804	H01M6/16	
		低温特性に優れた二次電池		特許 2601784	H01M4/58	正極に PSA、負極にリチウム担持の PSA を用いる。さらに電解液にカーボネート系を含む混合溶媒にリチウム塩を溶解した溶液を用いる
		急速充電、高容量、高電圧		特許 2556407	H01M10/40	正極に PSA と五酸化バナジウムとの複合物である活物質を含み、負極に PSA と熱硬化性樹脂とを含む成形体にリチウム担持させたものを使用
				特許 2556408	H01M10/40	
				特許 2627033	H01M10/40	
		急速充電、長期サイクル特性		特許 2646462	H01M4/02	
		耐熱性の向上		特開平 8-17470	H01M10/40	正、負両板がポリアセン系骨格構造を有する有機半導体からなり、かつガスケットがフッ素樹脂等からなる
			(耐湿性も)	特開平 8-162128	H01M6/16	
			(リフローハンダ付けも)	特開平 8-306384	H01M10/36	
			(充放電も)	特開 2000-67921	H01M10/40	
		長期充放電		特許 2574730	H01M4/60	負極活物質をリチウム、負極はポリアセンの熱処理物を用いる
				特許 2574731	H01M4/60	
				特許 2632427	H01M10/40	
		高容量、サイクル特性		特許 2619842	H01M10/40	正極に PSA と金属酸化物との混合物、負極に PSA と熱硬化性樹脂を含む成形体にリチウムを担持させたものを用いる
				特許 2646461	H01M4/02	
				特許 2912517	H01M4/60	

表 2.6.3-3 カネボウの技術開発課題対応保有特許(3/3)

技術要素		課題	特許番号	筆頭 IPC	概要（解決手段）
用途（つづき）	電池(ポリアセン系導電性ポリマー)(つづき)	高電圧化、作動安定	特許 2954991	H01M10/40	
		耐熱性、電気特性	特許 2942451	H01M6/16	
		耐熱性、耐湿性	特開平 7-114911	H01M2/10	
		サイクル特性	特開平 10-284122	H01M10/40	リチウム塩の非プロトン性有機溶媒を備えた電池
	電池(電極)	長期に亘って充放電可能	特許 2704688	H01M4/02	活物質として、PSAと金属酸化物との複合物を用いる
		（急速充電特性）	特許 2704689	H01M4/04	
		（大容量）	特許 2744555	H01M4/02	
			特開平 8-7880	H01M4/02	
		強度、電極のゆるみによる電気伝導度の低下を少なく	特許 2632421	H01M4/60	PSAを主活物質、さらにバインダーとして熱硬化樹脂を含有
		急速充電特性	特許 2649298	H01M4/04	PSAや金属酸化物等の電極構成物質を粉砕、混合する際の順序及び組合わせを特定する
		形態安定性	特許 3002114	H01M4/60	
		電解液含浸速度の向上、製造の容易化	特許 2824093	H01M4/60	PSA粉末の成形体表面に水溶性高分子を施与する
			特許 2813215	H01M4/60	
		高容量、製造容易	特許 2601777	H01M4/60	電極として、窒素を含む熱硬化性樹脂成分を含有するPSA粉末を形成する
		高容量、サイクル特性	特開平 7-147156	H01M4/02	
			特許 2955192	H01M4/02	
		成形体層と金属箔との付着性	特許 2942466	H01M4/02	電極活物質とバインダーとの成形体層を金属箔上に付着させる
		圧縮成型による電極	特許 2723763	H01M4/02	PSA粉末とフッ素系結合剤を混練り後破砕し、圧縮成型して電極を得る
			特許 2702854	H01M4/02	
	コンデンサ	劣化防止	特開平 3-72614	H01G9/02,301	ポリアセン系骨格構造を含有する有機半導体を電極に用いた湿式コンデンサーを得る
			特許 3023129	H01G9/058	
	電気・電子・磁気(有機半導体)	紫外レーザーの利用法	特許 2968179	H01L51/00	PSAを用いて極薄層や繊細パターンを有する有機半導体を得る
			特開平 9-83041	H01L51/00	

2.6.4 技術開発拠点

　有機導電性ポリマーの開発を行っていると思われる事業所・研究所などを発明者住所をもとに紹介する。ただし、組織変更などにより、事業所名称などが現時点の名称とは異なる場合も有り得ます。

　山口県：防府市（防府地区）
　大阪府：大阪市都島区（大阪地区）

2.6.5 研究開発者

図 2.6.5-1 に特許情報から得られる発明者数と出願件数の推移を示す。

ポリマー電池の発売時期が 97 年であり、開発段階の 92 年から 95 年までは多数を投入しているが、発売の後は急激に減少している。

図 2.6.5-1 カネボウの研究開発者と出願件数の推移

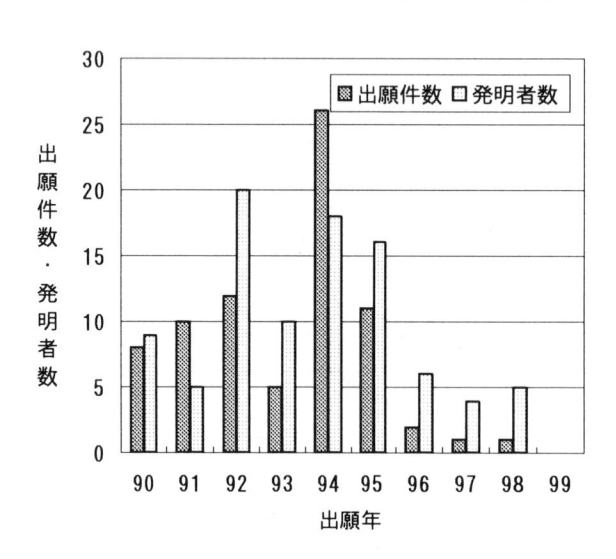

2.7 三洋電機

2.7.1 企業の概要

表 2.7.1-1 三洋電機の企業概要

1)	商　　　　　号	三洋電機株式会社
2)	設 立 年 月 日	昭和 25 年 4 月
3)	資　　本　　金	1,722 億 4,100 万円(2001 年 3 月現在)
4)	従　業　員	20,112 名(2001 年 3 月現在)
5)	事　業　内　容	AV・情報通信機器、電化機器、産業機器、電子デバイス、電池他
6)	技術・資本提携関係	技術提携／テキサス・インスツルメンツ・インコーポレーテッド、インターナショナルビジネス・マシーンズ・コーポレーション、ジェムスター・デベロップメント・コーポレーション、ルーセント・テクノロジー・インク
7)	事　業　所	本社／大阪府守口市、工場／群馬県邑楽郡他、埼玉県吹上市、岐阜県安八郡、大津、大阪府大東市、兵庫県加西市、兵庫県洲本市他、徳島県板野郡他、研究所／大阪府枚方市他
8)	関　連　会　社	国内／三洋エナジー鳥取、三洋エナジー貝塚、三洋電子部品、海外／サンヨー・エナジー(USA) コーポレーション、三洋エナジー(ヨーロッパ) 以上電池関連のみ。他多数
9)	業　績　推　移	（単位：百万円） 　　　　　　　　平成 12 年 3 月　　　平成 13 年 3 月 売上高　　　　1,121,579　　　　1,242,857 経常利益　　　　13,131　　　　　31,728 税引き利益　　△48,806　　　　　17,596
10)	主　要　製　品	カラーテレビ、ビデオテープレコーダー、ビデオカメラ、デジタルカメラ、液晶プロジェクター、ハイビジョンシステム、CD プレーヤー、MD プレーヤー、カーステレオ、コンパクトディスク、光ピックアップ、ファクシミリ、コードレス電話機、携帯電話機、MOS-LSI、BIP-LSI、厚膜 IC、液晶パネル、LED、トランジスター、ダイオード、半導体レーザー、有機半導体コンデンサ、ニカド電池、リチウムイオン電池、ニッケル水素電池、リチウム電池、アルカリマンガン乾電池、太陽電池、太陽光発電システム、シェーバーなどの電池応用商品
11)	主　な　取　引　先	トーカドエナジー、三洋メディアテック、三和テクノ、新和電子デバイス販売、東和産業他
12)	技 術 移 転 窓 口	

　有機半導体コンデンサ POSCAP シリーズは三洋電子部品、OS コンシリーズは佐賀三洋工業で生産している。リチウムイオン電池は徳島工場と洲本工場増産中である。

2.7.2 有機導電性ポリマー技術に関する製品・技術
　POSCAP は、陰極に独自製法で薄膜形成したポリピロールを用いる高機能有機半導体固体電解コンデンサで、小型で低背、面実装タイプといった基本的な特徴に加え、大きな静電容量、高い許容リップル電流などの特性から、ノートパソコン、各種情報端末機器、携帯電話などへの採用が急速に進んでいる。
　AP シリーズは陽極に板型のアルミ箔を使用したものである。TP シリーズは、陽極にタンタル焼結素子を採用したもので、アルミ箔タイプのコンデンサより大静電容量を得られ

るように改良を加えるなど、コンパクト化と大容量を両立させたものである。さらに、超低背タイプととととともに ESR(等価内部抵抗)を 70 ミリオームまで低減して高周波特性を向上させた3タイプがある。

商品化には、小型化、高容量化、低等価内部抵抗化、周波数特性の向上等の特許の課題が役立っているものと思われる。

表2.7.2-1 三洋電機の有機導電性ポリマー技術に関する製品・技術

製品	製品名	発売時期	出典
タンタル固体コンデンサ	POSCAP TPA シリーズ	－	化学工業日報 '98.4.21
有機半導体コンデンサ	POSCAP TPB シリーズ	平成10年11月	化学工業日報 '98.9.21
	POSCAP TPC シリーズ	平成10年6月	化学工業日報 '98.4.21
	3タイプ	平成13年	化学工業日報 '01.4.20
	POSCAP APA シリーズ	平成11年2月	化学工業日報 '99.2.1
	OSコン	昭和58年	化学工業日報 '99.8.10
	OSコン New SVシリーズ	平成10年2月	ニュースリリース '98.2
	OSコン SZP シリーズ	平成11年10月	化学工業日報 '99.7.29
リチウムイオン電池	増産	平成13年中	日経産業新聞 '01.3.15

2.7.3 技術開発課題対応保有特許の概要

表2.7.3-1 三洋電機の技術開発課題対応保有特許

技術要素	特許件数（係属）	備考
用途		
コンデンサ	45	－
電池	17	水素吸蔵合金電極1件含む
センサ	5	－

コンデンサに関する特許が圧倒的に多く全特許の 67%(45件)を占め、次いで電池（17件）、センサ（5件）となっている。

TCNQ（テトラ・シアノ・キノジメタン）・アルキルキノリニム塩をアルミ電解コンデンサの電極とする初めての有機固体コンデンサ（OSコン）を1983年製品化した。このコンデンサは高周波領域での等価内部抵抗（ESR）が低く、また、小型で大容量化が比較的容易であることより大きな市場を形成した。しかし、（a）TCNQ塩の導電性が不十分（b）製造工程での安定性が不十分などの問題点がある。

①コンデンサは初めに開発、販売された TCNQ（テトラ・シアノ・キノジメタン）錯体を用いたタイプから、導電性ポリマータイプへと事業転換を行っている。従って、TCNQ錯体よりも導電性の高いポリピロール等の導電性ポリマーを用い、技術課題として「低等価内部抵抗化」に関する特許が多く見られる。

②電池は全特許の2割強であり、非水系電解質を用いた二次電池関連（5件）および水素吸蔵合金電極（1件）に関する注目に値する特許が出願されている。

③その他としては、ポリピロールの酸化還元反応に伴い電解液中のイオンに濃度勾配が生じる化学的性質を利用したイオンセンサなど、センサ関連特許（5件）を有している。

三洋電機の保有特許の特徴は、コンデンサおよび電池に関する技術が主体となっている点である。コンデンサ技術として表1.4.3-1および表1.4.3-2を見ると、コンデンサの等価内部抵抗を低減するための技術課題に重点的に取り組み、解決手段として、固体電解質にポリピロール系、ポリチオフェン系およびポリアニリン系導電性ポリマーを使い分け、表面処理や浸漬含浸などの中間処理を駆使しコンデンサの改良技術開発に注力していることがわかる。

　また、電池では表1.4.3-3を見ると、二次電池の品質特性を向上するため、充放電サイクル特性や電気容量を向上するための技術課題に取り組み、解決手段として、電極にポリアニリン系などの導電性ポリマーを用い電解液を特殊溶媒とする技術開発を行っていることがわかる。

　なお、掲載の特許については、開放していない。

表2.7.3-2 三洋電機のコンデンサに関する技術課題と解決手段の対応表（その1）

	解決手段 課題	材料				作製時の重合		
		ポリピロール系	ポリチオフェン系	ポリアニリン系	その他	電解酸化	化学酸化	その他
電気特性	等価内部抵抗(ESR)	三洋電機 7件	三洋電機 4件	三洋電機 6件			三洋電機 8件	
経済性	生産性	三洋電機 4件	三洋電機 4件			三洋電機 3件	三洋電機 3件	

表2.7.3-2 三洋電機のコンデンサに関する術課題と解決手段の対応表（その2）

	解決手段 課題	中間処理						その他
		表面処理	ドーピング	エージング	浸漬含浸	塗布	その他	構造・構成
電気特性	静電容量（耐電圧を含む）	三洋電機 2件						
	周波数特性（インピーダンスを含む）	三洋電機 2件						
	等価内部抵抗	三洋電機 5件	三洋電機 2件	三洋電機 4件	三洋電機 8件			
信頼性	漏れ電流防止						三洋電機 3件	
	特性安定性（バラツキ、劣化など）						三洋電機 3件	
経済性	歩留り							三洋電機 4件
	生産性				三洋電機 3件			
	小型・軽量化				三洋電機 1件			三洋電機 2件

表 2.7.3-3 三洋電機の技術開発課題対応保有特許(1/2)

技術要素		課題		特許番号	筆頭 IPC	概要（解決手段）
用途	コンデンサ	電解コンデンサ	(電気伝導度)	特開平 10-335184	H01G9/028	ケースの開口部をハーメチックシール又はゴムキャップで封止する
				特開平 11-74155	H01G9/028	
				特開平 11-329900	H01G9/028	
			(高容量)	特開平 10-270291	H01G9/04	エッチング処理で表面を粗面化した金属箔の表面に、非弁作用金属膜を被着形成する
				特開平 11-191518	H01G9/028	
				特開 2000-133550	H01G9/028	
				特開 2000-269089	H01G9/04,301	
			(容量達成率)	特開平 6-168851	H01G9/02,331	陽極箔と陰極箔との間に導電性ポリマーのフイルムを介して巻回したコンデンサ素子を用いる
			(周波数特性)	特開平 11-121279	H01G9/028	電解酸化重合により導電性高分子からなる陰極層を形成する工程において、電解酸化重合に使用される電解液に酸又はアルカリを加える
				特開平 11-121280	H01G9/028	
			(等価内部抵抗特性)	特許 3030054	H01G9/028	電解重合に用いた電解重合用導電体をコンデンサの陰極取り出し端子として使用
				特開平 10-64761	H01G9/028	
				特開平 10-321475	H01G9/028	
				特開平 10-321476	H01G9/028	
				特開平 10-321470	H01G9/028	
				特開平 11-186110	H01G9/035	
				特開 2000-21689	H01G9/035	
				特開 2000-58389	H01G9/028	
				特開 2000-173865	H01G9/028	
				特開 2000-223364	H01G9/028	
				特開 2000-228331	H01G9/028	
				特開 2001-57319	H01G9/012	
			(漏れ電流防止)	特開 2001-76976	H01G9/04,307	導電性ポリマー層が形成されたコンデンサ素子を、金属ケース又は樹脂外装で封止する前に、溶解した半田液に浸漬し、通電エージングを行う
				特開 2001-102256	H01G9/028	
			(長寿命)	特開 2000-223367	H01G9/035	
			(クラック、損傷防止)	特許 2854095	H01M10/40	正極としてのポリアニリン薄膜、他方、負極としての導電性ポリマー薄膜を形成し、かつ正、負極の各表面に集電層を形成した電極体を備える
				特許 3071115	H01G13/00,321	
				特開 2000-182907	H01G9/10	
				特開 2000-216060	H01G9/028	
			(特性バラツキ少)	特開 2001-196279	H01G13/00,371	
			(LC 増大制御)	特開 2000-340460	H01G9/012	
			(小型化)	特開平 11-121303	H01G9/10	固体電解質層、コンデンサ素子を有底筒状ケースに収納、ケースの開口部を樹脂で封止、ケース封口部からコンデンサ素子のリード端子引き出し等好適な構造とする
				特開平 11-121302	H01G9/08	
				特開 2001-155965	H01G9/028	

表 2.7.3-3 三洋電機の技術開発課題対応保有特許(2/2)

技術要素		課題	特許番号	筆頭IPC	概要(解決手段)
用途(つづき)	コンデンサ(つづき)	電解コンデンサ(つづき)(歩留り)	特開平 10-112424	H01G9/048	巻き止めテープの長さを、コンデンサ素子の外周の長さよりも短くする
			特開平 10-223488	H01G9/06	
			特開平 11-8165	H01G9/04,307	
			特開 2000-208375	H01G9/06	
			特開 2000-323364	H01G9/08	
		(生産性)	特許 2810418	H01G9/028	電解重合の際、交流電流と直流電流を使用する
			特開平 10-50558	H01G9/028	
			特開平 10-50559	H01G9/028	
			特開平 11-16784	H01G9/028	
			特開 2000-306777	H01G9/028	
	電池	二次電池 (充放電特性)	特許 2692956	H01M10/40	電解液の溶媒として、直鎖ジエーテル系化合物とスルホラン系化合物の混合溶液を用いる
			特許 2765974	H01M10/40	
			特許 3162695	H01M4/02	
		(容量)	特許 3108082	H01M10/40	正、負極の一方に導電性ポリマーを用い、電解液を構成する溶媒として、窒素原子を含む化合物を用いる
			特許 2999813	H01M4/60	
			特許 2994717	H01M4/60	
			特開平 11-97069	H01M10/40	
			特開平 11-283886	H01G9/058	
			特開 2000-30692	H01M4/02	
			特開 2000-77100	H01M10/40	
			特開 2000-223117	H01M4/46	
		(長寿命)	特許 2999793	H01M10/40	正極と対向する負極の面を導電性フィルムで被覆する
			特許 3079291	H01M4/60	
		(保存特性)	特開 2000-156209	H01M2/06	
		フィルム電池 (均一な厚み)	特許 3197554	H01M4/02	導電性ポリマーをアルカリ処理して、特定化合物に分散させて基材上に塗布、乾燥する
		(自己放電抑制)	特許 3043048	H01M10/40	
		電池・その他 水素貯蔵合金電極	特開平 10-261409	H01M4/24	水素貯蔵合金の表面の一部に水酸基とカルボニル基を形成し、炭素と酸素を含む結着剤を用いる
	センサ	(イオン識別)	特許 3081376	G01N27/49	特定の陰イオンをドープしたポリピロール膜をコートした電極を用いる
		(安定な非線形振動子)	特許 3157427	G01N27/26	
		(物質・濃度検出)	特開平 10-185855	G01N27/26	
			特開平 10-267883	G01N27/26	
			特開 2001-66288	G01N27/416	

2.7.4 技術開発拠点

有機導電性ポリマーの開発を行っていると思われる事業所・研究所などを発明者住所をもとに紹介する。ただし、組織変更などにより、事業所名称などが現時点の名称とは異なる場合も有り得ます。

大阪府:守口市(守口地区)

2.7.5 研究開発者

図 2.7.5-1 に特許情報から得られる発明者数と出願件数の推移を示す。

90 年代始めの小さな山は電池、97 年以降はコンデンサに注力の山がみられる。企業規模の割りに研究者の絶対数は少ないが、それぞれ専業の関連会社に依存してきていることが理由の1つと思われる。

図 2.7.5-1 三洋電機の研究開発者と出願件数の推移

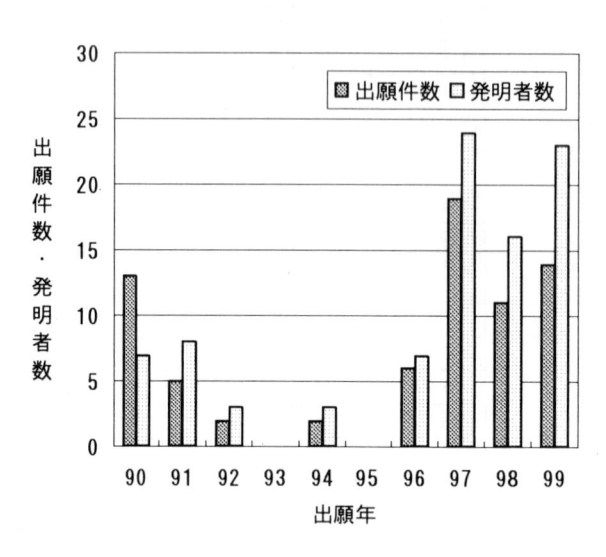

2.8 日本カーリット

2.8.1 企業の概要

表 2.8.1-1 日本カーリットの企業概要

1)	商　　　　　号	日本カーリット株式会社
2)	設 立 年 月 日	昭和 9 年 3 月
3)	資　本　金	10 億円
4)	従　業　員	403 名(2001 年 3 月現在)
5)	事 業 内 容	化学品事業、電子材料事業、ボトリング事業、その他の事業
6)	技術・資本提携関係	───
7)	事　業　所	工場／渋川、赤城、作業所／米子
8)	関 連 会 社	(連結子会社)ジェーシービバレッジ、関東高圧化学、シリコンテクノロジー、ジェーシー保土ヶ谷、ジェーシーイー、日本研削砥粒
9)	業 績 推 移	（単位：千円） 　　　　　　平成 12 年 3 月　　　平成 13 年 3 月 売上高　　　12,649,048　　　15,361,387 経常利益　　　992,137　　　1,461,520 税引き利益　　297,039　　　560,511
10)	主 要 製 品	爆薬、火工品、工業薬品、農薬、電子材料、砥材、プラント
11)	主 な 取 引 先	三菱製紙、佐賀三洋工業、日本ヒドラジン工業、関東高圧化学、鈴木テクノ・コマーシャル他
12)	技 術 移 転 窓 口	

アルミ電解コンデンサ PC コンは、渋川工場で生産している。その他ポリピロールも渋川工場で生産しその生産能力は 80 トン／年である。

技術移転を希望する企業には、対応を取る。その際、仲介は不要であり、直接交渉しても構わない。

2.8.2 有機導電性ポリマー技術に関する製品・技術

アルミ電解コンデンサ PC コンは、高周波域(10 キロヘルツ以上)で理想的なインピーダンス特性を発揮するほか、温度変化に対し、電気特性が安定し、寿命が長いなどの優れた特徴を生かし、各種電子機器のノイズ除去に適する。

高周波特性、電気特性の向上、経時安定性、漏れ電流防止等、PC コンの商品化にはこれら特許の課題が役立っているものと思われる。

PAS フィルムは、溶媒可溶性のポリアニリン（弊社開発品名：PAS）を PET フィルムにコートした透明導電性フィルムです。

表 2.8.2-1 日本カーリットの有機導電性ポリマー技術に関する製品・技術

製品	製品名	発売時期	出典
アルミ電解コンデンサ	PC コン	平成 10 年 4 月	化学工業日報 '01.4.1
ポリピロールの製造	─	発売中	化学工業日報 '01.3.22
PAS フィルム	─	発売中	アンケート結果

2.8.3 技術開発課題対応保有特許の概要

表 2.8.3-1 日本カーリットの技術開発課題対応保有特許

技術要素	出願件数（係属）
材料合成	4
用　　途	
コンデンサ	21
その他の用途	2

　コンデンサに関する特許が主体となっている。松下電産や日本電気と比較して特許の数はさほど多くはないが、ユニークな内容を含むものが多い。

　また、マルコン電子との共同開発になる特許が7件あり、この報告書では日本カーリットにこれらの特許を含めている。（特許 2694670、特許 2621093、特許 2640864、特許 2599115、特許 2599116、特許 2640866、特許 2657932）

　導電性ポリマーを用いた固体電解質コンデンサの技術課題には
　（1）容量確保のため細孔部まで均一な被膜の形成
　（2）漏れ電流防止のため誘電体被膜の修復機能の活性化
　（3）誘電体被膜と導電性ポリマー被膜との密着性
などが挙げられる。

　①ポリピロールを用いた固体電解コンデンサの草分けで、「タンタル焼結体表面にポリピロール膜を形成」（特許 2694670）により電気特性の向上を図っている。
　②化学酸化重合により導電性ポリマー膜を形成（プリコート層）し、さらにこれを陽極として電解重合によりポリピロール膜を積層（特許 2621093）し、漏れ電流を少なくすることを狙っている。
　③誘電体として金属酸化膜の代わりにポリアミック酸の電着膜を処理して得られるポリイミド膜を用いて（特許 2911382）、さらにポリピロール膜を積層（特許 2921998）して小型・大容量かつ高周波特性の向上を目指している。

　日本カーリットの保有特許の特徴は、コンデンサ関連技術に集中している点である。表 1.4.3-1 および表 1.4.3-2 を見ると、コンデンサの静電容量を含む電気特性の向上やバラツキなどの特性安定性を向上するための多くの技術課題に取り組み、解決手段として、表面処理、ドーピングおよび浸漬含浸などの中間処理により酸化被膜表面に薄膜を形成する技術開発を行っていることがわかる。

　また、表 1.4.2-1 を見ると、導電性や加工性を向上するための技術課題に取り組み、解決手段として、ポリマーの改質にも注力していることがわかる。

表 2.8.3-2 日本カーリットのコンデンサに関する技術課題と解決手段の対応表（その１）

解決手段 課題	材料 ポリピロール系	材料 ポリチオフェン系	材料 ポリアニリン系	材料 その他	作製時の重合 電解酸化	作製時の重合 化学酸化	作製時の重合 その他
電気特性 静電容量（耐電圧を含む）	日本カーリット 4件				日本カーリット 3件	日本カーリット 4件	
電気特性 電気的特性					日本カーリット 3件	日本カーリット 4件	
信頼性 耐熱・耐湿性	日本カーリット 3件				日本カーリット 3件		
信頼性 特性安定性（バラツキ、劣化など）		日本カーリット 4件				日本カーリット 4件	
経済性 歩留り	日本カーリット 2件					日本カーリット 3件	
経済性 生産性	日本カーリット 5件				日本カーリット 6件		

（　）内はフィルムコンデンサの出願件数

表 2.8.3-2 日本カーリットのコンデンサに関する技術課題と解決手段の対応表（その２）

解決手段 課題	中間処理 表面処理	中間処理 ドーピング	中間処理 エージング	中間処理 浸漬含浸	中間処理 塗布	中間処理 その他	その他 構造・構成
電気特性 静電容量（耐電圧を含む）	日本カーリット 2件			日本カーリット 3件			
電気特性 等価内部抵抗		日本カーリット 1件					
電気特性 電気的特性		日本カーリット 1件		日本カーリット 3件			
信頼性 特性安定性（バラツキ、劣化など）				日本カーリット 3件			
経済性 生産性		日本カーリット 1件					
経済性 小型・軽量化	日本カーリット 1件						

注）（　）内はフィルムコンデンサの出願件数または出願内容の特徴を表す

表 2.8.3-3 日本カーリットの技術開発課題対応保有特許

技術要素			課題		特許番号	筆頭 IPC	概要（解決手段）
材料合成	ポリアニリン系		分散性、経時安定性		特許 3078100	C08L79/00	低分子プロトン酸をドープしたポリアニリンスルホン酸塩組成物
	ポリピロール/ポリアニリン系		物性向上	（導電性能、品質）	特開平 11-166049	C08G73/00	水又は水を含む高極性を有する液体並びに界面活性剤を含む水溶液中に、特定温度で導電性高分子モノマーを化学重合
	その他の系		誘電体膜、偏光膜に有用		特許 2911382	C08L79/08	陽極上にポリアミック酸や電解酸化重合性モノマー重合体のフイルムを同時に析出
	導電性材料一般		物性向上	（高導電性）	特開 2000-109556	C08G73/00	非導電性高分子と導電性高分子となるモノマーの濃度及び重量比を特定範囲とする
用途	コンデンサ		電解コンデンサ	（電気特性）	特許 2694670	H01G9/028	誘電体酸化被膜を形成したタンタル焼結体表面にポリピロール膜を形成する
					特許 2657932	H01G9/028	
					特許 2991387	H01G9/028	
				（耐電圧）	特許 3110445	H01G9/04,301	
				（高容量）	特許 2599115	H01G9/028	陰極箔表面にポリピロール層を形成した陰極を用いる
					特許 2599116	H01G9/04	
					特公平 7-22068	H01G4/18,324	
				（等価内部抵抗特性）	特許 2904453	H01G9/028	酸化被膜表面に導電性ポリアニリン膜を形成後、電解重合による導電性高分子膜を形成する
				（漏れ電流防止）	特許 2621093	H01G9/028	化学酸化重合による導電性高分子膜上に電解重合による導電性高分子膜を形成する
					特許 2640866	H01G9/028	
				（高周波特性）	特許 3150327	H01G9/04,301	絶縁性高分子膜を充填させた複合誘電体やその表面に順次、導電性高分子膜を積層する
				（小型・大容量・高周波特性）	特許 2921998	H01G4/18,311	多孔質化した導電体表面に、ポリイミド被膜、更に化学酸化重合並びに電解重合のポリピロール膜を積層して形成
				（耐熱性）	特許 2945100	H01G9/028	導電性高分子モノマー及びアルキルナフタレンスルホン酸塩を含む電解液中で電解重合する
					特許 3117222	H01G9/028	
				（短絡不良低減）	特許 2640864	H01G9/012	陽極リードを耐熱性絶縁体で被覆し、更に電解重合を行う
					特開平 5-175080	H01G9/02,331	
				（生産性）	特許 2898443	H01G9/028	弁作用金属上に固体電解質としてポリアニリン層及び導電性高分子層を形成する
					特開平 5-159983	H01G9/02,331	
					特開平 6-314639	H01G9/24	
					特開平 6-314640	H01G9/24	
					特開平 6-314641	H01G9/24	
	その他		金属の防食	（防食効果）	特許 3129837	C23F11/00	ドープした導電性ポリマーで塗装する
					特許 3129838	C23F11/00	

2.8.4 技術開発拠点

有機導電性ポリマーの開発を行っていると思われる事業所・研究所などを発明者住所をもとに紹介する。ただし、組織変更などにより、事業所名称などが現時点の名称とは異なる場合も有り得ます。

群馬県：渋川市（研究開発センター）

2.8.5 研究開発者

図 2.8.5-1 に特許情報から得られる発明者数と出願件数の推移を示す。

研究者の投入は、90 年代始めに多いが、95 年以降も少数で研究を続けている。

図 2.8.5-1 日本カーリットの研究開発者と出願件数の推移

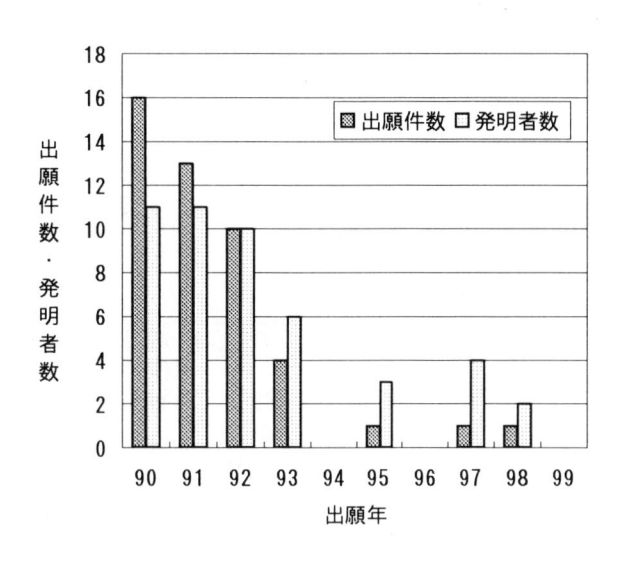

2.9 住友化学工業

2.9.1 企業の概要

表 2.9.1-1 住友化学工業の企業概要

1)	商　　　　号	住友化学工業株式会社
2)	設 立 年 月 日	大正14年6月
3)	資　　本　　金	896億9,900万円(2001年3月現在)
4)	従　業　員	5,409名(2001年3月現在)
5)	事　業　内　容	基礎化学、石油化学、精密化学、農業化学、医薬品、スペシャリティ・ケミカル
6)	技術・資本提携関係	技術提携／ジュネンテック,INC.
7)	事　業　所	本社／大阪市中央区、工場／愛媛（新居浜）、千葉（市原市）、大阪、大分、三沢、研究所／宝塚、筑波
8)	関　連　会　社	日本シンガポール石油化学、住友製薬、日本シンガポールポリオレフィン、日本エイアンドエル、日本メジフィジックス、広栄化学工業、田岡化学工業、住化ファインケム、住友ケミカルエンジニアリング、東友ファインケム他
9)	業　績　推　移	（単位：百万円） 　　　　　　　　平成12年3月　　　平成13年3月 売上高　　　　558,781　　　　625,140 経常利益　　　 38,205　　　　 46,799 税引き利益　　 11,739　　　　 27,622
10)	主　要　製　品	アルミニウム地金、ポリエチレン、ポリプロピレン、染料、カプロラクタム、メタアクリル、アルミナ、機能性フィルム、有機中間物、ポリエチレン、ポリプロピレン、SBR、染料、有機中間物、添加剤、農薬、家庭用殺虫剤、アルミニウム地金他
11)	主 な 取 引 先	住友商事、日本オキシラン、長瀬産業、稲畑産業、日泉化学他
12)	技 術 移 転 窓 口	

　高分子ELDは英国ケンブリッジ・ディスプレー・テクノロジーからライセンスを取得。技術移転を希望する企業には、対応を取る。その際、仲介は不要であり、直接交渉しても構わない。

2.9.2 有機導電性ポリマー技術に関する製品・技術

　開発した高分子ELDは、既存の液晶パネルに比べ、小さな消費電力で同じくらいの明るさの表示装置を実現できる。画像を切り替えて表示するスピードが液晶に比べて100倍速く、高精細な画像表示が可能。ポリフェニレンビニレンの薄膜を金属と酸化物の電極ではさんだ単純な構造で、電流を流すと明るく光り、千分の一秒以下の速さで表示を切り替えられる。フルカラーに必要な赤、緑、青の高分子も試作済みである。

　開発と試作には、高輝度、高発光効率、簡便な薄膜化、作成容易化、青色から緑色の発光等の住友化学工業の特許の課題が役立っているものと思われる。

表 2.9.2-1 住友化学工業の有機導電性ポリマー技術に関する製品・技術

製品	製品名	発売時期	出典
高分子ELD	（開発）	平成14年予定	化学工業日報 '01.11.27

2.9.3 技術開発課題対応保有特許の概要

表 2.9.3-1 住友化学工業の技術開発課題対応保有特許

技術要素	出願件数（係属）
材料合成	5
中間処理	
組成物	3
薄膜	2
複合体	3
その他	2
用　途	
有機 EL 素子	19
高分子蛍光体及び有機 EL 素子	10
高分子蛍光体と高分子発光素子関連	12
電極、コンデンサ関連	3
有機電子写真感光体他	2

　出願の 61 件は、材料合成の 5 件（約 8％）、中間処理の 10 件（同 16％）、用途の 46 件（同 76％）の構成である。特徴は用途面が主体で、なかでも有機エレクトロルミネッセンス素子（有機 EL 素子）関連が圧倒的に多い（用途の約 90％）。また有機 EL 素子関連の発光材料はポリフェニレンビニレン系の導電性高分子を中心に製造法、中間処理、用途のすべての分野で出願されている。

　材料合成の課題は、フェニレンビニレン系ポリマーや置換基導入の同種ポリマーを効率良く製造することである。また用途面の課題は、有機ＥＬ素子に向けた光輝度や発生効率などの発光特性向上のため、発光層にフェニレンビニレン系ポリマーやポリチオフェンアリーレンビニレン系を使用した検討が多い。

①材料合成では、P-フェニレンビニレン系高分子中間体の製造や芳香族化合物の酸化重合触媒を得て、効率よくポリ（フェニレン）系を得る（特開平 10-292035）なども検討されている。
②中間処理では、導電性高分子とフラーレンとの組合せにより光電流の増大（特許 3146296）や新たな機能を持たせた超伝導複合体（特開平 8-264038）の出願がある。
③有機 EL 素子関連では、置換ポリ（P-フェニレンビニレン）の発光材料と電子輸送性化合物とを含む発光層を一対の電極間に設けて光輝度を向上させる EL 素子を得るなどの出願がある。

　住友化学工業の保有特許の特徴は、有機エレクトロルミネッセンス素子（有機 EL 素子）技術に集中している点である。
　表 1.4.3-6 を見ると、この有機 EL 素子に向けた光輝度や発光効率ならびに信頼性を向上するための多くの技術課題に取り組み、解決手段としては、発光材料と電子輸送性化合物とを含む発光層にポリフェニレンビニレン系導電性ポリマーを用いていることがわかる。

表 2.9.3-2 住友化学工業の有機ELに関する技術課題と解決手段の対応表(1/2)

課題 \ 解決手段		化学構造			中間処理		
		芳香族ビニレン	全芳香族	その他	可溶化	塗布	その他
光電特性	発光効率	住友化学工業 12件	住友化学工業 5件	住友化学工業 1件	住友化学工業 1件	住友化学工業 2件	住友化学工業 1件 (スピンコート)
	輝度	住友化学工業 10件	住友化学工業 1件		住友化学工業 1件	住友化学工業 2件	
	発光強度	住友化学工業 1件	住友化学工業 4件		住友化学工業 2件		
	発光量子効率	住友化学工業 5件	住友化学工業 1件		住友化学工業 4件	住友化学工業 1件	
信頼性	耐久性	住友化学工業 3件	住友化学工業 2件			住友化学工業 1件	
	熱安定性	住友化学工業 4件	住友化学工業 5件				
経済性	低電圧駆動	住友化学工業 9件	住友化学工業 2件				
	コスト	住友化学工業 5件					
	大画面	住友化学工業 1件		住友化学工業 1件			
	薄型化(薄膜化)			住友化学工業 2件			

表 2.9.3-2 住友化学工業の有機 EL に関する技術課題と解決手段の対応表(2/2)

課題		解決手段 組成物（複合化） 添加剤（色素）	高分子（蛍光等）	その他	素子の構造 2層積層	3層積層	その他
光電特性	発光効率		住友化学工業 8件 (2件)		住友化学工業 4件	住友化学工業 3件	
	輝度		住友化学工業 1件 (1件)		住友化学工業 3件	住友化学工業 3件	
	発光強度		住友化学工業 4件			住友化学工業 1件	
	発光量子効率		住友化学工業 5件 (5件)			住友化学工業 1件	
信頼性	耐久性				住友化学工業 4件	住友化学工業 1件	
経済性	低電圧駆動					住友化学工業 4件	
	大画面				住友化学工業 2件		住友化学工業 1件 (スピンコート)
	薄型化（薄膜化）						住友化学工業 1件 (スピンコート)

（　）内は内容の特徴とフィルムコンデンサの出願件数を表す

表 2.9.3-3 住友化学工業の技術開発課題対応保有特許(1/3)

	技術要素	課題	特許番号	筆頭 IPC	概要
材料合成	ポリフェニレンビニレン系	導電性高分子置換体	特公平 8-2946	C08G61/02	ポリ-p-フェニレンビニレン置換体からなるフィルムの製法（共役系高分子中間体のスルホニウム塩側鎖を脱離させる）
		賦形性、中間体を得る	特許 2921062	C08G61/02	
	ポリ（フェニレン）系	工業的生産に有利	特開平 10-292034	C08G61/10	側鎖にエチレンオキシド鎖を有するポリ（フェニレン）の製法
		効率良	特開平 10-292035	C08G61/10	芳香族化合物の酸化重合触媒を得て、ポリ（フェニレン）を得る
	その他	高強度高弾性のフィルム	特許 2819692	C08G61/00	共役系高分子の製法
中間処理	組成物-ポリアリレンビニレン系	高導電性炭素提供	特許 2720550	C01B31/02,101	ポリチエニレンビニレン誘導体利用
		延伸性、紡糸性	特許 2959075	C08L65/00	ポリアリレンビニレン系高分子組成物
		光電流の増加	特許 3146296	C08L65/00	ポリ（p-フェニレンビニレン）とフラーレンを配合

表 2.9.3-3 住友化学工業の技術開発課題対応保有特許(2/3)

技術要素		課題	特許番号	筆頭 IPC	概要
中間処理(つづき)	ポリアセン薄膜	一軸配向	特開平 8-220530	G02F1/1,335,510	配向ポリアセン膜製法と偏光素子
		高コントラスト比	特開平 8-334622	G02B5/30	
	複合体	種々の形状可能	特許 3132219	C08G61/12	導電性樹脂（ポリピロール等）複合体
		汎用樹脂特性	特開平 7-266351	B29C39/12	
		加工性、成形性	特開平 8-264038	H01B12/00	超伝導複合体
	その他	透明性、機械的強度	特開平 9-85876	B32B7/02,104	電磁波遮蔽用材料
		耐擦傷性、帯電防止性	特開平 9-286937	C09D5/24	導電性表面コート剤
用途	有機 EL 素子（ポリフェニレンビニレン系）	光輝度、低電圧駆動	特許 3191374	H05B33/14	有機エレクトロルミネッセンス（EL）素子。特定の置換ポリ（p-フェニレンビニレン）からなる発光材料と電子輸送性化合物とを含む発光層を一対の電極間に設ける
			特開平 5-247460	C09K11/06	
			特開平 8-209120	C09K11/06	
			特開平 8-302340	C09K11/06	
			特開平 9-35871	H05B33/14	
			特開平 10-46138	C09K11/06	発光層に特定の高分子蛍光体を用いる
		高輝度向上	特開平 6-73374	C09K11/06	
		高輝度、高発光効率	特開平 8-151572	C09K11/06	ポリアリーレンビニレン系合金層と金属膜層を積層する
		高輝度、安価	特開平 9-63767	H05B33/14	
			特開平 9-59614	C09K11/06	フェニレンビニレン系重合体使用
		発光効率	特許 2987865	C08G61/00	発光層として特定の共役系高分子使用
			特許 2998187	H05B33/22	
			特開平 10-77467	C09K11/06	
			特開 2001-76880	H05B33/22	
		発光特性向上	特公平 7-110940	C09K11/06	発光層にポリチオフェン系を使用
			特開平 5-320635	H05B33/14	
		簡便な薄膜化	特開平 3-273087	C09K11/06	電荷輸送材料にポリフェニレンビニレン系を使用
		蛍光収率の向上	特許 2929780	H05B33/14	発光層に水溶性蛍光染料を混合
		作成容易、耐久性	特開平 8-185980	H05B33/14	
		発光量子効率	特開平 7-97569	C09K11/06	ビニレン-アリレン系ポリマー使用
			特開平 7-300580	C09K11/06	
			特開平 7-147190	H05B33/14	
			特開平 9-111233	C09K11/06	
		異なる蛍光スペクトル	特開平 9-35870	H05B33/14	芳香族ビニレン系高分子蛍光体（薄膜）
			特開平 9-45478	H05B33/14	
			特開平 10-324870	C09K11/06	
		耐熱性、発光効率	特開平 10-114891	C09K11/06	
		正孔輸送能力	特開 2000-80167	C08G77/26	正孔輸送性高分子および有機 EL 素子
		青色から緑色の蛍光	特開 2000-34476	C09K11/06,680	有機蛍光材料および有機 EL 素子

表 2.9.3-3 住友化学工業の技術開発課題対応保有特許(3/3)

技術要素		課題	特許番号	筆頭IPC	概要
用途(つづき)	高分子発光素子	発光収率、発光効率	特開 2000-154334	C09B69/10	
			特開 2000-169839	C09K11/06,680	アリーレンビニレン系高分子蛍光体使用
		発光効率、長寿命	特開 2000-306668	H05B33/14	
		強い蛍光	特開 2000-303066	C09K11/06,680	
		強い蛍光、耐熱性	特開 2000-104057	C09K11/06,680	高分子蛍光体および高分子発光素子
		蛍光、低電圧	特開 2000-351967	C09K11/06,680	
		蛍光、可溶性	特開 2001-3045	C09K11/06,680	
		蛍光、低電圧	特開 2001-123156	C09K11/06	
		駆動安定、長寿命	特開平 11-176576	H05B33/14	高分子発光素子を得る
		低電圧、高効率	特開 2000-252065	H05B33/14	
		作成容易、高効率	特開 2000-311785	H05B33/14	
		溶解性、量子収率	特開平 7-278276	C08G61/00	フェニレンビニレン系コポリマーの高分子蛍光体
	その他	大面積で高集積度	特開平 5-152560	H01L29/28	有機半導体を用いてインバータを得る
		長寿命、高充放電	特許 3079291	H01M4/60	脱ドープしたポリアニリン系利用の電極
		歩留りよく製造	特開平 5-3138	H01G9/028	ポリアニリン固体電解質利用のコンデンサ
		初期充放電特性	特開平 7-147158	H01M4/02	リチウム二次電池用負極
		安価で製作容易	特開平 8-179538	G03G5/14,101	ポリフェニレンビニレンの電子写真感光体

2.9.4 技術開発拠点

有機導電性ポリマーの開発を行っていると思われる事業所・研究所などを発明者住所をもとに紹介する。ただし、組織変更などにより、事業所名称などが現時点の名称とは異なる場合も有り得ます。

茨城県：つくば市
愛媛県：新居浜市

2.9.5 研究開発者

図 2.9.5-1 に特許情報から得られる発明者数と出願件数の推移を示す。
製造方法の開発が主体となる。
総合化学会社であるため、概して研究者の投入数に大きな変化がない。唯一例外の 91 年のピークは中間処理を含めた製造方法の開発に基づくものと思われる。

図 2.9.5-1 住友化学工業の研究開発者と出願件数の推移

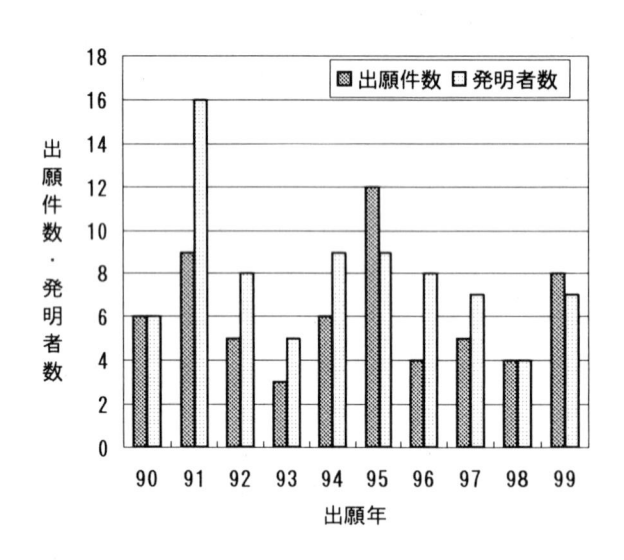

2.10 昭和電工

2.10.1 企業の概要

表 2.10.1-1 昭和電工の企業概要

1)	商　　　　　号	昭和電工株式会社
2)	設 立 年 月 日	昭和14年6月
3)	資　　本　　金	1,054億5,900万円(2001年3月現在)
4)	従　業　員	3,346名(2001年3月現在)
5)	事　業　内　容	石油化学、化学品、電子・情報、無機材料、アルミニウム他
6)	技術・資本提携関係	技術提携／(台湾)トリプレックス・ケミカル社、(インドネシア)チャンドラ・アスリ社、(南アフリカ)ミドルバーグ・テクノクロム社、(中国)天津化工廠、(サウジアラビア)アラビアン・インダストリアル・ディベロップメント、(台湾)大連化学工業、(米国)ケメット社、(フランス)、ナイルテック社(米国)ユニオン・カーバイド・コーポレーション
7)	事　業　所	本社／東京都港区、事業所／大分、新南陽、川崎、東長原(福島県河沼郡)、横浜、塩尻、大町、秩父、総合研究所／千葉市緑区
8)	関　連　会　社	国内／日本ポリオレフィン、平成ポリマー、昭和アルミニウム、昭和電工プラスチック、昭和電工エイチ・ディー、海外／PT．ショウワ・エステリンド・インドネシア、昭和電工カーボン・インコーポレーテッド、ショウワ・アルミナム・コーポレーション・オブ・アメリカ、台湾昭陽化学他
9)	業　績　推　移	（単位：百万円） 　　　　　　平成11年3月　　　　平成12年3月 売上高　　　362,211　　　　　365,854 経常利益　　　3,822　　　　　　9,824 税引き利益　　　163　　　　　　　932
10)	主　要　製　品	石油化学製品、有機・無機化学品、化成品、各種ガス、生化学、特殊化学品、機能性高分子、電極、金属材料、研削材、耐火材、電子材料、ハードディスク
11)	主 な 取 引 先	昭和アルミニウム、丸紅、昭光通商、新日鐵化学、日本ゼオン、住友商事他
12)	技術移転窓口	技術研究本部知的財産部／東京都港区芝大門1-13-9／03-5470-3280

　アルミ高分子固体コンデンサは大町工場生産している。
　1999年7月、世界最大のタンタルコンデンサメーカーであり積層セラミックコンデンサでは米国第2位の大手であるケメット(米国)と、チップ型アルミ高分子固体コンデンサの事業化について、技術提携をすることで合意した。

2.10.2 有機導電性ポリマー技術に関する製品・技術

　アルミ高分子固体コンデンサーは、Dケースサイズ(7.3×4.3×2.8mm)で、33-150マイクロファラッドの高容量化が可能で、高周波域での低ESR(等価内部抵抗)を実現している。最大の特徴は発火性がなく、高分子系にもかかわらず250～260℃の耐熱性があることで、その商品化には、固体電解コンデンサ関連の、高容量、高周波性能向上、使用温度範囲の拡大等の特許の課題が役立っているものと思われる。

表 2.10.2-1 昭和電工の有機導電性ポリマー技術に関する製品・技術

製品	製品名	発売時期	出典
アルミ高分子固体コンデンサ	（サンプル供給）	平成 12 年	化学工業日報 '00.1.24

2.10.3 技術開発課題対応保有特許の概要

表 2.10.3-1 昭和電工の技術開発課題対応保有特許

技術要素	出願件数（係属）
材料合成	
自己ドープ型ポリマー	4
各種導電性ポリマー	9
中間処理	
ドーピング	4
スルホン化	3
膜、その他	9
用　途	
電池、コンデンサ関連	16
帯電防止	4
有機 EL 素子	2
光関連	1

　出願の 52 件は、材料合成の 13 件（約 25％）、中間処理の 16 件（同 31％）、用途の 23 件（同 44％）の構成である。多いものでは電池・コンデンサ関連が全体の約 30％、ついでドーピング関連が同 15％であった。なお共願は『荷電粒子線照射方法』（特許 2902727、日立製作所）で、帯電現象によるさまざまな不具合を解消する方法である。

　製造法と中間処理を通した課題では、自己ドープ型ポリマー関連や、水溶性、熱安定性の向上が多く、解決手段として対象ポリマーもスルホン酸基置換ポリアニリンや各種ポリマーのスルホン化が中心である。

　また用途面では、電池およびコンデンサー関連としての高分子固体電解質や低インピーダンス性能の向上などが検討されている。

①ドーピング関連の出願が目立ち、『水不溶性自己ドープ型導電性ポリマーの製法』（特許 2895546）は、特定構造の同ポリマーを脱水処理して、自己ドーピング機能、導電性を備えたまま、耐水性、耐溶剤性を改良するもので、製造の 4 件、中間処理の 4 件と多かった。
②導電性ポリマーの対象では、一般的なポリアニリン系やポリピロール系に加えて、ポリイソチアナフテン系が目立った。
③電池・コンデンサ関連では、インピーダンス性能に優れた団体電解コンデンサを提供する出願が 5 件（特開平 11-186103 他）あった。

　昭和電工の保有特許の特徴は、特定技術への集中というより技術分散型という点である。強いて注力しているとすれば、固体電解質コンデンサ技術とドーピング技術である。
　コンデンサ技術として表 1.4.3-1 を見ると、インピーダンスを含む周波数特性を向上

するための技術課題に取り組み、解決手段として、このコンデンサは酸化皮膜層表面に導電性高分子組成物を形成していることがわかる。

またドーピング技術として、表 1.4.2-1 を見ると、自己ドープ型ポリマーの製造技術課題に取り組み、解決手段として特定構造の水溶性自己ドープ型ポリマーの改良に注力していることがわかる。

表 2.10.3-2 昭和電工の材料合成に関する技術開発の課題と解決手段の対応表

課題 \ 解決手段		酸化重合	電解重合	他重合法（蒸着重合、化学重合、エネルギー照射重合等）	
フェニレンビニレン系重合体合成	成形加工性	昭和電工 1件			
各種共重合体	常温の保存安定性、加工性、導電性低下のない安定な被膜の形成			昭和電工 1件 (スルホ置換イソチアナフテン−イソチアナフテン−1−3−共重合体)	
その他	有機溶媒可溶性、熱的、機械的安定性、導電性	昭和電工 1件 (1,3-ジヒドロイソチアナフテン類)			
	有機溶媒可溶性、安定性	昭和電工 1件 (1,3-ジヒドロイソチアナフテン-5-スルホン酸ナトリウム)			
	導電性、経時安定性	昭和電工 1件 (ポリ[イソインドール-1,3-ジイル-2-エタンスルホン酸])			

表 2.10.3-3 昭和電工の技術開発課題対応保有特許(1/2)

技術要素		課題	特許番号	筆頭 IPC	概要((解決手段)
材料合成	各種ポリマー(自己ドープ)	自己ドープ型	特許 2960859	C08G73/00	自己ドープ型導電性ポリマー水溶液(スルホン酸等を環に含むポリアニリン)
			特許 2942710	C08G61/12	五員環芳香族ポリマー
			特許 2785116	C08G73/00	ブレンステッド酸基をもつモノマーのπ電子共役系ポリマー
			特許 2858648	H01B1/12	アルキレンとπ電子共役系の主鎖構造からなる
		有機溶媒可溶性、接着性	特開平 7-138349	C08G61/00	コポリ(1,4-フェニレン/2,5-ピリジンジイル)誘導体
			特開平 7-196780	C08G61/12	ポリ(アルキル置換-2,5-ピリミジンジイル)
		p型、n型ドーピング可能水溶性、加工性	特許 3161058	C08G61/12	ポリ(ピリジン-2,5ジイルビニレン)
			特許 3182239	C08G61/12	二環複素環モノマー(ナフテニレン系)から重合
			特開平 7-48437	C08G61/12	1,3-ジヒドロイソチアナフテン等を重合
			特開平 8-259673	C08G61/12	スルホ置換イソチアナフテン－イソチアナフテン系共重合体
		成形加工性	特許 3164671	C08G61/12	新規アリーレンビニレン重合体
		溶媒可溶性	特開平 7-48436	C08G61/12	1,3-ジヒドロイソチアナフテン-5-スルホン酸ナトリウムを酸化重合
		経時安定性、水溶性	特開平 10-87794	C08G61/12	水溶性導電性重合体
中間処理	ドーピング	ドーピング機能(耐水性、耐溶剤性)	特許 2895546	C08G61/12	水溶性自己ドープ型導電性ポリマーを脱水処理
		熱安定性	特許 3066431	C08L79/00	ポリアニリンと重合性スルホン酸との複合物
		熱安定性	特許 3186328	C08G61/00	ポリ(アリーレンビニレン)とスルホン酸アニオン系ドーパントとの複合物
		加工性、機械的性質	特開平 10-168328	C08L101/12	自己ドープ型高分子と N-ビニルカルボン酸アミド系ポリマーより構成
	ドーピング(スルホン化)	成形加工性、水溶性	特許 3149290	C08G61/12	特定化学構造を含む重合体にスルホン化
		空気中で安定	特開平 8-3156	C07D333/72	縮合ヘテロ環式化合物をスルホン化
		高導電性	特開 2001-187822	C08J7/12	1,3-ジヒドロイソチアナフテニレン構造含有重合体をスルホン化
	フィルム、薄膜、シート	高電気伝導度	特許 3147407	C09D5/24	5種の構造単位を有する水溶性の導電性高分子化合物膜
		加工性、膜の分離がない	特許 3184642	C08J7/04	スルホン酸基含有ポリフェニレンビニレン
		帯電防止性能、耐久性	特開平 9-78000	C09D5/00	金属アルコキシドの加水分解重縮合物等を含む
	組成物	着色少ない透明性	特開平 8-188777	C09K19/58	多環チオフェン系重合体と配向列の組成物
		画像形成装置の定着部材	特開平 9-48921	C08L101/12	チオフェン系高分子を使用
	その他	シランカップリング剤	特開平 7-25885	C07F7/18	トリアルコキシ(チエニルアルキル)シランの製法
		溶解性向上	特開平 9-241355	C08G61/10	ポリフェニレン化合物の製法
		安定性改善	特開平 10-87616	C07D209/44	窒素系複素環式化合物の製法
		湿潤性、安定性	特開平 10-120769	C08G61/12	導電性ミクロゲル分散体の製法

表 2.10.3-3 昭和電工の技術開発課題対応保有特許(2/2)

技術要素		課題	特許番号	筆頭 IPC	概要((解決手段)
用途	電池およびコンデンサ	高性能高分子固体電解質	特許 3161906	C08F220/34	2-(メタ)アクリロイルオキシエチルカルバミド酸エステル等からの(コ)ポリマとアルカリ金属塩を含む複合体
			特許 3127190	H01M10/40	
			特開平 8-295713	C08F299/02	
			特許 3129961	H01M6/18	
	電池およびコンデンサ(電解質)	使用温度、安定電圧広範囲	特開平 10-92221	H01B1/12	高分子ゲル電解質
		信頼性、高容量	特開平 10-289617	H01B1/12	二次電池及び電池用電解質
	固体電解コンデンサ	低インピーダンス性能	特開平 11-186103	H01G9/028	酸化皮膜層表面に導電性高分子組成物を形成
			特開平 11-186104	H01G9/028	
			特許 3187380	H01G9/028	
			特開 2001-6983	H01G9/028	
			特開 2001-76972	H01G9/028	
		高周波性能向上	特許 2901285	H01G9/028	ポリチオフェン前駆体を使用
		高電導度	特公平 7-22077	H01G9/028	
		歩留り、性能	特開 2000-68158	H01G9/04	
		大容量、安定性	特開 2001-6982	H01G9/022	
		コンデンサ素子の固体電解質	特開 2000-239361	C08G61/12	チオフェン骨格構造単位等を含むフィブリル構造を有する電解質
	帯電防止	長期間有効	特開平 7-41756	C09K3/16,108	帯電防止材料
		歩留り低下防止	特開平 8-211391	G02F1/1,337,500	配向層に配向性付与
		常温安定性改善	特開平 10-140141	C09K3/16,108	帯電防止処理材
			特開平 11-189746	C09D201/00	
	光関連	帯電防止効果	特許 2902727	G03F7/11,501	荷電粒子線照射方法
		発光効率、耐久性	特開平 6-33048	C09K11/06	有機薄膜 EL 素子
		液漏れ改善	特開平 10-239715	G02F1/153	EL 素子

2.10.4 技術開発拠点

　有機導電性ポリマーの開発を行っていると思われる事業所・研究所などを発明者住所をもとに紹介する。ただし、組織変更などにより、事業所名称などが現時点の名称とは異なる場合も有り得ます。

　千葉県：千葉市（総合研究所）
　東京都：大田区（総合研究所）

2.10.5 研究開発者

　図 2.10.5-1 に特許情報から得られる発明者数と出願件数の推移を示す。
　総合化学会社であるため、住友化学工業と同じく概して研究者の投入数に大きな変化

がない。

図 2.10.5-1 昭和電工の研究開発者と出願件数の推移

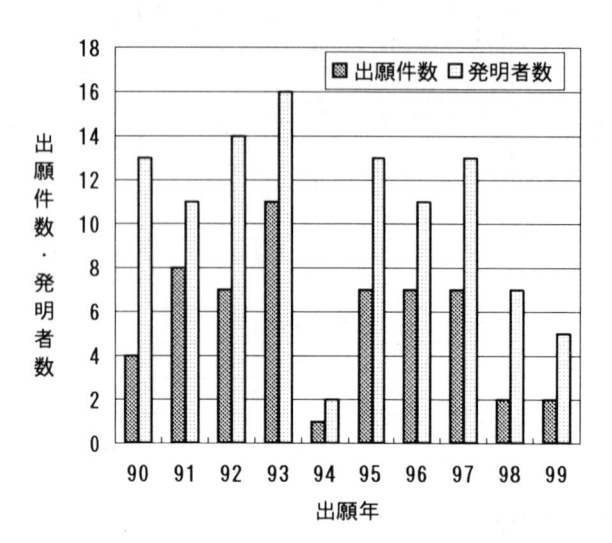

2.11 富士通

2.11.1 企業の概要

表 2.11.1-1 富士通の企業概要

1)	商　　　　号	富士通株式会社
2)	設 立 年 月 日	昭和10年6月
3)	資　本　金	3,146億5,200万円(2001年3月現在)
4)	従　業　員	42,010名(2001年3月現在)
5)	事 業 内 容	ソフトウェア・サービス、情報処理、通信、電子デバイス
6)	技術・資本提携関係	技術提携／Siemens Aktiengesellschaft、AT&T Corporation、InternationalBusiness Machines Corporation、Microsoft Corporation、Texas Instruments Incorporated Intel Corporation、Motorola,Inc.、National Semiconductor Corporation、Harris Corporation、Samsung Electronics Co.,Ltd.、Winbond Electronics Corporation
7)	事　業　所	国内／三重、岩手、会津若松他
8)	関 連 会 社	国内／新光電気工業、高見澤電機製作所、富士通デバイス、富士通エイ・エム・ディ・セミコンダクタ、富士通日立プラズマディスプレイ、富士通高見澤コンポーネント、富士通カンタムデバイス、富士通メディアデバイス、海外／Fujitsu Microelectronics,Inc.、Fujitsu Microelectronics Europe GmbH、Fujitsu Microelectronics Asia PteLtd. 等
9)	業　績　推　移	(単位：百万円) 　　　　　　　　平成12年3月　　　　平成13年3月 売上高　　　　3,251,275　　　　　3,382,218 経常利益　　　　15,878　　　　　　107,466 税引き利益　　　13,656　　　　　　 46,664
10)	主 要 製 品	ロジックIC（システムLSI、ASIC、マイクロコントローラ）、メモリIC（フラッシュメモリ、FRAM、FCRAM、半導体パッケージ、化合物半導体、SAWフィルタ、コンポーネント、プラズマディスプレイパネル
11)	主 な 取 引 先	川崎重工業、ニシム電子工業、テレビ朝日サービス、モリタ、全国朝日放送、富士通パーソナルズ、エヌ・テイ・テイ・ドコモ、富士通デバイス、Fujitsu Network Communications,Inc.、富士通ビジネスシステム他
12)	技術移転窓口	特許企画部

　技術移転を希望する企業には、対応を取る。その際、仲介は不要であり、直接交渉しても構わない。

2.11.2 有機導電性ポリマー技術に関する製品・技術
　商品化されていない。

2.11.3 技術開発課題対応保有特許の概要

表 2.11.3-1 富士通の技術開発課題対応保有特許

技術要素	特許件数（係属）
材料合成	5
中間処理	3
用　　途	
電池	3
発光素子など光関連	3
電気・電子・磁気関連	
印刷基板	4
高分子配線	2
半導体装置	2

半導体装置（2件）やその配線関連（6件）および電池（3件）などに関する特許が中心である。コンデンサは以前公開特許が数件有ったが、現在係属特許は無く、導電性ポリマーの研究は縮小されたと思われる。

メモリ、マイクロコンピュータ、ASIC などの半導体集積回路の微細配線に導電性ポリマーを用いることが試みられている。これらの素子は高密度で、配線部分も微細化している。金属などで配線を形成する方法では高度な加工技術およびコスト高になる問題点がある。

①プリント配線基板では、導電性高分子の特質を活用してスルホールの高導電化、パターンの高精度化など技術課題をクリアしている。（特開平 9-223858）

②触媒溶液の毛細管現象を利用して、複雑なパターンの微細配線を可能とし（特開平 5-160127）、この基本技術が半導体装置（特許 3097260）へと展開されている。

③分子膜、とりわけポリアセチレン膜の簡便な製造法に関する特許（4件）は注目に値する。

富士通の保有特許の特徴は、特定技術への集中というより技術分散型という点である。表 1.4.1-1 を見ると、電気伝導度を向上するための技術課題に取り組み、解決手段として、チーグラ・ナッタ触媒を用いたポリアセチレン系導電性ポリマーを合成する技術に取り組んでいることがわかる。また、表 1.4.2-1 を見ると、物性向上としての半導体化のための技術課題に取り組み、解決手段として、ポリマーのドーピングによりパターンを精密化する技術開発を行っていることがわかる。

表 2.11.3-2 富士通の材料合成に関する技術開発の課題と解決手段の対応表

課題＼解決手段		酸化重合	電解重合	他重合法（蒸着重合、化学重合、エネルギー照射重合等）
アセチレン系	高導電性			富士通 4件

表 2.11.3-3 富士通の技術開発課題対応保有特許

技術要素		課題		特許番号	筆頭 IPC	概要（解決手段）
材料合成	ポリアセチレン系	緻密かつ高再現性膜		特許 2805953	C08F138/02	アセチレンガス雰囲気中で高速で回転している円板の中心にチーグラ・ナッタ触媒を滴下し、放射状に飛散させる
		物性向上（高電気伝導度）		特許 2868022	C08F2/46	チーグラ・ナッタ触媒を塗布した基板を冷却し、アセチレンガス含有雰囲気で、基板表面をレーザ光でスキャンする
				特開平 5-175485	H01L29/28	
		均一膜厚		特許 3008450	H01L51/00	触媒皮膜上にアセチレンガスを流上して成長させる
	その他の系	新規二次元又は三次元電子共役系		特開平 9-87849	C23C16/44	アゾメチン結合含有ポリマー
中間処理	組成物	物性向上	（チャージアップ防止効果）	特開平 8-109351	C09D179/08	特定構造を有する可溶性アニリン系ポリマーを有する
			（パターン精密化）	特許 3112745	G03F7/11,501	スルホン化ポリアニリン類、溶剤及びアミン類を含む
				特開平 7-179754	C08L79/00	
用途	電池	二次電池	（機械的特性）	特開平 8-148163	H01M6/18	高分子固体電解質層中に機械的破壊強度が高い粒子を分散させる
			（高信頼シール）	特開平 9-251863	H01M10/40	
			（高温安定性）	特開 2000-182622	H01M4/62	
	発光素子など光関連	カラーフィルター	（電荷均一分散）	特開平 10-116563	H01J11/02	絶縁基板上に導電性のペースト層を用いて隔壁材料層を形成
		電子写真感光体	（短時間形成）	特開平 7-181704	G03G5/14,102	透明絶縁基体層とポリ芳香族ビニレン中間体接着層とで構成
		光関連・その他 Si 発光素子	（強靭）	特許 3140573	H01L33/00	
	電気・電子・磁気関連	印刷基板	（歪み防止）	特開平 5-206140	H01L21/60	弾性ないし可塑性を有する導電性高分子材料のバンプを用いる
				特許 3187124	H01L21/3,205	
			（高信頼性）	特開平 9-223858	H05K3/18	未ドープの導電性高分子を塗布し、これにスルホン酸系のドーパントを作用させる
				特開平 9-281705	G03F7/038,505	
		電磁気関連・その他 高分子配線	（設計自由度）	特開平 5-160127	H01L21/3,205	細溝の一端を触媒溶液に浸漬して毛細管現象により細溝中に触媒溶液を導入した後、基板上にモノマーガスを導入して重合する
			（接触抵抗低減）	特開平 5-206129	H01L21/3,205	
		半導体装置	（超微細幅）	特許 2982822	H01L51/00	段差を有する基板と段差の近傍に局在しかつ互いに等間隔に配列されたポリアセチレンとから構成する
				特許 3097260	H01L29/78	

2.11.4 技術開発拠点

有機導電性ポリマーの開発を行っていると思われる事業所・研究所などを発明者住所をもとに紹介する。ただし、組織変更などにより、事業所名称などが現時点の名称とは異なる場合も有り得ます。

神奈川県：川崎市中原区（川崎地区）

2.11.5 研究開発者

図2.11.5-1に特許情報から得られる発明者数と出願件数の推移を示す。

研究者の投入は、電磁気および光関連に注力した90年代始めから96年までの数年間に集中しており、97年以降は有機導電性ポリマー以外の分野にシフトした様子が伺われる。

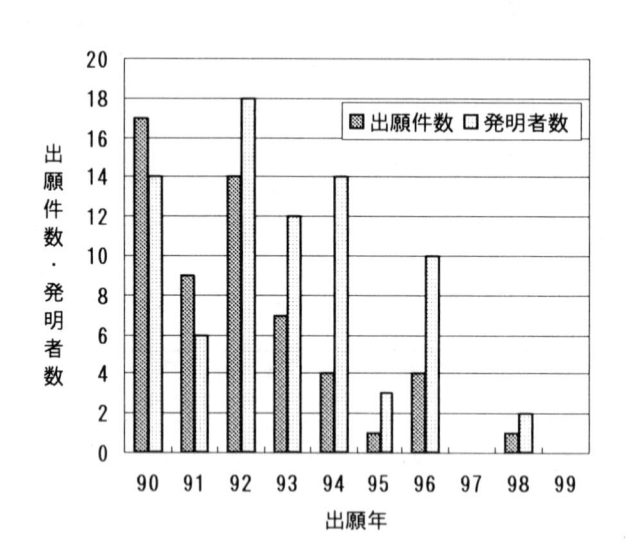

図2.11.5-1 富士通の研究開発者と出願件数の推移

2.12 日東電工

2.12.1 企業の概要

表 2.12.1-1 日東電工の企業概要

1)	商　　　　　号	日東電工株式会社
2)	設 立 年 月 日	大正 7 年 10 月
3)	資　　本　　金	267 億 8,300 万円(2001 年 3 月現在)
4)	従　　業　　員	3,196 名(2001 年 3 月現在)
5)	事 業 内 容	工業用材料、電子材料、機能材料
6)	技術・資本提携関係	——
7)	事　　業　　所	本社／茨木（研究所含む）　事業所　宮城県岩出山町、深谷、豊橋、亀山、尾道、佐賀県三田川町、大阪府茨木市、米国（ウイスコンシン）
8)	関 連 会 社	国内／日東シンコー、ニトムズ、海外／NITTO EUROPE N.V.(Geng,Belgium)、PERMACEL(New Brunswick U.S.A.)、HYDRANAUTICS(OceansideU.S.A.)、NITTO DENKO (TAIWAN) CORPORATION（台湾）、日東電工（上海松江）有限公司
9)	業 績 推 移	（単位：百万円） 　　　　　　　平成 12 年 3 月　　　平成 13 年 3 月 売上高　　　　204,191　　　　　222,406 経常利益　　　 20,335　　　　　 25,912 税引き利益　　　9,312　　　　　 12,973
10)	主 要 製 品	医療関連材料、ふっ素樹脂製品、防食テープ、紙テープ（包装用、マスキング用テープ）、表面保護シート、両面接着テープ、ポリエステルテープ、液晶表示用偏光フィルム、シーリング材料、バーコードラベリングシステム、半導体・IC パッケージ用粉末樹脂、高分子膜・モジュール、包装テープ等
11)	主 な 取 引 先	共信商事、日昌、日東電工マテックス、日東電工包装システム、トーアエイヨー、日本電気絶縁材料他
12)	技 術 移 転 窓 口	

帯電防止のコーティング材の開発拠点は茨木の基幹技術センター

技術移転を希望する企業には、積極的に交渉していく対応を取る。その際、仲介は介しても介さなくてもどちらでも可能である。

2.12.2 有機導電性ポリマー技術に関する製品・技術

帯電防止のコーティング材は可溶性ポリアニリンで、特徴は成膜が容易なことである。

開発には、材料合成－アニリン系における溶液の安定性、中間処理－フィルム関連における溶剤可溶性、密着性の向上、帯電防止材に適用、製造の容易さ等の特許の課題が役立っているものと思われる。

表 2.12.2-1 日東電工の有機導電性ポリマー技術に関する製品・技術

製品	製品名	発売時期	出典
帯電防止	——	——	レポート（ダイヤリサーチマーテック発行）「DIRASS 17-6」
ポリアニリン（開発）		——	レポート（ダイヤリサーチマーテック発行）「DIRASS 23-17」

2.12.3 技術開発課題対応保有特許の概要

表 2.12.3-1 日東電工の技術開発課題対応保有特許

技術要素	出願件数（係属）
材料合成	5
中間処理	
フィルム・薄膜・シート	10
複合体・成形体	3
組成物	7
用　　途	
コンデンサ	7
電池	2
磁気関連、電磁波シールド	2
電子写真感光体	2

　出願の38件は、材料合成の5件（約13％）、中間処理の20件（同53％）、用途の13件（同34％）の構成である。対象の導電性ポリマーは、5〜6件を除きポリアニリン系である。（有機導電性ポリマー一般5件、ポリピロール系1件）

　対象ポリマーは、ポリアニリン系が主体で、ポリアニリン単独のほかイミド系ポリマーなどとの混合物も検討している。課題の対象を調べると、導電性と密着性（接着性）が目立つが、その他に1〜2件と少なく両者以外は研究テーマを絞り込んでいない。一方、解決手段ではプロトン酸類を含むドーピング関連が目立ち、出願数の約1/3を占めている。

①また注力している分野ではフィルム関連が7件で、例えば有機溶剤可溶性ポリアニリンを還元して、溶剤可溶性のまま、導電性を有し、キャスティング等により強靭で可撓性を有するフィルム等を形成する重合体を得る（特許2843938）。
②またコンデンサ関連にも力を入れており、7件の出願があるが、『固体電解コンデンサーの製法』（特許3186110）では、ポリスルホン酸をドーパントとして有するポリアニリン膜を固体電解質として形成し、誘電体被膜との密着性に優れる標記コンデンサを得ている。
③共願は3件で、日立マクセルとの『磁気記録媒体』（特許2868564）と『ポリアニリン電池』（特許3015411）の2件と松下電工との『フィルムコンデンサ』（特許2865449）である。例えば（特許2868564）は、非磁性支持体と磁性塗膜との間に、有機導電性高分子の下塗り塗膜を形成することにより、高出力低ノイズを図るものである。

　日東電工の保有特許の特徴は、特定の技術への集中というより技術分散型という点である。強いて注力しているとすれば、ドーピング技術である。表1.4.2-1を見ると、導電性高分子組成物の導電性や耐湿性、耐熱性を向上するための多くの技術課題に取り組み、解決手段として、プロトン酸等の有機化合物をドーパントとする。

　ポリアニリン系高分子組成物の改良に注力していることがわかる。

表 2.12.3-2 日東電工のドーピングに関する技術開発の課題と解決手段の対応表

課題 \ 解決手段		材料		中間処理		その他
		ポリマー、オリゴマー	化合物（プロトン酸含む）	組成物化	化学的・電気化学的	
物性向上	電気・光特性関連 高導電性、導電性		日東電工 3件			
	化学的性能関連 耐湿性		日東電工 2件			
	耐熱性		日東電工 2件			
	密着性、接着性		日東電工 1件			
	耐化学薬品性		日東電工 1件			
	作製法関連 ペイント作製、溶液作製		日東電工 1件			
	フィルム・シート・プレート作製		日東電工 1件			

表 2.12.3-3 日東電工の技術開発課題対応保有特許(1/3)

	技術要素	課題	特許番号	筆頭IPC	概要（解決手段）
材料合成	アニリン系	溶液の安定性を向上 フィルム化	特許2942785	C08L79/00	ドーピングされたアニリン系酸化重合体と有機アミン化合物とを有機溶剤に溶解させる
		導電性の安定化	特許3204550	C08G73/00	イミノ-p-フェニレン型ポリアニリンをドーピング処理して導電性有機重合体を得る
			特開平7-97444	C08G73/00	
			特開平7-331067	C08L79/00	
	非指名ポリマー	可溶性、特定の極限粘度保有	特許2739148	C08G73/00	有機重合体
中間処理	フィルム	溶剤可溶性、強靭で可撓性	特許2843938	C08J5/18	有機溶剤可溶性ポリアニリンを還元してフィルム用重合体組成物を得る
		強靭なフィルム、帯電防止材に適用	特許2999802	D06M15/61	繊維表面をアニリン系高分子で被覆した複合材料
		製造の容易さ	特許2866996	C08L79/00	イミノ-p-フェニレン型溶剤可溶性ポリアニリンとプロトン酸等から、自立性導電性ポリアニリンフィルムを得る
		密着性	特開2000-21393	H01M4/04	基材表面にポリアニリン系ポリマーのフィルムを形成し、ポリマー電極を製造する
		近赤外線等の遮断機能、可視光透過性	特開2000-56115	G02B5/20	電磁波シールド層は導電性高分子と導電性微粒子との複合体からなるフィルムで構成

表 2.12.3-3 日東電工の技術開発課題対応保有特許(2/3)

技術要素		課題	特許番号	筆頭 IPC	概要(解決手段)
中間処理(つづき)	フィルム(つづき)	ブルーミング性、透明性、均質性	特開 2000-85068	B32B27/30	特定のアクリル酸系エステルをモノマー成分とする透明導電性ポリマー層のある帯電防止透明フィルム
	シート	帯電防止性、密着性	特許 2649731	C09J7/00	絶縁性基板上にポリアニリン薄膜をさらにその上に離型剤層を積層した包装用シート
		半導電性	特開平 8-259709	C08J5/18	ポリイミド系とポリアニリン系のブレンドの半導電性樹脂シート
			特開平 8-259810	C08L79/00	
	薄膜	低圧操作下の高塩阻止率と高透水速度	特開平 4-341333	B01D71/72	ポリスルホン多孔性支持膜表面に導電性高分子(ポリピロールなど)薄膜を形成し、複合逆浸透膜を得る
	成形体	導電性、絶縁性	特開平 6-172571	C08J9/00	ポリアニリン系導電性ポリマーと絶縁性有機重合体の複合体
		導電性ポリマー成形品に撥水性を付与	特開平 9-1717	B32B7/02,104	ポリアニリンと他高分子のブレンド成形体表面をフッ素樹脂処理する
		体積抵抗率や表面抵抗を均一に	特開平 9-176329	C08J5/00	ポリアニリン、カーボンブラックと共にポリイミドを含む成形体
	ドーピング・組成物	長期保存性	特許 2942786	C08L79/00	ポリアニリン、プロトン酸アンモニウム塩等の有機重合体組成物とその薄膜
		導電性	特開平 6-306280	C08L79/00	
		可撓性、導電性	特許 3204573	C08L79/00	ポリアニリン、ブロック化潜在性プロトン酸化合物を有機溶剤に溶解した重合体溶液
		導電性、機械特性、接着性	特開平 8-92542	C09J179/00	接着性物質とアルカンスルホン酸によってドープされた導電性ポリアニリンを含む接着剤組成物
		耐熱性	特開平 10-36667	C08L79/00	スルホ酢酸をドーパントとして有する導電性ポリアニリン組成物
		特定電導度を有す	特許 3058614	C08G73/00	アニリンの酸化重合体がドーパントとして水溶性有機高分子プロトン酸含有した組成物
		耐熱性、耐化学薬品性の向上	特開平 11-342322	B01D71/58	ポリアニリンとポリイミドからなる線状の交互共重合体のポリアニリン構造単位をプロトン酸でドーピングしたポリアニリンポリイミド組成物とそれよりなる気体分離膜
用途	コンデンサ	密着性	特許 2631896	H01G9/028	皮膜形成金属上に誘電体酸化皮膜と固体電解質(ポリアニリン)薄膜を積層した固体電解コンデンサ
			特許 3186110	H01G9/028	
		耐電圧特性	特許 2865449	H01G4/18	複合フィルムからなるポリアニリン系フィルムコンデンサ
		製造効率	特許 3204551	H01G9/028	固体電解質として製膜したポリアニリン膜をドープ液処理する
			特開平 7-29778	H01G9/028	
		漏れ電流低減	特開平 7-86093	H01G9/028	セルロース系とポリアニリン系の複合重合体を製膜し、ドーピング処理する
		機械的強度改善	特開平 11-8161	H01G9/028	導電性有機重合体組成物膜の一部を多孔質とした固体電解質
	電池	電池特性、寿命の向上	特許 3015411	H01M10/40	リチウム電極に対して、特定の放電容量の対電圧分布を有するポリアニリン電池
		発熱抑制、安全性確保	特開平 10-199505	H01M2/34	両極をそれぞれ積層構造にした固体電解質の一部にポリアニリン導電性高分子層を設ける

表 2.12.3-3 日東電工の技術開発課題対応保有特許(3/3)

技術要素	課題	特許番号	筆頭 IPC	概要（解決手段）
用途（つづき） 電気・電子・磁気関連（磁気記録媒体）	高出力、低ノイズ	特許 2868564	G11B5/704	非磁性支持体と磁性塗膜との間に、有機導電性高分子化合物の下塗り塗膜を形成
帯電防止（電磁波シールド材）	高導電性	特許 2909555	C09D179/00	ポリアニリン薄膜をプロトン酸でドーピングしたシールド材
発光素子など光関連（電子写真感光体）	低湿度下の抵抗改良	特許 3066453	G03G5/14,102	特定の導電性高分子の導電層を形成
	高品質	特開平 8-211643	G03G5/14,102	ポリアニリンと絶縁性ポリマー（ポリイミド等）のポリマーブレンドを中間層とする

2.12.4 技術開発拠点

　有機導電性ポリマーの開発を行っていると思われる事業所・研究所などを発明者住所をもとに紹介する。ただし、組織変更などにより、事業所名称などが現時点の名称とは異なる場合も有り得ます。

　大阪府：茨木市（茨木地区）

2.12.5 研究開発者

　図 2.12.5-1 に特許情報から得られる発明者数と出願件数の推移を示す。
　前半のピークは中間処理への注力、98年のピークの理由は不明。

図 2.12.5-1 日東電工の研究開発者と出願件数の推移

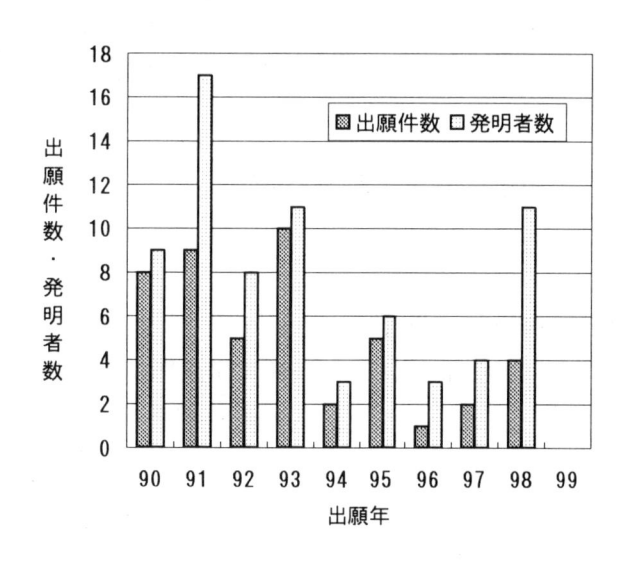

2.13 積水化学工業

2.13.1 企業の概要

表 2.3.1-1 積水化学工業の企業の概要

1)	商　　　　号	積水化学工業株式会社
2)	設 立 年 月 日	昭和 22 年 3 月
3)	資　本　金	100 億 200 万円
4)	従　業　員	3,884 名(2001 年 3 月現在)
5)	事 業 内 容	住宅事業、環境・ライフライン事業、高機能プラスチックス事業、その他事業
6)	技術・資本提携関係	―――
7)	事　業　所	本社／大阪、工場／滋賀、群馬、朝霞、武蔵、奈良、尼崎、堺、研究所／京都
8)	関 連 会 社	国内／徳山積水工業、東京セキスイ商事 海外／Sekisui America Corp.、Sekisui(Europe)AG、Sekisui(U.K.)Ltd.
9)	業　績　推　移	（単位：百万円） 　　　　　　　平成 12 年 3 月　　　平成 13 年 3 月 売上高　　　 599,344　　　　　 528,353 経常利益　　　 7,367　　　　　　　 781 税引き利益　　　 608　　　　　△37,824
10)	主 要 製 品	環境・ライフライン事業（管工機材）、高機能プラスチックス事業（化学品、テクノマテリアル、ライフグッズ、メディカル）他
11)	主 な 取 引 先	東京セキスイ商事、近畿セキスイ商事、セキスイエスダイン、中・四国セキスイ商事、セキスイホームテクノ東京他
12)	技術移転窓口	

2.13.2 有機導電性ポリマー技術に関する製品・技術

商品化されていない。

2.13.3 技術開発課題対応保有特許の概要

表 2.13.3-1 積水化学工業の技術開発課題対応保有特許

技術要素	出願件数（係属）
材料合成	2
中間処理	
マイクロ波融着用組成物等	13
塗料および塗料組成物	6
その他の組成物	4
その他	3
用　　途	
カラーフィルター	4
太陽電池	3
帯電防止性プレート	4

　出願の 39 件は、材料合成の 2 件（約 5％）、中間処理の 26 件（同 67％）、用途の 11 件（同 28％）の構成である。対象の導電性ポリマーは、1～2 件を除いてポリアニリン

系である。

　注力している分野として、マイクロ波融着用樹脂組成物が13件（全件数の約33％）ともっとも多く、次いで塗料関連の6件（同15％）等である。

　課題は約25項目の対象で研究されているが、高熱量融着強度、熱交換率、透明性はそれぞれ多くの特許が検討されている。なかでも透明性を除く三者はいづれもマイクロ波融着用樹脂組成物の検討に必要なもので、同社のユニークな研究として注目される。

①マイクロ波融着用樹脂組成物とは例えば未変性ポリオレフィンとアイオノマー樹脂の組成物に導電性アニリン系重合体微粒子を混合することにより、マイクロ波で融着する樹脂組成物を得るもの（特開平8-259746）である。

②帯電防止透明塗料組成物（特開平9-316364）は、アニリン系重合体を含む帯電防止透明塗料に塗料、顔料を含有させて、塗膜の導電性、透明性、色調等に優れた標記組成物を得るものである。

③太陽電池関連は3件（特公平8-10767、特許2947588、特許2872803）あって、例えば透明電極と対向電極間の透明電極側から順次導電性高分子層（ポリチオフェン、ポリピロール等）、フタロシアニン系色素層およびペリレン系色素層を設けて、性能の安定した有機太陽電池を得るものを出願している。

　積水化学工業の保有特許の特徴は、マイクロ波融着技術に集中している点である。樹脂の劣化がなく融着させるとか融着強度を向上するための多くの技術課題に取り組み、解決手段として、アニリン系ポリマーと熱可塑性樹脂とを混合した樹脂組成物の改良に注力していることがわかる。

表 2.13.3-2 積水化学工業の技術開発課題対応保有特許 (1/2)

技術要素		課題	特許番号	筆頭IPC	概要（解決手段）
材料合成	ポリチオフェン系	導電性、耐熱性の導電性高分子	特許 2697910	C08G61/12	複素環化合物を酸化剤存在下、不活性有機溶媒中で反応さす
	含ケイ素系	光反応性、耐熱性	特開平 7-224156	C08G61/12	ケイ素とアセチレン系との化合物を遷移金属触媒存在下、重縮合
中間処理	組成物	熱交換率が高い、高熱量	特開平 8-73753	C08L101/00	アニリン系重合体と熱可塑性樹脂、有機物混合のマイクロ波融着用樹脂組成物
	マイクロ波融着用樹脂組成物（ポリアニリン系）	樹脂劣化なく融着	特開平 8-259746	C08L23/02	未変性ポリオレフィンとアイオノマー樹脂にアニリン系重合体微粒子を混合
			特開平 9-67461	C08K3/00	
		高熱量、融着強度 熱交換率が高い	特開平 9-124953	C08L101/00	熱可塑性樹脂、無機充填剤及びアニリン系重合体微粒子
			特開平 9-187876	B32B1/08	
			特開平 9-208755	C08L23/02	
			特開平 9-241599	C09J11/08	
			特開平 9-241507	C08L79/00	
			特開平 9-241508	C08L79/00	
	マイクロ波照射による接合への応用	嵌合部の加熱の不均一性改良	特開平 9-241588	C09J7/00	特定ポリエチレン系樹脂とアニリン系重合体微粒子の混合組成物
			特開平 8-178167	F16L47/02	管継手嵌合部にアニリン系高分子を内蔵
		高熱量、融着強度が高い	特開平 8-239631	C09J7/00	マイクロ波融着シート
		簡単な操作	特開平 8-336898	B29C65/14	管体の接合法
	塗料組成物	耐アルカリ性、硬度	特開平 6-240180	C09D5/24	（メタ）アクリレート化合物、アニリン系高分子、光重合開始剤を含む導電性塗料組成物
			特開平 6-316687	C09D179/00	
			特許 2818110	C09D4/06	
			特開平 9-316366	C09D5/00	
		透明性、色調	特開平 9-316364	C09D5/00	アニリン系重合体を含む帯電防止透明塗料組成物
		透明性	特開平 8-295830	C09D5/24	脂環式エポキシ化合物やアニリン系高分子等を含む導電性塗料組成物を得る
	その他の組成物	耐擦傷性、透明性	特開平 7-278398	C08L33/06	熱（または放射線）硬化性樹脂、アニリン系重合体及び（メタ）アクリル酸アルキルエステル系重合体よりなる導電性樹脂組成物
			特開平 7-278399	C08L33/06	
		優れた電磁波遮蔽	特開平 8-143794	C09D5/24	変性ポリサルファイドポリマーと硬化触媒およびアニリン系重合体を含有する導電性シーリング材組成物
		剥離帯電防止性、離型性の向上	特開平 9-194806	C09J7/02	高分子離型剤とアニリン系重合体を含有した離型剤組成物
		メラニン色素分解の効果向上	特開平 9-221408	A61K7/00	メラニン色素に作用して低分子化または分解する性質を有する物質として光半導性物質（ポリアセチレンなど）に導電粉体を混合する
	複合体	透明性、硬度の改良	特開平 6-256690	C09D4/02	基材表面に形成した光硬化性樹脂層の表面を重合させた後、導電性高分子層を形成する
	被膜	撥水性能、塵埃の付着防止	特開平 8-134437	C09K3/18,104	表面が疎水性の微粒子とアニリン系高分子含有の帯電防止性樹脂組成物からなる撥水性被膜

表 2.13.3-2 積水化学工業の技術開発課題対応保有特許（2/2）

技術要素		課題	特許番号	筆頭 IPC	概要（解決手段）
用途	赤外線収フィルター	均一な赤外線吸収特性	特許 2543609	G02B5/22	アセチレン系ポリマーを主体とした有機層を設ける
			特許 3040145	G02B5/22	
			特許 2999007	G02B5/22	
	カラーフィルター	緑色画素が露光による影響を受けにくい	特開平 9-43836	G03F7/004,501	水溶性樹脂や、顔料、水溶性ジアゾ樹脂及びアニリン系ポリマーからなるカラーレジストを光硬化させてカラーフィルターを得る
	太陽電池	高エネルギー変換効率	特公平 8-10767	H01L31/04	導電性ポリマー層、有機色素層、無機半導体層を一対の電極間に設ける
			特許 2947588	H01L31/04	
			特許 2872803	H01L31/04	
	プレート	耐擦傷性、透明性、接着性	特開平 8-142275	B32B27/16	プレート上に帯電防止層を形成する
			特開平 8-243485	B05D5/12	帯電防止プレートの製造法において帯電防止層にアニリン系重合体を含有する
			特開 2000-25110	B29C59/02	
		耐擦傷性、艶消し性	特開 2000-143851	C08J7/04	（メタ）アクリレート化合物を主成分とする塗料バインダーと導電性ポリマー等を含有する帯電防止塗料をプレート上に塗布、光重合硬化して帯電防止性プレートを作る

2.13.4 技術開発拠点

有機導電性ポリマーの開発を行っていると思われる事業所・研究所などを発明者住所をもとに紹介する。ただし、組織変更などにより、事業所名称などが現時点の名称とは異なる場合も有り得ます。

大阪府

2.13.5 研究開発者

図 2.13.5-1 に特許情報から得られる発明者数と出願件数の推移を示す。

研究者の投入は、コーティング、帯電防止開発にウエイトを置いた 93 年から 96 年に集中。97 年以降は有機導電性ポリマー以外の分野にシフトした様子が伺われる。

図 2.13.5-1 積水化学工業の研究開発者と出願件数の推移

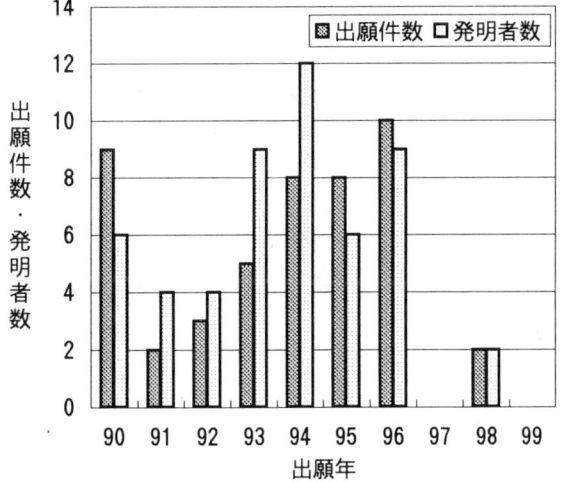

2.14 東洋紡績

2.14.1 企業の概要

表 2.14.1-1 東洋紡績の企業概要

1)	商　　　　　号	東洋紡績株式会社
2)	設 立 年 月 日	大正5年6月
3)	資　　本　　金	433億4,100万円(2001年3月現在)
4)	従　　業　　員	4,078名(2001年3月現在)
5)	事 業 内 容	繊維事業、化成品事業、その他事業
6)	技術・資本提携関係	モレキュラー・バイオシステムズ・インコーポレイテッド（米国）、メトプロ・コーポレーション（米国）、シイー・ジェー・ビー・デベロップメンツ・リミテッド（イギリス）、デュール・アンラーゲンバウゲー・エム・ベーハー（ドイツ）、斗山機械株式会社（韓国）、瀞壁企業（台湾）、デュール・インダストリーズ・インコーポレイテッド（アメリカ）
7)	事　　業　　所	本社／大阪、工場／敦賀、岩国、庄川（富山県）、犬山
8)	関 連 会 社	国内／東洋紡総合研究所、日本エクスラン工業、新興産業、日本マグファン呉羽テック、東洋化成工業、クレハエラストマー
9)	業 績 推 移	（単位：百万円） 　　　　　　　平成12年3月　　　平成13年3月 売上高　　　262,389　　　　255,364 経常利益　　　6,244　　　　　6,723 税引き利益　　1,222　　　　　3,527
10)	主 要 製 品	化合繊、紡績糸、加工糸、織物、加工織物、ニット、二次製品、プラスチック、生化学品他
11)	主 な 取 引 先	新興産業、伊藤忠商事、ニッショー、トーメン、大倉三幸他
12)	技 術 移 転 窓 口	知的財産部／大阪府大阪市堂島浜2-2-8／06-6348-3385

　制電コーティング、防食塗料は大津の総合研究所で開発している。
　技術移転を希望する企業には、積極的に交渉していく対応を取る。その際、仲介は介しても介さなくてもどちらでも可能である。

2.14.2 有機導電性ポリマー技術に関する製品・技術

　制電コーティングは、水溶化した導電性ポリマーと分散性ポリエステルとの混合物を、PETフィルム上に薄膜積層する技術により開発したもので、界面活性剤などを用いる一般的な帯電防止フィルムと比較し、2倍以上の低表面抵抗値を持ち、湿度からくる影響も受けず湿度60%の環境下でも表面抵抗値は10の9乗台を持続する。また、カーボンや金属などの導電性物質を用いたフィルムより低コストでの供給も可能なものである。
　開発には、中間処理-フィルムにおける帯電防止性、積層体における低湿度下での制電性付与等の特許の課題が役立っているものと思われる。
　防食塗料は、有害な重金属フリーで密着性、加工性が良いことが特徴で、その開発には、防食プライマー用組成関係における防食性能向上、重金属不使用等の特許の課題が役立っていると思われる。

表 2.14.2-1 東洋紡績の有機導電性ポリマー技術に関する製品・技術

製品	製品名	発売時期	出典
制電コーティング	（開発）	平成 9 年 9 月	化学工業日報 '97.9.5
防食塗料	（開発）	平成 11 年 10 月	化学工業時報 '99.10.25

2.14.3 技術開発課題対応保有特許の概要

表 2.14.3-1 東洋紡績の技術開発課題対応保有特許

技術要素	出願件数（係属）
材料合成	2
中間処理	
フィルム・シート関連	14
積層体・複合体	5
組成物	12
その他	4
用　　途	
光関連	7
その他	4

　出願の 48 件は、材料合成の 2 件（約 4％）、中間処理の 35 件（同 73％）、用途の 11 件（同 23％）の構成である。対象の導電性ポリマーは、ポリアニリン系（とくにスルホン化ポリアニリン系）が全体の約 72％（42 件、重複含む）ともっとも多く次いでポリピロール系の 6 件（約 10％）、ポリチオフェン等となっている。

　課題は、帯電防止性や制電性、鮮明な画像特性およびドープ状態で水溶性ポリアニリン系組成物などを主な研究対象にしている。一方、解決手段ではスルホン化ポリアニリンやドーパント含有のポリアニリンなどの出願が多い。

①分類ではフィルム・シート関連の 14 件（全体の約 29％）や組成物の 12 件（同 25％）が多い。例えばポリエステルフィルムの静電気障害を克服するため、フィルム表面にポリアニリン系導電層を積層して帯電防止性を与えることができる（特開平 9-277455）。

②またポリアニリンに特定のドーパントを含有させてドープ状態で溶剤可溶性とし、帯電防止膜を形成できる導電性組成物を得る特許がある（特開平 8-100060）。

③光関連では帯電防止能をもった感熱記録体を検討している（特開平 11-1063）。

④共願は三菱レイヨンとの 1 件『積層ポリエステルフィルム』（特開平 7-101016）で、ポリエステルフィルムの片面にスルホン化ポリアニリン含有層を積層し、低湿条件下での静電気障害のないフィルムを得る。

　東洋紡績の保有特許の特徴は、導電性を有する（積層）フィルム技術に集中している点である。

　このフイルムの帯電防止性や防食性能、ガスバリアー性を向上するための多くの技術課題に取り組み、フィルム素材の解決手段として、基材面に導電性高分子組成物を被覆した導電性積層体やスルホン化ポリアニリンと共重合ポリエステルの組成物の改良に注力していることがわかる。

表 2.14.3-2 東洋紡績の技術開発課題対応保有特許 (1/2)

技術要素		課題	特許番号	筆頭 IPC	概要（解決手段）
材料合成	ポリアセチレン系,ポリピロール系	安定な n 型ドーピング型導電性ポリマー	特開平 6-136134	C08G85/00	N 原子に結合する H 原子を塩基でとってアニオン構造を含む共役結合鎖を含有する導電性重合体を得る
			特開平 6-136133	C08G83/00	
中間処理	フィルム	帯電防止性（静電気障害防止）	特開平 9-277455	B32B27/00	熱可塑性フィルム表面に、スルホン化ポリアニリンとスルホン酸基の共重合ポリエステルなどを含んだ導電層を積層したフィルム
	導電性積層フィルム		特開平 10-95081	B32B27/34	
			特開平 10-217379	B32B7/02,104	
			特開平 10-278188	B32B27/18	
		（ガスバリアー性）	特開平 11-28780	B32B7/02,104	
			特開平 11-115131	B32B27/36	
			特開平 11-129373	B32B7/02,104	導電性熱収縮性積層フィルム
		低湿条件下静電気障害ない	特開平 7-101016	B32B27/36	ポリエステルフィルムの片面にスルホン酸基含有ポリアニリンを積層する
	その他のフィルム	帯電防止	特開平 10-334729	H01B1/12	導電性フィルム（スルホン化ポリアニリン含む）
			特開平 11-300895	B32B27/00	離型フィルム（ポリアニリン含む）
			特開 2001-1691	B44C1/17	転写用ポリエステルフィルム（導電性ポリマー含む）
	シート	制電性（低湿度下）	特開 2000-43176	B32B7/02,104	制電性包装材料（有機高分子制電層を表面に積層した熱可塑性樹脂フィルム）
			特開 2000-62120	B32B27/36	
			特開 2000-43430	B41M5/38	熱転写受像シート（ポリエステルフィルムと昇華性染料を受容する層ならびにポリアニリン帯電防止層を設ける）
	積層体		特開平 10-278160	B32B7/02,104	基材面に導電性高分子組成物を被覆した導電性積層体
			特開平 11-300903	B32B27/30	
			特開 2000-108283	B32B27/36	アニリン系高分子と共重合ポリエステルとの混合物を主成分とする制電層を設けた制電性積層体
			特開 2000-79662	B32B27/18	
	複合微粒子	加工性、機能性	特開平 11-241021	C08L79/00	金属、炭素などの無機微粒子とπ-共役二重結合を持つ有機高分子（ポリアニリン系など）との導電性高分子複合微粒子を得る。
	組成物（有機重合体）	ドープ状態で水溶性ポリアニリン系組成物	特開平 8-41321	C08L79/00	ポリアニリンと特定ドーパントを含有した有機重合体組成物
			特開平 8-41322	C08L79/00	
		防食染料	特開平 8-92479	C08L79/00	
		耐水性、透明性	特開平 8-100060	C08G73/00	
	ポリアニリン組成物	ドープ状態で水溶性のポリアニリン組成物	特開平 7-330901	C08G73/00	
			特開平 8-120167	C08L67/02	
			特開 2000-256617	C09D179/02	

表 2.14.3-2 東洋紡績の技術開発課題対応保有特許 (2/2)

技術要素		課題	特許番号	筆頭IPC	概要（解決手段）
中間処理	導電性組成物	帯電防止性	特開平 8-325452	C08L79/00	スルホン化ポリアニリン、アミン類、スルホン酸基含有水分散性共重合ポリエステルなどの組成物
			特開平 9-279025	C08L79/00	
			特開平 11-116802	C08L79/00	
	防食プライマー用組成物	重金属不使用、防食性能	特開 2000-119599	C09D201/00	非導電性熱可塑性ポリマーと導電性ポリマー（ポリアニリン系など）、無機酸化物などのプライマー
			特開 2001-64587	C09D201/00	
	ペースト	耐久性、信頼性の向上	特開平 10-261318	H01B1/20	導電性ペーストの結合剤中にスルホン酸基含有のスルホン化ポリアニリンを含む
用途	ペイント	可撓性基材への積層	特開 2001-6433	H01B1/20	導電剤とバインダー樹脂、溶剤を必須成分として含有する導電性ペイント
	固体電解質	可溶性（ドープ状態で）	特開平 10-284350	H01G9/028	ポリアニリンおよびプロトン酸ドーパントを含む導電性有機重合組成物
	その他	精製操作容易	特開平 10-259249	C08G73/00	重合液中のポリアニリンを透析および限外濾過で精製する
	電子写真	湿度依存性がなく、鮮明な画像	特開平 9-22138	G03G7/00	電子写真式直描型記録媒体（支持体の片面に、導電層を介して、画像受理層を設ける）
	記録媒体		特開平 9-80824	G03G13/28	導電層はスルホン化ポリアニリン含有組成物からなる
			特開平 10-203038	B41N1/14	
			特開平 11-1063	B41M5/26	
		安定で画像特性に優れる	特開平 9-6059	G03G13/28	電子写真式平版印刷版（支持体の片面に導電性中間層と光導電層の積層を、また他面に導電性バックコート層とにより構成）両面にスルホン化ポリアニリン含有の組成物を使用
			特開平 9-6034	G03G5/14,102	
			特開平 10-76765	B41N1/14	
	その他	透視性、安全性	特開平 10-171956	G06K19/07	ICカード本体表面に導電性ポリアニリン被覆層を設ける
		透明性、機械的強度に優れる	特開平 10-260503	G03C1/89	写真用支持体（熱可塑性フィルムの片面にスルホン化ポリアニリンからなる導電層を設ける）
		密着性、防食性	特開平 11-21505	C09D179/00	ポリアニリンを主成分とする防食塗料
		帯電防止能、柔軟性	特開平 11-117178	D06M15/21	繊維表面にポリアニリン系導電性組成物よりなる導電層を積層する

2.14.4 技術開発拠点

　有機導電性ポリマーの開発を行っていると思われる事業所・研究所などを発明者住所をもとに紹介する。ただし、組織変更などにより、事業所名称などが現時点の名称とは異なる場合も有り得ます。

滋賀県：大津市（総合研究所）

2.14.5 研究開発者
図 2.14.5-1 に特許情報から得られる発明者数と出願件数の推移を示す。
最も注力したのは中間処理で、94年以降増加、97年のピークの後漸減している。

図 2.14.5-1 東洋紡績の研究開発者と出願件数の推移

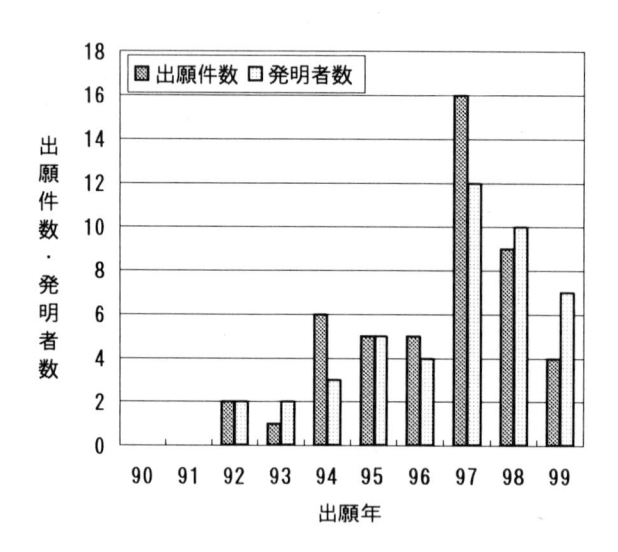

2.15 マルコン電子

2.15.1 企業の概要

表 2.15.1-1 マルコン電子の企業概要

1)	商　　　　　号	マルコン電子株式会社
2)	設 立 年 月 日	昭和 25 年 2 月
3)	資　　本　　金	12 億円（平成 7 年 12 月現在）
4)	従　業　員	823 名（平成 7 年 12 月現在）
5)	事　業　内　容	コンデンサ
6)	技術・資本提携関係	日本ケミコン
7)	事　業　所	本社／長井（山形県）、工場／長井、海外／台北
8)	関　連　会　社	国内／山形マルコン、マルコンデンソー、日重マルコン、朝日金属工業
9)	主　要　製　品	アルミ電解コンデンサ、フィルムコンデンサ、タンタル電解コンデンサ、積層セラミックコンデンサ、セラミックバリスタ TNR(R)、有機半導体固体電解コンデンサ(OS-CON)、アルミ電解箔他
10)	主 な 取 引 先	
11)	技 術 移 転 窓 口	

2.15.2 有機導電性ポリマー技術に関する製品・技術
商品化されていない。

2.15.3 技術開発課題対応保有特許の概要
　日本ケミコンの系列企業であり、生産部門を受け持っている。
　コンデンサに関する特許は 20 件であるが、共同出願に基づく 7 件は日本カーリット特許扱いとし、マルコン電子対象外とした。
　コンデンサは劣化防止と小型化のため、射出成形などで樹脂外装による実装がなされる。その場合、ハンドリング工程、成形加工中での温度、圧力からコンデンサ素子を保護する必要がある。その手段として、化学重合膜の上に電解重合膜を積層し、機械的強度と短絡不良防止など電気的性質を向上させようとする試みがなされている。

　①複合導電性高分子層を形成して、機械的強度を向上したコンデンサに関する関連特許 6 件を有している。この技術は、コンデンサ素子を繊維などの懸濁溶液に浸漬し、乾燥する工程を繰り返すことにより形成しようとするもので、他社に見られないユニークな内容を含んでいる。
　②その他としては、被膜修復に関するもので、特定の電流密度、電圧を印加して被膜欠陥部を再化成して、コンデンサのショート不良を防止しようとする技術を開発している。（特許 2811648）

　マルコン電子の保有特許の特徴は、コンデンサ技術に集中している点である。コンデンサに関する技術課題と解決手段の対応を示す表 2.15.3-2 を見ると、コンデンサの特性

安定性（バラツキ、劣化など）を向上すための技術課題に重点的に取り組み、解決手段として、コンデンサの構造・構成などに関する技術開発に注力していることがわかる。

表 2.15.3-1 マルコン電子のコンデンサに関する術課題と解決手段の対応表

解決手段 課題	中 間 処 理					その他
	表面処理	ドーピング	エージング	浸漬含浸	塗布	その他	構造・構成
信頼性 特性安定性（バラツキ、劣化など）							マルコン電子 6件

表 2.15.3-2 マルコン電子の技術開発課題対応保有特許

技術要素			課題	特許番号	筆頭 IPC	概要（解決手段）
用途	コンデンサ	電解コンデンサ	（静電容量）	特許 3083587	H01G9/028	陽極体を特定の複素五員環化合物溶液に浸漬したのち、化学酸化重合を行う
			（小型・大容量）	特開平 5-343267	H01G9/04,301	誘電体層が非晶質 Al$_2$O$_3$ で構成され、固体電解質が導電性ポリマー又は、TCMQ（テトラ・シアノ・キノジメタン）錯体からなる
			（機械強度）	特開 2000-331885	H01G9/028	化学酸化重合により導電性高分子形成のコンデンサ素子を、繊維或いは粒子を懸濁した溶液に浸漬—乾燥工程を繰り返し、複合導電性高分子層を形成
				特開 2000-340461	H01G9/028	
				特開 2000-353640	H01G9/028	
				特開 2001-126963	H01G9/028	
				特開 2001-135549	H01G9/028	
				特開 2001-185456	H01G9/028	
			（耐熱・耐湿性）	特許 2950670	H01G9/04	陰極導電層をフレーク状銀粉末などの混合粉末と有機高分子との結合体から構成する
			（高信頼性）	特許 2874018	H01G9/012	陰極側素子接続部の両側を容量素子の外周を囲むように折り曲げる
				特開平 8-203792	H01G9/12	
			（不良防止）	特許 2811648	H01G9/028	酸化皮膜上に化学重合膜を形成した後、化成液中で特定の電流密度、印加電圧を印加することにより作る
				特許 3184337	H01G9/028	

2.15.4 技術開発拠点

有機導電性ポリマーの開発を行っていると思われる事業所・研究所などを発明者住所をもとに紹介する。ただし、組織変更などにより、事業所名称などが現時点の名称とは異なる場合も有り得ます。

山形県：長井市（長井地区）

2.15.5 研究開発者

図 2.15.5-1 に特許情報から得られる発明者数と出願件数の推移を示す。

90 年のピークの後漸減、95 年日本ケミコンに買収された 3 年間の休止の後、99 年になってコンデンサへの研究者の再投入が行われている。

図 2.15.5-1 マルコン電子の研究開発者と出願件数の推移

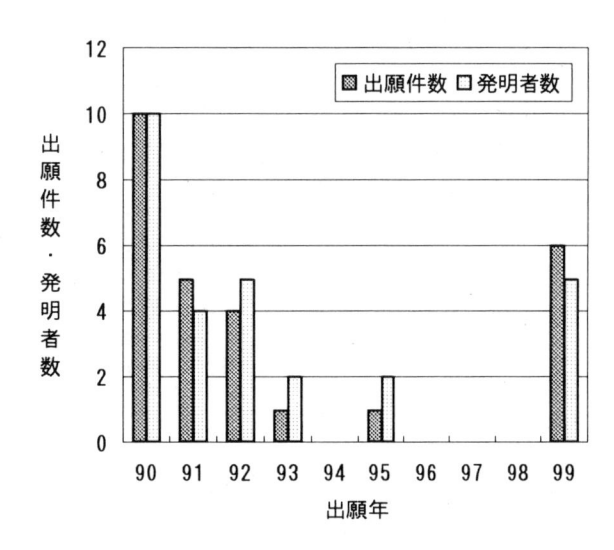

2.16 三菱レイヨン

2.16.1 企業の概要

表 2.16.1-1 三菱レイヨンの企業概要

1)	商号	三菱レイヨン株式会社
2)	設立年月日	昭和 25 年 6 月
3)	資本金	532 億 2,900 万円(2001 年 3 月現在)
4)	従業員	4,073 名(2001 年 3 月現在)
5)	事業内容	化成品・樹脂事業、繊維事業、機能製品事業、その他の事業
6)	技術・資本提携関係	技術提携／METABLEN COMPANY B.V.(オランダ)、Dianal America,Inc.、MRC Resins(Thailand)Co.,LId.、蘇州三友利化工有限公司、Thai MMA Co.,Ltd.
7)	事業所	事業所／大竹（中央技術研究所を含む）、豊橋（ポリエステル開発研究所を含む、富山、横浜（化成品開発研究所を含む）
8)	関連会社	国内／ダイヤフロック、コステムヨシダ、ダイヤテック、東栄化成、デュポンエムアールシードライフイルム、エムアールシー・デュポン 海外／Dianal America,Inc. 、Diapolyacrylale Co.,Ltd.、METABLEN COMPANY B.V. 、Thai MMA Co.,Lld. 、Melco North America,Inc.
9)	業績推移	（単位：百万円） 　　　　　　　　平成 12 年 3 月　　　平成 13 年 3 月 売上高　　　　　239,810　　　　　242,026 経常利益　　　　 13,938　　　　　 14,239 税引き利益　　　　5,010　　　　　△4,428
10)	主要製品	化成品、成形材料、シート・フィルム・加工品、コーティング材料、アクリル繊維、アセテート繊維、ポリエステル繊維ポリプロピレン繊維、繊維製品など、炭素繊維、複合材料加工品、プラスチック光ファイバー、映像表示材料、清水器、中空糸膜フィルター、プリント配線板、エンジニアリング、サービス・情報処理など
11)	主な取引先	三菱商事、島田商会、伊藤忠商事、旭化成、菱晃他
12)	技術移転窓口	

ポリアニリンスルホン酸を旧日東化学研究所が開発し、それを三菱レーヨン商品開発所がひきついでいる。

2.16.2 有機導電性ポリマー技術に関する製品・技術

三菱レイヨンの商品は特許および一般情報から以下に述べることが商品化に結びついている。

耐熱性、耐候性、溶解性、成膜性の優れたポリアニリンスルホン酸の研究成果がいかされている。

表 2.16.2-1 三菱レイヨンの有機導電性ポリマー技術に関する製品・技術

製品	製品名	発売時期	出典
ポリアニリンスルホン酸	——	——	化学工業日報 '97.11.07

2.16.3 技術開発課題対応保有特許の概要

表2.16.3-1 三菱レイヨンの技術開発課題対応保有特許

技術要素	出願件数（係属）
材料合成	13
中間処理	
組成物	11
フィルム・薄膜・シート	5
用　途	
コンデンサ	1

　出願の30件は、材料合成の13件（約43％）、中間処理の16件（同54％）、用途の1件（同 3％）の構成である。対象とした導電性高分子はポリアニリン系の例示がほとんどであった。

　材料合成では成膜を考慮して、水または有機溶媒への溶解性のあるポリマーが多かった。また共重合体の検討も行われていた。「アニリン系共重合体スルホン化物」（特許3051244）や（特許2903038）。

　また中間処理では組成物関連が11件（中間処理中の70％弱）と多く、可溶性や耐水性等に優れた可溶性ポリアニリン系ポリマー等が目立った。

　課題は、可溶性や塗布性、導電性の向上などを主な研究対象にしている。また解決手段では酸性基置換のポリアニリン系ポリマー対象が80％以上を占め、主にスルホン酸化合物類が主体である。

①可溶性を目的としたポリマーとして、アニリンとアルコキシ基置換アミノベンゼンスルホン酸とを共重合させ、スルホン化工程を省略し、高導電性、溶剤可溶なアニリン系導電性ポリマーを得ている（特許2903038）。
②共願は5件あって、日本電気との「電子共役系分子ポリアミン置換キノン化合物の化学重合による導電性高分子の製法」（特開 2001-172384）は高分子量で、かつ高導電率を有する標記キノン重合体の工業的製造法がある。
　また富士通との3件は「パターン形成法」（特開平 7-179754：スルホン化ポリアニリン含有の帯電防止組成物。）と特許3112745、特開平8-109351である。
　もう1件は東洋紡績との「積層ポリエステルフィルム」（特開平 7-101016）で、同フィルムの片面にスルホン酸基含有のポリアニリン層を積層するものである。

　三菱レイヨンの保有特許の特徴は、可溶性アニリン系高分子ならびに同高分子組成物技術に集中している点である。表1.4.1-1を見ると、このアニリン系ポリマーやピロール系ポリマー、チオフェン系ポリマーの可溶性、導電性等の品質特性を向上するための多くの技術課題に取り組み、解決手段として酸性基置換アニリンを酸化重合させて、可溶性アニリン系ポリマーを得ることに注力していることがわかる。

表2.16.3-2 三菱レイヨンの材料合成に関する技術開発の課題と解決手段の対応表

課題		酸化重合	電解重合	他重合法（蒸着重合、化学重合、エネルギー照射重合等）
アニリン系	高導電性	三菱レイヨン 5件		
	帯電防止性	三菱レイヨン 1件		
	溶解性	三菱レイヨン 6件		
	塗工性	三菱レイヨン 4件		
	成膜性	三菱レイヨン 1件		
	膜質の機械強度	三菱レイヨン 1件		
ピロール系	高導電性		三菱レイヨン 2件	三菱レイヨン 1件
	溶解性	三菱レイヨン 1件	三菱レイヨン 1件	
	耐薬品性	三菱レイヨン 1件		
チオフェン系	高導電性	三菱レイヨン 1件		
	溶解性	三菱レイヨン 2件		
各種共重合体	高導電性、塗工性、水・アルコール可溶性	三菱レイヨン 1件（アニリン-アミノベンゼンスルホン酸共重合体スルホン化物）		
	高導電性、溶剤可溶性	三菱レイヨン 1件（アニリン-アルコキシ基置換アミノベンゼンスルホン酸類共重合体）		
その他	高導電性、水又は有機溶媒に可溶性	三菱レイヨン 1件（アミノナフタレン系重合体）		
	高分子量、高導電率、工業的製造法	三菱レイヨン 1件（日本電気と共願）（ポリアミン置換キノン重合体）		

表 2.16.3-3 三菱レイヨンの技術開発課題対応保有特許(1/2)

技術要素		課題	特許番号	筆頭 IPC	概要（解決手段）
材料合成	ポリアニリン系	導電性、可溶性、塗布性向上（下記は導電性を略す）	特許 3051244	C08G73/00	アミノベンゼンスルホン酸系ポリアニリン共重合体。アニリンとアミノベンゼンスルホン酸とを共重合させ、スルホン化溶媒に対する溶解性を向上させた後、スルホン化を行うことにより、新規なアニリン系共重合体スルホン化物を得る
			特許 2903038	C08G73/00	アルコキシ基置換アミノベンゼンスルホン酸系ポリアニリン共重合体
			特許 3154460	C08G73/00	
			特許 2959968	C08G73/00	酸性基置換アニリン系導電性ポリマー
			特開平 9-71643	C08G73/00	酸性基置換アニリンを塩基性化合物を含む溶液中で酸化重合させて、可溶性アニリン系導電性ポリマーを得る
			特開平 10-110030	C08G73/00	
		耐候性、耐熱性	特許 3056650	C08G73/00	酸性基置換アニリン系ポリマー
			特許 3056655	C08G73/00	
		溶解性、成膜性	特開 2000-219739	C08G73/00	酸性基置換アニリン系ポリマー
	ポリアニリン系、ポリピロール系、ポリチオフェン系等の対象ポリマー	溶解性	特開平 10-158395	C08G73/00	酸性基を有する可溶性導電ポリマーの製法（ポリアニリン系、ポリピロール系、ポリチオフェン系など）
			特開 2001-206938	C08G61/12	
		溶解性、塗工性	特開平 9-59376	C08G73/00	可溶性アミノナフタレン系導電性ポリマーの製法
		高分子量、高導電率	特開 2001-172384	C08G73/02	電子共役系分子ポリアミン置換キノン化合物の化学重合による高分子の製法
中間処理	組成物	成膜性、成形性	特許 3037547	C08L79/00	スルホン基を全芳香環に対して特定の割合で含有するアニリン系導電性ポリマーの組成物、導電体を得る。
			特開平 8-143662	C08G73/00	可溶性アニリン系導電性ポリマーの組成物、導電体
		導電性塗料	特許 3051308	C08L79/00	水溶性アニリン系導電性ポリマーを含有する組成物、導電体
		耐水性	WO97/07167	C08L101/00	スルホン酸基含有可溶性導電性ポリマーと熱架橋性樹脂等を含有する組成物、導電体
		温度依存性がなく耐水性	特開 2001-98069	C08G73/00	スルホン酸基含有の水溶性アニリン系導電性ポリマーと溶媒との組成物、導電体
		チャージアップによる位置ずれと寸法誤差等の防止	特許 3112745	G03F7/11,501	スルホン化ポリアニリン系を含むパターン形成用導電性組成物
		荷電放射線露光時の帯電防止	特開平 7-179754	C08L79/00	スルホン化ポリアニリン類、溶剤、アミン類組成物
		チャージアップ防止効果、露光からの引き置き時間の感度の安定化	特開平 8-109351	C09D179/08	可溶性ポリアニリン系組成物
		可溶性、長期保存性、塗布性	特開平 10-147748	C09D179/00	酸性基置換の可溶性アニリン系静電塗装用導電性プライマー組成物

表 2.16.3-3 三菱レイヨンの技術開発課題対応保有特許(2/2)

技術要素		課題	特許番号	筆頭 IPC	概要（解決手段）
中間処理（つづき）	組成物(つづき)	可溶性、塗布性、防食性	特開平 10-176123	C09D5/08	酸性基を持つ自己ドープ型可溶性導電ポリマー組成物
		透明性、平滑性塗膜	特開平 11-185523	H01B1/12	酸性基を持つ自己ドープ型可溶性導電ポリマー組成物
	薄膜	荷電粒子線利用のパターン形成時のチャージアップ防止	特許 3073051	G03F7/11,501	パターン形成用レジスト上にスルホン基含有ポリアニリン系薄膜を形成
	フィルム	低温条件下静電気障害をなくす	特開平 7-101016	B32B27/36	ポリエステルフィルム上にスルホン酸基含有ポリアニリン層を積層
			特開平 10-39504	G03F7/004,512	
用途	シート	帯電防止	特開平 8-286004	G02B5/02	レンズシート上に導電性高分子化合物等の帯電防止剤混合物層を形成
	テープ	電子部品の絶縁破壊防止	特開平 10-168312	C08L79/00	基材上に酸性基置換の可溶性アニリン系導電性ポリマーとバインダーポリマーとの組成物を被覆形成
	コンデンサ	高周波特性、耐熱性向上	特開平 9-22833	H01G9/028	誘電体酸化膜上に可溶性アニリン系誘電性ポリマー等を形成

2.16.4 技術開発拠点

　有機導電性ポリマーの開発を行っていると思われる事業所・研究所などを発明者住所をもとに紹介する。ただし、組織変更などにより、事業所名称などが現時点の名称とは異なる場合も有り得ます。

　神奈川県：川崎市鶴見区
　愛知県：名古屋市東区（商品開発研究所）

2.16.5 研究開発者

図 2.16.5-1 に特許情報から得られる発明者数と出願件数の推移を示す。
研究者の投入数に大きな変化がないが、93年のピークはその他用途による。

図 2.16.5-1 三菱レイヨンの研究開発者と出願件数の推移

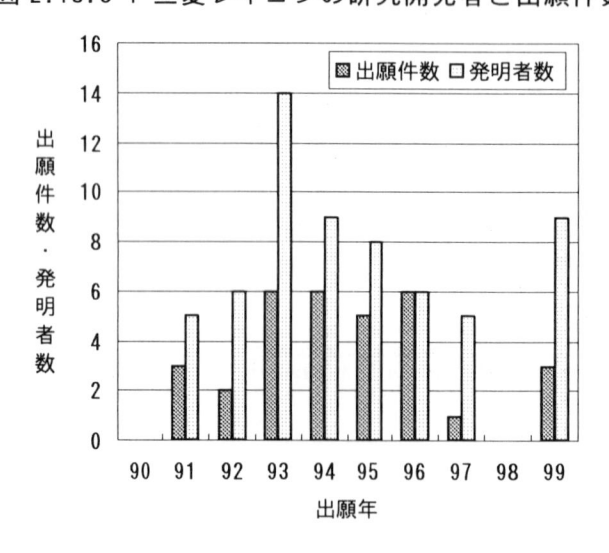

2.17 セイコーエプソン

2.17.1 企業の概要

表 2.17.1-1 セイコーエプソンの企業概要

1)	商　　　　　　号	セイコーエプソン株式会社
2)	設 立 年 月 日	昭和 60 年 1 月
3)	資　　本　　金	125 億 3,100 万円
4)	従　　業　　員	13,358 名(2001 年 3 月現在)
5)	事 業 内 容	情報関連機器、電子デバイス、精密機器他
6)	技術・資本提携関係	――
7)	事　　業　　所	本社／長野県諏訪市、工場／梓橋（長野県）、岡谷（長野県）
8)	関 連 会 社	EPSON グループ会社数 122 社(国内 42 社、海外 80 社)
9)	業 績 推 移	（単位：億円） 　　　　　　　　平成 12 年 3 月　　　　　平成 13 年 3 月 売上高　　　　　9,035　　　　　　　　10,680 経常利益　　　　　527　　　　　　　　　675 税引き利益　　　　－　　　　　　　　　　－
10)	主　要　製　品	情報関連機器（パソコンおよびプリンタ、スキャナ等コンピュータ周辺機器、液晶プロジェクター等映像機器）、電子デバイス（半導体、液晶表示体、水晶デバイス）、精密機器（ウオッチ、眼鏡レンズ、FA）
11)	主 な 取 引 先	セイコーエプソン販売
12)	技 術 移 転 窓 口	

　高分子有機 EL ディスプレーは、英ケンブリッジ・ディスプレー・テクノロジー(CDT)と共同で試作、TFT 液晶表示装置は基盤技術研究所で開発。
　技術移転を希望する企業には、対応を取る。その際、自社内に技術移転に関する機能があるので、仲介等は不要であり、直接交渉しても構わない。

2.17.2 有機導電性ポリマー技術に関する製品・技術

　高分子有機 EL ディスプレーの試作品は、2.8 インチサイズで、26 万色のフルカラーで、CDT が開発した高分子材料を使用しインクジェット技術で成膜したもので、画素ピッチは 100 ppi(0.25mm ×0.25mm) とフルカラー有機 EL では世界最高の解像度を実現している。
　有機 EL は低分子系と高分子系の 2 種類があり、高分子系は高精度パターンニング・高スループット成膜、大型化が容易などの特徴がある。
　材料自体は CDT が開発したものであるが、成膜に当たっては、安価化、高精度化等のセイコーエプソン社の特許の課題が役立っているものと思われる。
　TFT 液晶表示装置は、水溶性の導電性ポリマーで導電層となるインクを作り、インクの点でトランジスタの構成要素を形成していくインクジェットプリンターの技術を応用したものである。露光工程を繰り返してトランジスタを構成する既存製造技術に比べて、大幅に工程を簡略化できるだけでなく、エネルギー消費は百分の一と環境面での効果も大きい。
　ここでは、安価なインクジェット方式のほか、導電化、低抵抗化という液晶素子の特許の課題が開発に役立っているものと思われる。

表 2.17.2-1 セイコーエプソンの有機導電性ポリマー技術に関する製品・技術

製品	製品名	発売時期	出典
有機 EL ディスプレイ	（試作）	平成 13 年	化学工業日報 '01.6.6
TFT 液晶表示装置	（開発）	平成 13 年中	日経産業新聞 '01.2.28

2.17.3 技術開発課題対応保有特許の概要

表 2.17.3-1 セイコーエプソンの技術開発課題対応保有特許

技術要素	特許件数（係属）	備考
用　　途		
発光素子など光関連	11	
有機 EL	1	――
液晶素子	1	
電子デバイス		
電気・電子・磁気関連		――
圧電素子	1	
その他の用途	2	（電子時計を含む）

　モバイル機器、携帯電話、自動車などの新たなディスプレイとして有機 EL が期待され、大型市場の兆しが見られる。高輝度、高発光効率、高耐久性、低電圧駆動性を有する EL 素子が求められる。

　①同社の事業領域から予想されるように、有機 EL 関連の特許が圧倒的に多い。ほとんどは中間処理による発光効率の向上、高精度化および低価格化を目的としたもので、透明性、塗布性など高分子の特長が活かされている。
　②導電性ポリマーの応用として、二次電池の残量を正確に検出し使用者に知らせることができる電子時計に関するものがあり、まさに同社に相応しい内容の特許といえる。

　セイコーエプソンの保有特許の特徴は、有機 EL 関連技術に集中している点である。
　表 1.4.5-1 を見ると、この有機 EL の発光効率や輝度の向上、さらには低価格化のための多くの技術課題に取り組み、解決手段として、発光層にポリフェニレンビニレン系導電性ポリマーを用いると共に、塗布法などの中間処理を用い高分子の特性を十分生かした技術開発を行っていることがわかる。

表 2.17.3-2 セイコーエプソンの有機 EL に関する技術課題と解決手段の対応表(1/2)

課題	解決手段	化学構造 芳香族ビニレン	化学構造 全芳香族	化学構造 その他	中間処理 可溶化	中間処理 塗布	中間処理 その他
光電特性	発光効率	セイコーエプソン 1件			セイコーエプソン 1件		セイコーエプソン 1件(乾燥)
光電特性	輝度	セイコーエプソン 2件				セイコーエプソン 2件	
光電特性	発光強度	セイコーエプソン 2件			セイコーエプソン 1件		セイコーエプソン 1件(乾燥)
信頼性	耐久性	セイコーエプソン 1件				セイコーエプソン 1件	
経済性	低電圧駆動	セイコーエプソン 1件					
経済性	コスト	セイコーエプソン 3件	セイコーエプソン 2件			セイコーエプソン 2件	
経済性	大画面	セイコーエプソン 1件					

表 2.17.3-2 セイコーエプソンの有機 EL に関する技術課題と解決手段の対応表(2/2)

課題	解決手段	組成物(複合化) 添加剤(色素)	組成物(複合化) 高分子(蛍光等)	組成物(複合化) その他	素子の構造 2層積層	素子の構造 3層積層	素子の構造 その他
光電特性	発光効率				セイコーエプソン 4件		
光電特性	輝度	セイコーエプソン 2件			セイコーエプソン 1件		
信頼性	耐久性				セイコーエプソン 1件		セイコーエプソン 2件(独立電極、バッファ層)
経済性	低電圧駆動				セイコーエプソン 1件		
経済性	コスト				セイコーエプソン 1件		

( )内は内容の特徴とフィルムコンデンサの出願件数を表す

表 2.17.3-3 セイコーエプソンの技術開発課題対応保有特許

技術要素		課題	特許番号	筆頭 IPC	概要（解決手段）
材料合成	発光素子など光関連 有機EL	（高発光効率）	特開平 11-54272	H05B33/10	ポリパラフェニレンビニレンの前駆体材料と高沸点溶媒を含む、溶液を基板上に吐出した後、基板の焼成前に特定温度以下で乾燥
			特開平 11-339957	H05B33/10	
			特開 2000-133459	H05B33/22	
			特開 2000-156291	H05B33/22	
			特開 2000-323280	H05B33/22	
			特開 2000-100572	H05B33/22	
		（高精度）	特開平 11-40358	H05B33/14	発光層を形成する共役系高分子有機化合物の前駆体と、少なくとも1種の蛍光色素とを含む
			特開平 11-54270	H05B33/10	
		（長寿命）	特開平 10-233285	H05B33/22	
		（安価）	特許 3036436	H05B33/10	薄膜トランジスタを有する基板上に、インクジェット方式により赤、緑、青色の有機発光材料をパターニング塗布する
		（安価、大画面）	特開平 10-153967	G09F9/30,365	
	液晶素子	（導電化、低抵抗化）	特許 2707793	C25D9/00	有機顔料微粒子と有機導電性物質の微粒子を特定ミセル水溶液中に分散し、電解を行う
	光関連・その他電子デバイス	（新規印刷技術）	特開 2000-193922	G02F1/13,101	機能性材料を含むインクを吸着する吸着層を設け、この吸着層内に機能性材料を固定する
電気・電子・磁気関連	圧電素子	（圧電特性維持）	特開平 11-138809	B41J2/045	圧電振動子に設けられる下、上電極の少なくとも一方に接続されるリード電極を有機導電体の材質から形成
その他の用途	電子時計	（残量検出）	特許 2973273	G04C10/04	二次電池に充電された電気エネルギーを用いて時計回路を駆動
			特許 3185706	G04C10/04	

2.17.4 技術開発拠点

　有機導電性ポリマーの開発を行っていると思われる事業所・研究所などを発明者住所をもとに紹介する。ただし、組織変更などにより、事業所名称などが現時点の名称とは異なる場合も有り得ます。

　長野県：諏訪市（諏訪地区）

2.17.5 研究開発者

図2.17.5-1に特許情報から得られる発明者数と出願件数の推移を示す。

前半のピークはコーティング、後半のピークは光関連による。研究者の投入数は多くない。

図2.17.5-1 セイコーエプソンの研究開発者と出願件数の推移

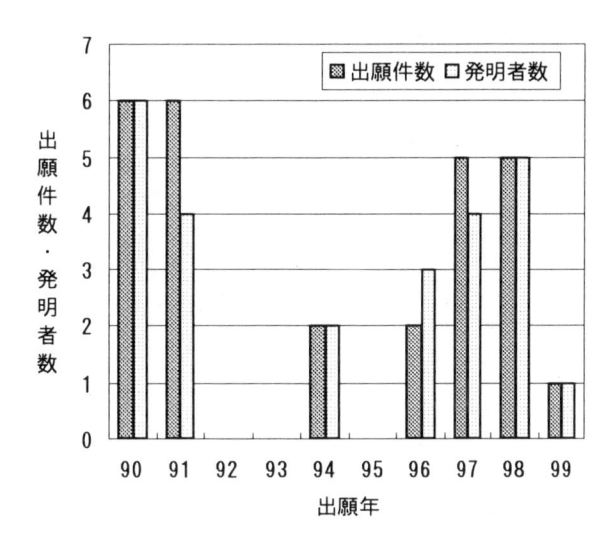

2.18 ニチコン

2.18.1 企業の概要

表 2.18.1-1 ニチコンの企業概要

1)	商　　　　　　号	ニチコン株式会社
2)	設　立　年　月　日	昭和 25 年 8 月
3)	資　　本　　金	142 億 8,600 万円(2001 年 3 月現在)
4)	従　　業　　員	1,712 名(2001 年 3 月現在)
5)	事　業　内　容	電子機器用、電力・機器用、回路製品他
6)	技術・資本提携関係	——
7)	事　　業　　所	工場／草津、亀岡（京都府）、長野、穂高、大野（福井県）
8)	関　連　会　社	国内／ニチコンタンタル、朝日電機工業、ニチコン岩手、ワカサ電機、ニチコン福井 海外／NICHICON(AMERICA) CORP、NICHICON(HONG KONG) LTD、NICHICON(EUROPE) LTD、NICHICON(SINGAPORE) LTD 他
9)	業　績　推　移 （　単　独　）	（単位：百万円） 　　　　　　　平成 12 年 3 月　　　平成 13 年 3 月 売上高　　　101,498　　　　　117,114 経常利益　　　6,560　　　　　　9,410 税引き利益　　1,921　　　　　　5,549
10)	主　要　製　品	電子機器用コンデンサ、電力・機器用コンデンサ、回路製品他
11)	主　な　取　引　先	ソニー木更津、ニチコン（アメリカ）コーポレーション、ニチコン（シンガポール）プライベートリミテッド、ニチコン（ホンコン）リミテッド、三菱電機
12)	技　術　移　転　窓　口	本社 技術本部 技術部

2.18.2 有機導電性ポリマー技術に関する製品・技術

機能性高分子アルミニウム固体電解コンデンサ（NA シリーズ）

2.18.3 技術開発課題対応保有特許の概要

　コンデンサの専業メーカーであり、当然ながら特許の全数(21 件)がコンデンサに関するものである。限られた経営資源（研究資金、研究陣容等）の中、重点を絞った技術開発がなされていることが伺われる。
　固体電解質コンデンサの導電性ポリマー膜の形成法には
（1）化学重合
（2）電解重合
があるが、(a) 密着性の確保　(b) 成膜工程の簡素化　などの課題がある。
　そこで、化学重合膜と電解重合膜を積層し、静電容量の増大と低インピーダンス化が図られている。

　①導電性高分子の特長、とりわけ高周波領域でのインピーダンス特性に優れた性質を、フルに利用したコンデンサに関する特許(12 件)が中心をなしている。
　（大容量・インピーダンス特性：5 件、漏れ電流低減・インピーダンス特性：2 件　を含む）

含む）

②ユニークなものとしては、強固な『溶接』による電極形成技術といった特許がある。(特許 2960088)

③電解質として導電性高分子を含浸させる手法を改善することにより、生産性の向上を狙った技術を開発している。（特開平 6-84708）

ニチコンの保有特許の特徴は、コンデンサ技術に集中している点である。表 1.4.3-2 を見ると、コンデンサの容量やインピーダンスを含む周波数特性を向上するための技術課題に取り組み、解決手段として、エージングや浸漬含浸などの中間処理によるコンデンサの改良技術開発に注力していることがわかる。

表 2.18.3-1 ニチコンのコンデンサに関する技術課題と解決手段の対応表（その1）

	解決手段	材料				作製時の重合		
課題		ポリピロール系	ポリチオフェン系	ポリアニリン系	その他	電解酸化	化学酸化	その他
電気特性	静電容量（耐電圧を含む）		ニチコン 4件	ニチコン 4件		ニチコン 4件	ニチコン 3件	
	周波数特性（インピーダンスを含む）	ニチコン 4件	ニチコン 5件	ニチコン 4件		ニチコン 3件	ニチコン 2件	
信頼性	特性安定性（バラツキ、劣化など）	ニチコン 3件						
経済性	生産性				ニチコン 4件	ニチコン 3件		

表 2.18.3-1 ニチコンのコンデンサに関する術課題と解決手段の対応表（その2）

	解決手段	中間処理						その他
課題		表面処理	ドーピング	エージング	浸漬含浸	塗布	その他	構造・構成
電気特性	静電容量（耐電圧を含む）			ニチコン 4件		ニチコン 1件		
	周波数特性（インピーダンスを含む）			ニチコン 1件	ニチコン 2件			
信頼性	特性安定性（バラツキ、劣化など）	ニチコン 2件	ニチコン 1件					
経済性	歩留り	ニチコン 2件						
	生産性		ニチコン 1件					

表 2.18.3-2 ニチコンの技術開発課題対応保有特許

技術要素		課題	特許番号	筆頭 IPC	概要（解決手段）
用途	コンデンサ	電解コンデンサ	（高容量）特開平 10-284351	H01G9/028	誘電体酸化被膜表面に第 1 の導電性高分子層（ポリチオフェン）と第 2 の導電性高分子層（ポリアニリン）を形成
			特開平 10-321471	H01G9/028	
			特開平 10-321472	H01G9/028	
			特開平 10-321473	H01G9/028	
			特開平 10-321474	H01G9/028	
			（インピーダンス特性）特開平 11-283879	H01G9/028	誘電体酸化被膜表面に導電性高分子層として第 1 層をチオフェン、第 2 層をピロール、アニリンで形成し、更に第 3 層をピロール、アニリンを電解重合して形成
			特開 2000-68152	H01G9/028	
			特開 2000-124074	H01G9/028	
			特開 2000-133549	H01G9/028	
			特開 2000-133552	H01G9/028	
			特開 2000-173864	H01G9/02,301	
			特開 2000-173866	H01G9/028	
			（機械強度）特許 2960088	H01G9/012	電極箔をリード引出し端部の折り返し片にて加圧挟持し、表裏両面より溶接し電極を形成
			特許 2951705	H01G9/012	
			（品質維持、安定化）特許 3142141	H01G9/008	弁作用金属箔の陽極端子接続部と導電性高分子被膜層との隔離を行う
			特開平 5-159980	H01G9/02,331	
			特開平 6-267796	H01G9/02,321	
			（歩留り）特開平 6-204093	H01G9/02,331	化学重合後に水和工程（50～95℃温水処理）を経て、その後に陽極酸化を行う
			（生産性）特許 3170015	H01G9/028	導電性高分子を固体電解質として用いた標記コンデンサ製造条件において電解重合時の給電条件を規定する
			特開平 5-304055	H01G9/02,331	
			特開平 6-84708	H01G9/02,331	

2.18.4 技術開発拠点

　有機導電性ポリマーの開発を行っていると思われる事業所・研究所などを発明者住所をもとに紹介する。ただし、組織変更などにより、事業所名称などが現時点の名称とは異なる場合も有り得ます。

京都府：京都市中京区（京都地区）

2.18.5 研究開発者

　図 2.18.5-1 に特許情報から得られる発明者数と出願件数の推移を示す。
　94 年から 96 年の 3 年間の休止の後、97 年研究者の再投入が行われている。

図 2.18.5-1 ニチコンの研究開発者と出願件数の推移

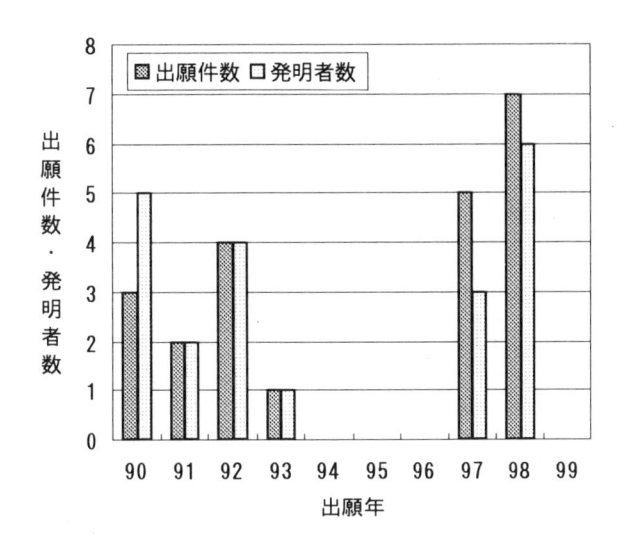

2.19 アキレス

2.19.1 企業の概要

表 2.19.1-1 アキレスの企業概要

1)	商　　　　　号	アキレス株式会社
2)	設 立 年 月 日	昭和22年5月
3)	資　　本　　金	146億4,000万円(2001年3月現在)
4)	従　　業　　員	2,187名(2001年3月現在)
5)	事　業　内　容	シューズ、プラスチック、産業資材他
6)	技術・資本提携関係	技術提携／エコー・スコーエイエス ECCO Sko A/S、ターケットソメールアーゲーTarkett Sommer AG、エー・エス・クリエーション・タペテン・アーゲー A.S.Creation Tapeten AG 、スポルアイン・ジヤパン、ストライドライトインクーナショナルコーポレーション Stride Rite International Cororatio 、スケッチャーユーエスエー　インク SKECHERS USA INC. ソシエテ ダン フォルマシオン エ ド クレアシオンエスア SOCIETE D'INFORMAT1ON ET DE CREAT1ONS S.A.、サッカニーインク Saucony,Inc.、サッカニーインク　Sauoon,Inc. ガスマーコーポレーション GUSMER CORPORAT1ON 、エレファンテン エムベー ハー Elefanten GmbH、パータ・インダストリーズ リミテッド(カナダ)、三菱商事、山協牢人造皮有限公司(中華人民共和国)
7)	事　　業　　所	本社／東京都新宿区、工場／足利、美唄、福岡県嘉穂郡穂波町、滋賀県野洲郡野洲町、滋賀県犬上郡豊郷町
8)	関　連　会　社	国内／バーコ、海外／ACHILLES USA,INC.（米国ワシントン州）、広州崇徳鮭業有限公司(中国広東省)
9)	業　績　推　移	（単位：百万円） 　　　　　　　　平成12年3月　　　平成13年3月 売上高　　　　92,412　　　　　91,601 経常利益　　　 1,302　　　　　 1,839 税引き利益　　　 548　　　　△10,378
10)	主　要　製　品	シューズ関係、プラスチック関係、産業資材関係、引布関係
11)	主　な　取　引　先	アキレス中央販売、アキレス近畿販売、アキレス関東販売、サンゲツ、トーメン、三菱商事、関東アキレスエアロン、大阪アキレスエアロン、東北アキレスエアロン、アキレス関東販売他
12)	技 術 移 転 窓 口	工業所有権部 TEL : 0284-73-9287

　導電性ポリマー静電資材 ST ポリは、足利第二工場に導電性付与のための薬液処理ライン設置している。
　技術移転を希望する企業には、対応を取る。その際、仲介は介しても介さなくてもどちらでも可能である。

2.19.2 有機導電性ポリマー技術に関する製品・技術
　アキレスの商品は特許および一般情報から以下に述べることが商品化に結びついている。
　ポリピロールの合成とその処理技術が ST ポリの開発に結びついている。

表 2.19.2-1 アキレスの有機導電性ポリマー技術に関する製品・技術

製品	製品名	発売時期	出典
導電性ポリマー静電資材	ST ポリ（開発）	平成 11 年 1 月	ニュースリリース '99.1.8

2.19.3 技術開発課題対応保有特許の概要

表 2.19.3-1 アキレスの技術開発課題対応保有特許

技術要素	出願件数（係属）
材料合成	
導電性複合体	4
導電紙	1
中間処理	4
用　　途	
帯電防止	3
その他	3

　出願の 15 件は材料合成 5 件（約 33％）、中間処理の 4 件（同 27％）、用途の 6 件（同 40％）の構成である。対象ポリマーでは、ポリピロール系が 15 件全部に関与しており、ポリアニリン系、ポリチオフェン系は 3 件づつであった。

　課題は、導電性や帯電防止性の向上に絞られていた。また解決手段は繊維基材との複合体関連の対象が多かったが、個々の対処はそれぞれ異なっていた。

①共願は 3 件で、そのうち 2 件はニッセンとの『導電性複合体の製法』（特開平 9-290209）と『静電植毛用フロック』（特開平 8-309267：繊維を含む処理液中でピロールモノマー・シリカ混合物を酸化重合させて、ポリピロール被膜を繊維表面に形成して利用する）で、残りの 1 件はソニーとのスピーカー用振動板（特開平 7-46697）である。
②全般的に、繊維素材処理に関連したものが 60％で、そのうち、もっとも多いのが導電性付与である。その主なものは、ポリピロール系モノマーを含む処理液に被処理繊維材を浸漬後、酸化重合させて導電性を付与した複合体を得る手法である。
③次は均一な導電性を有する繊維基材を効率良く製造する方法である。

　アキレスの保有特許の特徴は、ピロール系導電性高分子関連技術に集中している点である。表 1.4.1-1 を見ると、ピロール系高分子の導電性の品質特性を向上するための多くの技術課題に取り組み、解決手段として、繊維基材との複合体の改良に注力していることがわかる。

表 2.19.3-2 アキレスの材料合成に関する技術開発の課題と解決手段の対応表

課題		解決手段 酸化重合	電解重合	他重合法（蒸着重合、化学重合、エネルギー照射重合等）
ピロール系	帯電防止性	アキレス 1件		
	耐薬品性	アキレス 1件		
	均一性（導電性）	アキレス 3件		

表 2.19.3-3 アキレスの技術開発課題対応保有特許(1/2)

技術要素		課題	技術要素	筆頭IPC	概要（解決手段）
材料合成	導電性複合体	均一な導電性	特許 2948875	H01B1/12	導電性モノマー形成能を有するモノマーと酸化剤とを含む水性溶媒溶液を含有させた多孔質体にシート状物を接触保持し、モノマーを酸化重合させて多孔質体とシート状物とを同時に導電化させる
			特開平 8-148027	H01B1/12	ピロール系ポリマーと被導電処理材とからなる導電性の付与された導電性複合体を得る
			特開平 9-290209	B05D5/12	被処理材を特定のスルホン化合物で前処理する。その後、被処理材をピロールモノマーおよび化学酸化剤を含有する処理溶液と接触させ、ピロールモノマーの重合反応を進行させて被処理材とポリピロールを一体化する
		導電性に加えて耐薬品性が向上	特開平 8-337972	D06M15/356	ピロールモノマーおよびカチオン性フッ素樹脂エマルジョンの処理液中に、被処理材を接触させて、ピロールの重合反応を進め、生成したポリピロールをフッ素樹脂とともに被処理材の表面に被覆する
中間処理	被覆	物性向上（導電性、耐光性）	特許 3007896	D06M13/352	スルホン酸基を有する有機化合物でポリアミド含有繊維を前処理後、その表面をピロール系重合体で被覆する
		（導電性）	特許 2986857	H01B13/00,503	導電性高分子形成モノマーと酸化剤とを含む溶液を、繊維基材の繊維間隙を通過させ、繊維表面を導電性高分子で被覆する
		（導電性、経時的安定性）	特許 2985698	B32B7/02,104	基材上の導電性ポリマーの表面を、高分子型紫外線吸収剤（特にベンゾフェノン系紫外線吸収剤）を含有する酸素ガスバリヤー性樹脂の薄層により被覆した導電性積層体
		（導電性、飛翔性）	特開平 8-309267	B05D1/14	繊維の表面をポリピロール、酸性コロイダルシリカ及び酸性シリカ超微細粒子などよりなる群から選択した一種の超微細粒子により被覆して静電植毛用フロックを得る
用途	導電紙を使用した複合材料	焼却残渣が少なく、廃棄処分が容易な導電紙	特開平 9-78497	D21H27/00	繊維素材とピロール系重合体が、化学酸化重合により複合一体化された材料
	静電容量型スピーカー用振動板	（湿度影響を受けず、フィルムの機械的物性維持）	特開平 7-46697	H04R19/00	高分子フィルムを導電性高分子モノマー、化学酸化剤およびドーパントを含む水性溶媒溶液中で処理し、同フィルム上に形成される導電性高分子重合体層を導電体として用いる

表 2.19.3-3 アキレスの技術開発課題対応保有特許(2/2)

技術要素		課題	技術要素	筆頭 IPC	概要（解決手段）
用途（つづき）	制電手袋	帯電防止性	特開平 7-26405	A41D19/00	伸縮性繊維基材の一方はそのまま手形状に、もう片方に合成樹脂層を積層して非通気性材料として手形状に裁断し、両者を接合一体化して手袋を作る
	サンドブラスト材	長期帯電防止効果	特開平 9-225836	B24C11/00	合成樹脂モノフィラメントを切断して作った円柱状樹脂細粒において、同細粒の外表面を導電性ポリマーを用いて被覆して材料を得る
	無機系ブラスト材	導電性、帯電防止性能	特開平 10-36817	C09K3/14,550	ガラス粒子をクロロシラン化合物と反応させ、同化合物を表面に被覆させて製造することにより、循環ブラスト加工に有用な無機系ブラスト材を得る
	導電性シート	透明性、導電性、低汚染性	特開 2000-280335	B29C51/14	導電性シートは、真空成形用母材シートの表裏両面に、ポリピロール層を積層している
	導電性衣料品	導電性、伸縮性	特許 3202812	D06M15/356	ピロール系モノマーと酸化剤とを含有する導電化処理液に、伸縮性を有する繊維製衣料品を浸漬して、ピロール系モノマーを重合させて、ポリピロールと衣料品とを複合一体化せしめる

2.19.4 技術開発拠点

有機導電性ポリマーの開発を行っていると思われる事業所・研究所などを発明者住所をもとに紹介する。ただし、組織変更などにより、事業所名称などが現時点の名称とは異なる場合も有り得ます。

栃木県：足利市（足利工場）

2.19.5 研究開発者

図 2.19.5-1 に特許情報から得られる発明者数と出願件数の推移を示す。
少ない研究者を、製造法、中間処理の開発に常時当てていることが伺われる。

図 2.19.5-1 アキレスの研究開発者と出願件数の推移

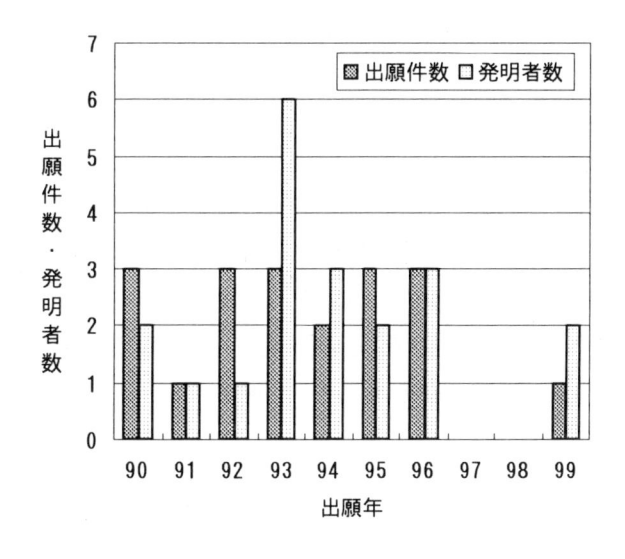

2.20 島津製作所

2.20.1 企業の概要

表 2.20.1-1 島津製作所の企業概要

1)	商　　　　　号	株式会社島津製作所
2)	設 立 年 月 日	大正6年9月
3)	資　　本　　金	168億2,400万円（2001年3月現在）
4)	従　業　　員	3,377名　　　　（　〃　）
5)	事　業　内　容	計測機器、医用機器、航空・産業機器の製造、販売、保守サービス
6)	技術・資本提携関係	技術提携／ハネウェル・インターナショナル社（米）、ボーイング社（米）、ゼネラルエレクトリック社（米）他
7)	事　業　　所	本社／京都、工場／三条、柴野、秦野、厚木
8)	関　連　会　社	国内／島津理化器機、島津テクノリサーチ、島津ハイドロリクス、島津メクテム、その他 海外／シマヅ・ユーエスエーマニュファクチュアリング・インク（米）、シマヅ・サイエンティフィック・インスツルメンツ・インク（米）他
9)	業　績　推　移	平成13年3月期は前記に比し、売上高0.7％減、経常利益42.8％増
10)	主　要　製　品	バイオ機器、環境関連機器、産業用非破壊検査機器、デジタル医療機器、医家向け撮影装置、航空機器、産業機器、等
11)	主　な　取　引　先	官公庁病院、一般病院、航空会社、一般会社他
12)	技　術　移　転　窓　口	法務・知的財産部／京都市中京区西ノ京桑原町1／075-823-1160

2.20.2 有機導電性ポリマー技術に関する製品・技術
商品化されていない。

2.20.3 技術開発課題対応保有特許の概要

表 2.20.3-1 島津製作所の技術開発課題対応保有特許

技術要素	出願件数（係属）
用　　途	
ガスセンサ	13
においセンサ	1
ガス測定装置	3
ガスセンサユニット	1

　出願の18件はすべて用途面のみで、しかも対象がガスセンサおよびガスセンサ測定装置に絞られている。センサの課題の多いのは「感度および応答性を高める」（特開平10-300697ほか4件）で次いで「経時変動や熱変動を抑える」（特開平11-72453ほか3件）や「安定性の向上」（特開平11-72452ほか2件）等がある。
　課題は、検出感度や応答特性の向上を主な研究対象としている。また解決手段は、櫛形状電極上に導電性ポリマーの感応膜を形成し、併せてドーパントを導入するなどの検討が多い。

①導電性ポリマーの対象では、ポリ（3-ヘキシルチオフェン）やポリ（3-オクチルチオフェン）等のポリチオフェン系の5件とポリ（3-オクチルピロール）等のポリピロール系およびポリアセチレン系（1件）が例示されていた。

②高感度、高応答性のガスセンサ中の特開平 10-300697 は、導電性ポリマー膜をポリアセチレンを主鎖とするポリマー [PTMSiPA=ポリ（O-トリメチルシリルフェニルアセチレン）] で形成し感度および応答性を高めている。

③ガス応答特性の異なる種々のガスセンサを得る特許（特開 2001-4577）では、主成分の導電性ポリマー [ポリ（3-ヘキシルチオフェン）] と UV・硬化性樹脂を共存して感応膜を構成する。その結果、樹脂無添加の感応膜のものよりガス応答性の異なるガスセンサを得ている。

④同一の導電性ポリマー膜に導入するドーパント量を調節し、各感応膜の導電率を調整したガスセンサをユニット化し、コスト削減を図る（特開平 11-264808）ものもある。

島津製作所の保有特許の特徴は、ガスセンサ技術に集中している点である。このガスセンサの感度および応答性の向上や経時変動の安定性を向上するための多くの技術課題に取り組み、解決手段として、櫛形状電極上に導電性ポリマーの感応膜を形成することやドーパント導入に注力していることがわかる。

表 2.20.3-2 島津製作所の技術開発課題対応保有特許(1/2)

	技術要素	課題	特許番号	筆頭 IPC	概要（解決手段）
用途	ガスセンサ	高感度、高応答	特開平 10-300697	G01N27/00	導電性高分子膜をポリアセチレンを主鎖とする高分子で形成することにより、櫛形電極対の上に均一に薄く成膜する
		感応膜の安定性向上	特開平 11-72452	G01N27/12	導電性高分子とドーパントとを溶媒に溶解させ、更にドーパントを不活性化させる試薬を加え、溶液を電極を形成した基板に塗布して感応膜を形成する
		検出感度の経時変動、熱変動抑制	特開平 11-72453	G01N27/12	絶縁基板上に櫛形電極を形成し、導電性高分子の溶液を基板上に塗布して膜を形成。さらにポリ酸溶液中に該膜を浸漬し、膜中にポリ酸をドーパントとして導入し感応膜を形成
		検出感度の安定	特開平 11-94783	G01N27/12	脱ドープされ易い電解質と脱ドープされにくい電解質との混合溶液を用いてピロールモノマーを電解重合してポリピロール膜を形成する。その後、脱ドープ処理を行う
		高い検出感度（有機溶媒系、塩基性ガス）	特開平 11-94784	G01N27/12	脱ドープした導電性高分子とカーボンブラック粒子を混合して感応膜を作る
		検出感度維持	特開平 11-132978	G01N27/12	アニオン種をドーパントとして導入した導電性高分子で感応膜を構成
		測定温度の安定	特開平 11-237354	G01N27/12	2個の電極を被覆する感応膜に絶縁用の薄いガラスコート層を挟んでヒータ及びセンサを密着して設ける
		検出感度改善	特開平 11-248662	G01N27/12	有機溶媒可溶の導電性高分子より感応膜を作る
		応答性の異なる種々のガス	特開平 11-295256	G01N27/12	導電性高分子（ポリチオフェン系）の感応膜中にドーパントとして第3族金属塩を含ませて、ガス応答性の異なる種々のガスセンサを得る
		応答速度、感度の向上	特開平 11-295251	G01N27/12	絶縁基板に貫通孔を形成し、感応膜上面に加え、基板側からも感応膜に試料ガスを接触させ、接触面を増大させる
		感度向上	特開平 11-304743	G01N27/12	導電性高分子の感応膜に、ガス中の対象成分が付着した際の電極間の電気的特性の変化を測定する

表 2.20.3-2 島津製作所の技術開発課題対応保有特許(2/2)

技術要素		課題	特許番号	筆頭IPC	概要(解決手段)
用途（つづき）	ガスセンサ（つづき）	溶媒不溶の高分子から成膜	特開平11-344459	G01N27/12	導電性高分子が溶媒に不溶であっても、同高分子に目的とするドーパントを導入して感応膜を作成する
		熱安定性向上	特開2000-65772	G01N27/12	櫛形状電極の上面にポリチオフェン系導電性高分子膜を感応膜として形成する。その同高分子膜には$FeCl_3$がドーパントとしてドーピングされている
		応答特性の異なる種々のガス	特開2001-4577	G01N27/12	櫛形状金電極の上面に導電性高分子膜を感応膜として形成する。同高分子膜はポリチオフェン系でUV・熱硬化性樹脂との共存である
	においセンサ	均一性、再現性の向上	特開平11-23508	G01N27/12	櫛形電極上にポリチオフェン系高分子膜を形成し、同膜中に塩化第二鉄をドーパントとして導入する
	ガス測定装置	センサ交換時期を報知	特開平11-183418	G01N27/12	ガスセンサ部の電極にポリピロール高分子膜を形成する。センサ使用初期段階での高分子膜の電気特性と、経時変化測定時との差異より、センサ交換時期を自動的に判断して報知
	ガスセンサユニット	コスト削減	特開平11-264808	G01N27/12	導電性高分子の膜に導入するドーパントの量を調節することにより、各感応膜の導電率を適宜調整したガスセンサを基板上に並べてユニット化する
	ガスセンサ及び同測定装置	応答特性が異なる	特開平11-295255	G01N27/12	櫛形状電極上面に、ポリチオフェンとポリピロールの混在した導電性高分子膜を感応膜として形成する

2.20.4 技術開発拠点

有機導電性ポリマーの開発を行っていると思われる事業所・研究所などを発明者住所をもとに紹介する。ただし、組織変更などにより、事業所名称などが現時点の名称とは異なる場合も有り得ます。

京都府：京都市中京区（三条工場）

2.20.5 研究開発者

図2.20.5-1に特許情報から得られる発明者数と出願件数の推移を示す。
97年以降センサーの研究開発を開始したことが明瞭に現れている。

図2.20.5-1 島津製作所の研究開発者と出願件数の推移

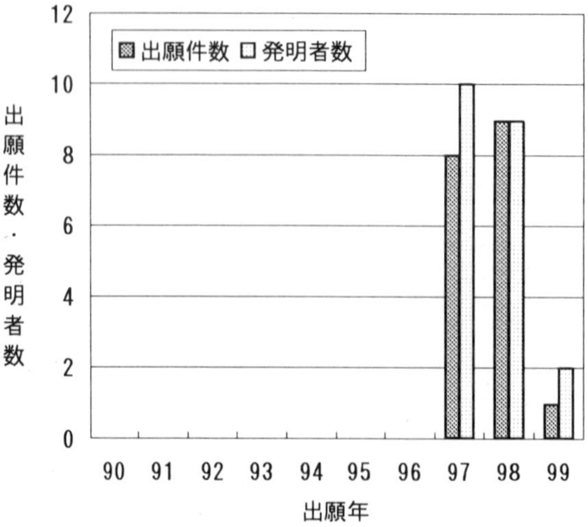

2.21 大学

大学関係の特許番号一覧と連絡先を示す。特許は権利が存続中のものと権利化の可能性のあるものを掲載してある。

2.21.1 大学関係

表 2.21.1-1 大学関係保有特許リスト

大学名	発明者	公報番号			
京都大学	田中一義、山辺時雄	特許 2728843			
大阪大学 →九州工業大学	金籐敬一	特許 2528798	特開平 11-169393	特開平 11-169394	特開 2001-196663
		特開 2001-196664	特開 2001-196662		
山形大学	倉本憲幸	特開平 6-279584	特開平 9-279174	特開平 10-251510	特開 2001-49170
大阪大学、東北大学	吉野勝美	特公平 6-70319	特許 2992053	特許 2930435	特公平 6-63196
		特許 2984103	特開平 5-47211	特開平 5-326923	特許 2528798
		特許 3146296	特開平 8-134189	特開平 8-157573	特開平 8-264038
		特開平 9-241355	特開平 10-300697	特開平 11-23508	
筑波大学	白川英樹、赤木和夫	特開 2000-26598	特開 2000-143777	特開 2001-85208	特開 2001-172369
東京工業大学	山本隆一	特許 3094082	特許 2659631	特許 2517855	特開平 5-234617
		特公平 8-26125	特開平 6-93190	特公平 8-26126	特許 3141221
		特許 3198365	特開平 6-166743	特開平 7-10973	特開平 7-196780
		特開平 7-126616	特許 2611187	特開平 9-3171	特開平 9-124777
		特開平 10-226722	特開平 10-316737	特開平 11-140168	特開平 11-322906
		特開 2000-101166			
東京農工大学	宮田清蔵	特許 3144808	特開平 6-76652	特開平 6-76653	特開平 6-76654

2.21.2 連絡先

表 2.21.2-1 大学関係連絡先

大学	個人名	住所	TEL	所属
京都大学	田中一義、山辺時雄	〒606-8501 京都市左京吉田本町	075(753)5000	大学院工学研究科分子工学専攻
九州工業大学	金籐敬一	〒820-8502 飯塚市大字川津 680-4	0948(29)7500	大学院生命体工学研究科生体機能専攻
大阪大学	吉野勝美	〒565-0871 大阪府吹田市山田ケ丘 22-1	06(6877)5111	大学院工学研究科 電子工学専攻
山形大学	倉本憲幸	〒992-8510 米沢市城南 4-3-16	0238(22)5181	大学院工学研究科生体センシング機能工学専攻
筑波大学	白川英樹、赤木和夫	〒305-8573 つくば市天王台 1-1-1	0298(53)4996	物質工学系
東京工業大学	山本隆一	〒226-0026 横浜市緑区長津田町 4259	045(922)1111	資源化学研究所
東京農工大学	宮田清蔵	〒184-0012 小金井市中町 2-24-16	042(364)3311	学長

3. 主要企業の技術開発拠点

3.1 材料合成
3.2 中間処理
3.3 用　　途

> **特許流通支援チャート**
>
> # 3．主要企業の技術開発拠点
>
> 技術開発拠点は関東および関西地方に集中している。九州および四国には事業所がない。
> 基礎研究から始まった技術開発は独自技術を有する企業により広範囲の地域で進められている。

　主要企業20社について技術開発拠点を説明する。表3.1-1、表3.2-1および表3.3-1は有機導電性ポリマーを構成する技術（材料合成、中間処理、用途（応用技術））について企業別の出願件数、開発拠点別の発明者数が示されており、図3.1-1、図3.2-1および図3.3-1には構成する技術のそれぞれの開発拠点の分布を日本地図上に示されている。なお各図中の数値は表中の出願人Noに対応している。

　技術開発拠点は、北海道、九州地方にはない。四国地方は有機EL関連の開発拠点であり、東北地方はコンデンサの開発拠点であり、中部地方は材料合成と有機ELの拠点である。中国地方は材料合成と電池の拠点である。関東・関西は種々の技術に関する拠点がある。

3.1 材料合成

材料合成を活発に行っており発明者が5人以上の事業所は関東では4県および都である。（　）内は事業所数である［東京（4）、群馬（1）、茨城（1）、神奈川（4）、千葉（1）］。関西は2府1県［大阪（5）、京都（1）、滋賀（1）］である。その他では長野県（1）、山形県（1）にある。コンデンサを生産している事業所は重合から用途まで一連のプロセスを行っている。

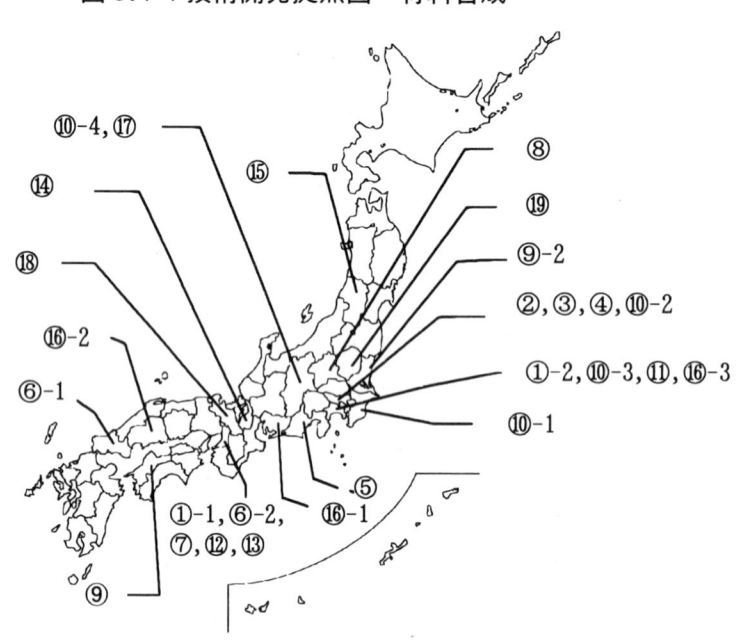

図3.1-1 技術開発拠点図－材料合成

表3.1-1 技術開発拠点一覧表－材料合成

No.	企業名	出願件数	事業所名	事業所所在	発明者数
①-1	松下電器産業	118	松下電器産業（大阪地区）	大阪府（門真市）	78
①-2			松下技研	神奈川県（川崎市）	19
②	日本電気	63	日本電気（本社）	東京都（港区）	47
③	リコー	33	リコー（本社）	東京都（大田区）	23
④	日本ケミコン	45	日本ケミコン（本社）	東京都（青梅市）	16
⑤	巴川製紙所	75	技術研究所	静岡県（静岡市）	1
⑥-1	カネボウ	16	山口地区	山口県（防府市）	4
⑥-2			大阪地区	大阪府（大阪市）	15
⑦	三洋電機	26	三洋電機（本社）	大阪府（守口市）	12
⑧	日本カーリット	57	研究開発センター	群馬県（渋川市）	14
⑨-1	住友化学工業	25	愛媛地区	愛媛県（新居浜市）	2
⑨-2			茨城地区	茨城県（つくば市）	12
⑩-1	昭和電工	36	総合研究所	千葉県（千葉市）	14
⑩-2			総合技術研究所	東京都（大田区）	14
⑩-3			川崎樹脂研究所	神奈川県（横浜市）	7
⑩-4			大町工場	長野県（大町市）	8
⑪	富士通	20	富士通（本社地区）	神奈川県（川崎市）	16
⑫	日東電工	19	日東電工（本社地区）	大阪府（茨木市）	18
⑬	積水化学工業	10	積水化学（大阪地区）	大阪府（大阪市）	12
⑭	東洋紡績	15	総合研究所	滋賀県（大津市）	11
⑮	マルコン電子	36	本社地区	山形県（長井市）	9
⑯-1	三菱レイヨン	22	商品開発研究所	愛知県（名古屋市）	2
⑯-2			中央研究所	広島県（大竹市）	3
⑯-3			化成品開発研究所	神奈川県（横浜市）	9
⑰	セイコーエプソン	1	本社地区	長野県（諏訪市）	3
⑱	ニチコン	20	本社	京都府（京都市）	13
⑲	アキレス	11	足利工場	栃木県（足利市）	2

3.2 中間処理

中間処理を活発に行っており発明者が5人以上の事業所は関東4県および都［東京（4）、群馬（1）、茨城（1）、神奈川（4）、千葉（1）］および関西2府1県［大阪（5）、京都（2）、滋賀（1）］で、その他に山形県（1）、山口県（1）がある。

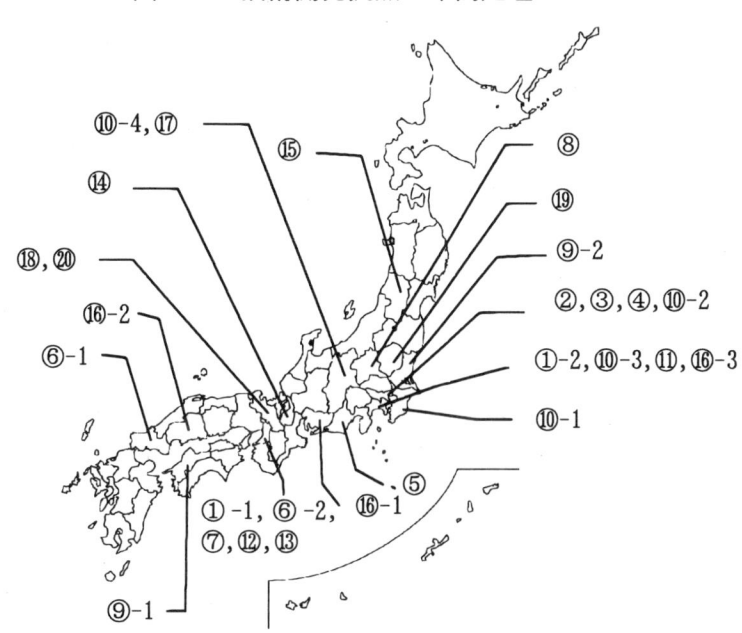

図 3.2-1 技術開発拠点－中間処理

表 3.2-1 技術開発拠点一覧表－中間処理

No.	企業名	出願件数	事業所名	事業所所在	発明者数
①-1	松下電器産業	137	松下電器産業(大阪地区)	大阪府(門真市)	106
①-2			松下技研	神奈川県(川崎市)	20
②	日本電気	78	日本電気(本社)	東京都(港区)	59
③	リコー	40	リコー(本社)	東京都(大田区)	31
④	日本ケミコン	39	日本ケミコン(本社)	東京都(青梅市)	15
⑤	巴川製紙所	53	技術研究所	静岡県(静岡市)	1
⑥-1	カネボウ	18	山口地区	山口県(防府市)	7
⑥-2			大阪地区	大阪府(大阪市)	20
⑦	三洋電機	38	三洋電機(本社)	大阪府(守口市)	12
⑧	日本カーリット	40	研究開発センター	群馬県(渋川市)	15
⑨-1	住友化学工業	25	愛媛地区	愛媛県(新居浜市)	2
⑨-2			茨城地区	茨城県(つくば市)	11
⑩-1	昭和電工	24	総合研究所	千葉県(千葉市)	9
⑩-2			総合技術研究所	東京都(大田区)	13
⑩-3			川崎樹脂研究所	神奈川県(横浜市)	6
⑩-4			大町工場	長野県(大町市)	6
⑪	富士通	29	富士通(本社地区)	神奈川県(川崎市)	35
⑫	日東電工	38	日東電工(本社地区)	大阪府(茨木市)	30
⑬	積水化学工業	31	積水化学(大阪地区)	大阪府(大阪市)	19
⑭	東洋紡績	43	総合研究所	滋賀県(大津市)	21
⑮	マルコン電子	22	本社地区	山形県(長井市)	12
⑯-1	三菱レイヨン	19	商品開発研究所	愛知県(名古屋市)	2
⑯-2			中央研究所	広島県(大竹市)	4
⑯-3			化成品開発研究所	神奈川県(横浜市)	7
⑰	セイコーエプソン	16	本社地区	長野県(諏訪市)	10
⑱	ニチコン	18	本社	京都府(京都市)	12
⑲	アキレス	15	足利工場	栃木県(足利市)	2
⑳	島津製作所	14	三条工場	京都府(京都市)	7

3.3 用 途

　用途開発を積極的に行い、発明者の5人以上の事業所は関東では4県および都［東京（4）、群馬（1）、茨城（1）、神奈川（4）］、関西2府1県［大阪（5）京都（2）、滋賀（1）］で、その他に山形（1）、愛知（1）、長野（1）、山口（1）がある。

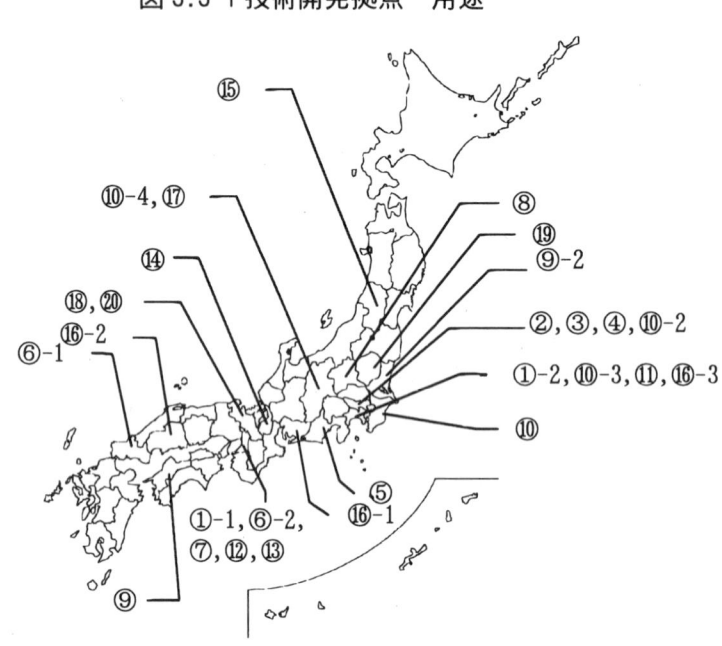

図 3.3-1 技術開発拠点－用途

表 3.3-1 技術開発拠点一覧表－用途

No.	企業名	出願件数	事業所名	事業所所在	発明者数
①-1	松下電器産業	272	松下電器産業（大阪地区）	大阪府（門真市）	164
①-2			松下技研	神奈川県（川崎市）	20
②	日本電気	123	日本電気（本社）	東京都（港区）	74
③	リコー	99	リコー（本社）	東京都（大田区）	58
④	日本ケミコン	83	日本ケミコン（本社）	東京都（青梅市）	22
⑤	巴川製紙所	26	技術研究所	静岡県（静岡市）	2
⑥-1	カネボウ	79	山口地区	山口県（防府市）	9
⑥-2			大阪地区	大阪府（大阪市）	26
⑦	三洋電機	73	三洋電機（本社）	大阪府（守口市）	32
⑧	日本カーリット	67	研究開発センター	群馬県（渋川市）	15
⑨-1	住友化学工業	56	愛媛地区	愛媛県（新居浜市）	2
⑨-2			茨城地区	茨城県（つくば市）	22
⑩-1	昭和電工	49	総合研究所	千葉県（千葉市）	20
⑩-2			総合技術研究所	東京都（大田区）	23
⑩-3			川崎樹脂研究所	神奈川県（横浜市）	7
⑩-4			大町工場	長野県（大町市）	9
⑪	富士通	62	富士通（本社地区）	神奈川県（川崎市）	54
⑫	日東電工	44	日東電工（本社地区）	大阪府（茨木市）	38
⑬	積水化学工業	48	積水化学（大阪地区）	大阪府（大阪市）	24
⑭	東洋紡績	39	総合研究所	滋賀県（大津市）	19
⑮	マルコン電子	44	本社地区	山形県（長井市）	15
⑯-1	三菱レイヨン	23	商品開発研究所	愛知県（名古屋市）	5
⑯-2			中央研究所	広島県（大竹市）	4
⑯-3			化成品開発研究所	神奈川県（横浜市）	10
⑰	セイコーエプソン	33	本社地区	長野県（諏訪市）	20
⑱	ニチコン	28	本社	京都府（京都市）	15
⑲	アキレス	20	足利工場	栃木県（足利市）	2
⑳	島津製作所	18	三条工場	京都府（京都市）	7

資料

1. 工業所有権総合情報館と特許流通促進事業
2. 特許流通アドバイザー一覧
3. 特許電子図書館情報検索指導アドバイザー一覧
4. 知的所有権センター一覧
5. 平成13年度25技術テーマの特許流通の概要
6. 特許番号一覧
7. ライセンス提供の用意のある特許

資料1．工業所有権総合情報館と特許流通促進事業

　特許庁工業所有権総合情報館は、明治20年に特許局官制が施行され、農商務省特許局庶務部内に図書館を置き、図書等の保管・閲覧を開始したことにより、組織上のスタートを切りました。

　その後、我が国が明治32年に「工業所有権の保護等に関するパリ同盟条約」に加入することにより、同条約に基づく公報等の閲覧を行う中央資料館として、国際的な地位を獲得しました。

　平成9年からは、工業所有権相談業務と情報流通業務を新たに加え、総合的な情報提供機関として、その役割を果たしております。さらに平成13年4月以降は、独立行政法人工業所有権総合情報館として生まれ変わり、より一層の利用者ニーズに機敏に対応する業務運営を目指し、特許公報等の情報提供及び工業所有権に関する相談等による出願人支援、審査審判協力のための図書等の提供、開放特許活用等の特許流通促進事業を推進しております。

1　事業の概要
(1) 内外国公報類の収集・閲覧

　下記の公報閲覧室でどなたでも内外国公報等の調査を行うことができる環境と体制を整備しています。

閲覧室	所在地	TEL
札幌閲覧室	北海道札幌市北区北7条西2-8　北ビル7F	011-747-3061
仙台閲覧室	宮城県仙台市青葉区本町3-4-18　太陽生命仙台本町ビル7F	022-711-1339
第一公報閲覧室	東京都千代田区霞が関3-4-3　特許庁2F	03-3580-7947
第二公報閲覧室	東京都千代田区霞が関1-3-1　経済産業省別館1F	03-3581-1101（内線3819）
名古屋閲覧室	愛知県名古屋市中区栄2-10-19　名古屋商工会議所ビルB2F	052-223-5764
大阪閲覧室	大阪府大阪市天王寺区伶人町2-7　関西特許情報センター1F	06-4305-0211
広島閲覧室	広島県広島市中区上八丁堀6-30　広島合同庁舎3号館	082-222-4595
高松閲覧室	香川県高松市林町2217-15　香川産業頭脳化センタービル2F	087-869-0661
福岡閲覧室	福岡県福岡市博多区博多駅東2-6-23　住友博多駅前第2ビル2F	092-414-7101
那覇閲覧室	沖縄県那覇市前島3-1-15　大同生命那覇ビル5F	098-867-9610

(2) 審査審判用図書等の収集・閲覧

　審査に利用する図書等を収集・整理し、特許庁の審査に提供すると同時に、「図書閲覧室（特許庁2F）」において、調査を希望する方々へ提供しています。【TEL：03-3592-2920】

(3) 工業所有権に関する相談

　相談窓口（特許庁 2F）を開設し、工業所有権に関する一般的な相談に応じています。

手紙、電話、e-mail等による相談も受け付けています。
　【TEL：03-3581-1101(内線2121～2123)】【FAX：03-3502-8916】
　【e-mail：PA8102@ncipi.jpo.go.jp】

(4) 特許流通の促進
　特許権の活用を促進するための特許流通市場の整備に向け、各種事業を行っています。
（詳細は2項参照）【TEL：03-3580-6949】

2　特許流通促進事業
　先行き不透明な経済情勢の中、企業が生き残り、発展して行くためには、新しいビジネスの創造が重要であり、その際、知的資産の活用、とりわけ技術情報の宝庫である特許の活用がキーポイントとなりつつあります。
　また、企業が技術開発を行う場合、まず自社で開発を行うことが考えられますが、商品のライフサイクルの短縮化、技術開発のスピードアップ化が求められている今日、外部からの技術を積極的に導入することも必要になってきています。
　このような状況下、特許庁では、特許の流通を通じた技術移転・新規事業の創出を促進するため、特許流通促進事業を展開していますが、2001年4月から、これらの事業は、特許庁から独立をした「独立行政法人 工業所有権総合情報館」が引き継いでいます。

(1) 特許流通の促進
① 特許流通アドバイザー
　全国の知的所有権センター・TLO等からの要請に応じて、知的所有権や技術移転についての豊富な知識・経験を有する専門家を特許流通アドバイザーとして派遣しています。
　知的所有権センターでは、地域の活用可能な特許の調査、当該特許の提供支援及び大学・研究機関が保有する特許と地域企業との橋渡しを行っています。（資料2参照）

② 特許流通促進説明会
　地域特性に合った特許情報の有効活用の普及・啓発を図るため、技術移転の実例を紹介しながら特許流通のプロセスや特許電子図書館を利用した特許情報検索方法等を内容とした説明会を開催しています。

(2) 開放特許情報等の提供
① 特許流通データベース
　活用可能な開放特許を産業界、特に中小・ベンチャー企業に円滑に流通させ実用化を推進していくため、企業や研究機関・大学等が保有する提供意思のある特許をデータベース化し、インターネットを通じて公開しています。（http://www.ncipi.go.jp）

② 開放特許活用例集
　特許流通データベースに登録されている開放特許の中から製品化ポテンシャルが高い案

件を選定し、これら有用な開放特許を有効に使ってもらうためのビジネスアイデア集を作成しています。

③ 特許流通支援チャート
　企業が新規事業創出時の技術導入・技術移転を図る上で指標となりうる国内特許の動向を技術テーマごとに、分析したものです。出願上位企業の特許取得状況、技術開発課題に対応した特許保有状況、技術開発拠点等を紹介しています。

④ 特許電子図書館情報検索指導アドバイザー
　知的財産権及びその情報に関する専門的知識を有するアドバイザーを全国の知的所有権センターに派遣し、特許情報の検索に必要な基礎知識から特許情報の活用の仕方まで、無料でアドバイス・相談を行っています。(資料3参照)

(3) 知的財産権取引業の育成
① 知的財産権取引業者データベース
　特許を始めとする知的財産権の取引や技術移転の促進には、欧米の技術移転先進国に見られるように、民間の仲介事業者の存在が不可欠です。こうした民間ビジネスが質・量ともに不足し、社会的認知度も低いことから、事業者の情報を収集してデータベース化し、インターネットを通じて公開しています。

② 国際セミナー・研修会等
　著名海外取引業者と我が国取引業者との情報交換、議論の場（国際セミナー）を開催しています。また、産学官の技術移転を促進して、企業の新商品開発や技術力向上を促進するために不可欠な、技術移転に携わる人材の育成を目的とした研修事業を開催しています。

資料2．特許流通アドバイザー一覧 （平成14年3月1日現在）

○経済産業局特許室および知的所有権センターへの派遣

派遣先	氏名	所在地	TEL
北海道経済産業局特許室	杉谷 克彦	〒060-0807 札幌市北区北7条西2丁目8番地1北ビル7階	011-708-5783
北海道知的所有権センター (北海道立工業試験場)	宮本 剛汎	〒060-0819 札幌市北区北19条西11丁目 北海道立工業試験場内	011-747-2211
東北経済産業局特許室	三澤 輝起	〒980-0014 仙台市青葉区本町3-4-18 太陽生命仙台本町ビル7階	022-223-9761
青森県知的所有権センター ((社)発明協会青森県支部)	内藤 規雄	〒030-0112 青森市大字八ッ役字芦谷202-4 青森県産業技術開発センター内	017-762-3912
岩手県知的所有権センター (岩手県工業技術センター)	阿部 新喜司	〒020-0852 盛岡市飯岡新田3-35-2 岩手県工業技術センター内	019-635-8182
宮城県知的所有権センター (宮城県産業技術総合センター)	小野 賢悟	〒981-3206 仙台市泉区明通二丁目2番地 宮城県産業技術総合センター内	022-377-8725
秋田県知的所有権センター (秋田県工業技術センター)	石川 順三	〒010-1623 秋田市新屋町字砂奴寄4-11 秋田県工業技術センター内	018-862-3417
山形県知的所有権センター (山形県工業技術センター)	冨樫 富雄	〒990-2473 山形市松栄1-3-8 山形県産業創造支援センター内	023-647-8130
福島県知的所有権センター ((社)発明協会福島県支部)	相澤 正彬	〒963-0215 郡山市待池台1-12 福島県ハイテクプラザ内	024-959-3351
関東経済産業局特許室	村上 義英	〒330-9715 さいたま市上落合2-11 さいたま新都心合同庁舎1号館	048-600-0501
茨城県知的所有権センター ((財)茨城県中小企業振興公社)	齋藤 幸一	〒312-0005 ひたちなか市新光町38 ひたちなかテクノセンタービル内	029-264-2077
栃木県知的所有権センター ((社)発明協会栃木県支部)	坂本 武	〒322-0011 鹿沼市白桑田516-1 栃木県工業技術センター内	0289-60-1811
群馬県知的所有権センター ((社)発明協会群馬県支部)	三田 隆志	〒371-0845 前橋市鳥羽町190 群馬県工業試験場内	027-280-4416
	金井 澄雄	〒371-0845 前橋市鳥羽町190 群馬県工業試験場内	027-280-4416
埼玉県知的所有権センター (埼玉県工業技術センター)	野口 満	〒333-0848 川口市芝下1-1-56 埼玉県工業技術センター内	048-269-3108
	清水 修	〒333-0848 川口市芝下1-1-56 埼玉県工業技術センター内	048-269-3108
千葉県知的所有権センター ((社)発明協会千葉県支部)	稲谷 稔宏	〒260-0854 千葉市中央区長洲1-9-1 千葉県庁南庁舎内	043-223-6536
	阿草 一男	〒260-0854 千葉市中央区長洲1-9-1 千葉県庁南庁舎内	043-223-6536
東京都知的所有権センター (東京都城南地域中小企業振興センター)	鷹見 紀彦	〒144-0035 大田区南蒲田1-20-20 城南地域中小企業振興センター内	03-3737-1435
神奈川県知的所有権センター支部 ((財)神奈川高度技術支援財団)	小森 幹雄	〒213-0012 川崎市高津区坂戸3-2-1 かながわサイエンスパーク内	044-819-2100
新潟県知的所有権センター ((財)信濃川テクノポリス開発機構)	小林 靖幸	〒940-2127 長岡市新産4-1-9 長岡地域技術開発振興センター内	0258-46-9711
山梨県知的所有権センター (山梨県工業技術センター)	廣川 幸生	〒400-0055 甲府市大津町2094 山梨県工業技術センター内	055-220-2409
長野県知的所有権センター ((社)発明協会長野県支部)	徳永 正明	〒380-0928 長野市若里1-18-1 長野県工業試験場内	026-229-7688
静岡県知的所有権センター ((社)発明協会静岡県支部)	神長 邦雄	〒421-1221 静岡市牧ヶ谷2078 静岡工業技術センター内	054-276-1516
	山田 修寧	〒421-1221 静岡市牧ヶ谷2078 静岡工業技術センター内	054-276-1516
中部経済産業局特許室	原口 邦弘	〒460-0008 名古屋市中区栄2-10-19 名古屋商工会議所ビルB2F	052-223-6549
富山県知的所有権センター (富山県工業技術センター)	小坂 郁雄	〒933-0981 高岡市二上町150 富山県工業技術センター内	0766-29-2081
石川県知的所有権センター (財)石川県産業創出支援機構	一丸 義次	〒920-0223 金沢市戸水町イ65番地 石川県地場産業振興センター新館1階	076-267-8117
岐阜県知的所有権センター (岐阜県科学技術振興センター)	松永 孝義	〒509-0108 各務原市須衛町4-179-1 テクノプラザ5F	0583-79-2250
	木下 裕雄	〒509-0108 各務原市須衛町4-179-1 テクノプラザ5F	0583-79-2250
愛知県知的所有権センター (愛知県工業技術センター)	森 孝和	〒448-0003 刈谷市一ツ木町西新割 愛知県工業技術センター内	0566-24-1841
	三浦 元久	〒448-0003 刈谷市一ツ木町西新割 愛知県工業技術センター内	0566-24-1841

派遣先	氏名	所在地	TEL
三重県知的所有権センター (三重県工業技術総合研究所)	馬渡 建一	〒514-0819 津市高茶屋5-5-45 三重県科学振興センター工業研究部内	059-234-4150
近畿経済産業局特許室	下田 英宣	〒543-0061 大阪市天王寺区伶人町2-7 関西特許情報センター1階	06-6776-8491
福井県知的所有権センター (福井県工業技術センター)	上坂 旭	〒910-0102 福井市川合鷲塚町61字北稲田10 福井県工業技術センター内	0776-55-2100
滋賀県知的所有権センター (滋賀県工業技術センター)	新屋 正男	〒520-3004 栗東市上砥山232 滋賀県工業技術総合センター別館内	077-558-4040
京都府知的所有権センター ((社)発明協会京都支部)	衣川 清彦	〒600-8813 京都市下京区中堂寺南町17番地 京都リサーチパーク京都高度技術研究所ビル4階	075-326-0066
大阪府知的所有権センター (大阪府立特許情報センター)	大空 一博	〒543-0061 大阪市天王寺区伶人町2-7 関西特許情報センター内	06-6772-0704
	梶原 淳治	〒577-0809 東大阪市永和1-11-10	06-6722-1151
兵庫県知的所有権センター ((財)新産業創造研究機構)	園田 憲一	〒650-0047 神戸市中央区港島南町1-5-2 神戸キメックセンタービル6F	078-306-6808
	島田 一男	〒650-0047 神戸市中央区港島南町1-5-2 神戸キメックセンタービル6F	078-306-6808
和歌山県知的所有権センター ((社)発明協会和歌山県支部)	北澤 宏造	〒640-8214 和歌山県寄合町25 和歌山市発明館4階	073-432-0087
中国経済産業局特許室	木村 郁男	〒730-8531 広島市中区上八丁堀6-30 広島合同庁舎3号館1階	082-502-6828
鳥取県知的所有権センター ((社)発明協会鳥取県支部)	五十嵐 善司	〒689-1112 鳥取市若葉台南7-5-1 新産業創造センター1階	0857-52-6728
島根県知的所有権センター ((社)発明協会島根県支部)	佐野 馨	〒690-0816 島根県松江市北陵町1 テクノアークしまね内	0852-60-5146
岡山県知的所有権センター ((社)発明協会岡山県支部)	横田 悦造	〒701-1221 岡山市芳賀5301 テクノサポート岡山内	086-286-9102
広島県知的所有権センター ((社)発明協会広島県支部)	壹岐 正弘	〒730-0052 広島市中区千田町3-13-11 広島発明会館2階	082-544-2066
山口県知的所有権センター ((社)発明協会山口県支部)	滝川 尚久	〒753-0077 山口市熊野町1-10 NPYビル10階 (財)山口県産業技術開発機構内	083-922-9927
四国経済産業局特許室	鶴野 弘章	〒761-0301 香川県高松市林町2217-15 香川産業頭脳化センタービル2階	087-869-3790
徳島県知的所有権センター ((社)発明協会徳島県支部)	武岡 明夫	〒770-8021 徳島市雑賀町西開11-2 徳島県立工業技術センター内	088-669-0117
香川県知的所有権センター ((社)発明協会香川県支部)	谷田 吉成	〒761-0301 香川県高松市林町2217-15 香川産業頭脳化センタービル2階	087-869-9004
	福家 康矩	〒761-0301 香川県高松市林町2217-15 香川産業頭脳化センタービル2階	087-869-9004
愛媛県知的所有権センター ((社)発明協会愛媛県支部)	川野 辰己	〒791-1101 松山市久米窪田町337-1 テクノプラザ愛媛	089-960-1489
高知県知的所有権センター ((財)高知県産業振興センター)	吉本 忠男	〒781-5101 高知市布師田3992-2 高知県中小企業会館2階	0888-46-7087
九州経済産業局特許室	簗田 克志	〒812-8546 福岡市博多区博多駅東2-11-1 福岡合同庁舎内	092-436-7260
福岡県知的所有権センター ((社)発明協会福岡県支部)	道津 毅	〒812-0013 福岡市博多区博多駅東2-6-23 住友博多駅前第2ビル1階	092-415-6777
福岡県知的所有権センター北九州支部 ((株)北九州テクノセンター)	沖 宏治	〒804-0003 北九州市戸畑区中原新町2-1 (株)北九州テクノセンター内	093-873-1432
佐賀県知的所有権センター (佐賀県工業技術センター)	光武 章二	〒849-0932 佐賀市鍋島町大字八戸溝114 佐賀県工業技術センター内	0952-30-8161
	村上 忠郎	〒849-0932 佐賀市鍋島町大字八戸溝114 佐賀県工業技術センター内	0952-30-8161
長崎県知的所有権センター ((社)発明協会長崎県支部)	嶋北 正俊	〒856-0026 大村市池田2-1303-8 長崎県工業技術センター内	0957-52-1138
熊本県知的所有権センター ((社)発明協会熊本県支部)	深見 毅	〒862-0901 熊本市東町3-11-38 熊本県工業技術センター内	096-331-7023
大分県知的所有権センター (大分県産業科学技術センター)	古崎 宣	〒870-1117 大分市高江西1-4361-10 大分県産業科学技術センター内	097-596-7121
宮崎県知的所有権センター ((社)発明協会宮崎県支部)	久保田 英世	〒880-0303 宮崎県宮崎郡佐土原町東上那珂16500-2 宮崎県工業技術センター内	0985-74-2953
鹿児島県知的所有権センター (鹿児島県工業技術センター)	山田 式典	〒899-5105 鹿児島県姶良郡隼人町小田1445-1 鹿児島県工業技術センター内	0995-64-2056
沖縄総合事務局特許室	下司 義雄	〒900-0016 那覇市前島3-1-15 大同生命那覇ビル5階	098-867-3293
沖縄県知的所有権センター (沖縄県工業技術センター)	木村 薫	〒904-2234 具志川市州崎12-2 沖縄県工業技術センター内1階	098-939-2372

○技術移転機関(TLO)への派遣

派遣先	氏名	所在地	TEL
北海道ティー・エル・オー(株)	山田 邦重	〒060-0808 札幌市北区北8条西5丁目 北海道大学事務局分館2館	011-708-3633
	岩城 全紀	〒060-0808 札幌市北区北8条西5丁目 北海道大学事務局分館2館	011-708-3633
(株)東北テクノアーチ	井硲 弘	〒980-0845 仙台市青葉区荒巻字青葉468番地 東北大学未来科学技術共同センター	022-222-3049
(株)筑波リエゾン研究所	関 淳次	〒305-8577 茨城県つくば市天王台1-1-1 筑波大学共同研究棟A303	0298-50-0195
	綾 紀元	〒305-8577 茨城県つくば市天王台1-1-1 筑波大学共同研究棟A303	0298-50-0195
(財)日本産業技術振興協会 産総研イノベーションズ	坂 光	〒305-8568 茨城県つくば市梅園1-1-1 つくば中央第二事業所D-7階	0298-61-5210
日本大学国際産業技術・ビジネス育成センター	斎藤 光史	〒102-8275 東京都千代田区九段南4-8-24	03-5275-8139
	加根魯 和宏	〒102-8275 東京都千代田区九段南4-8-24	03-5275-8139
学校法人早稲田大学知的財産センター	菅野 淳	〒162-0041 東京都新宿区早稲田鶴巻町513 早稲田大学研究開発センター120-1号館1F	03-5286-9867
	風間 孝彦	〒162-0041 東京都新宿区早稲田鶴巻町513 早稲田大学研究開発センター120-1号館1F	03-5286-9867
(財)理工学振興会	鷹巣 征行	〒226-8503 横浜市緑区長津田町4259 フロンティア創造共同研究センター内	045-921-4391
	北川 謙一	〒226-8503 横浜市緑区長津田町4259 フロンティア創造共同研究センター内	045-921-4391
よこはまティーエルオー(株)	小原 郁	〒240-8501 横浜市保土ヶ谷区常盤台79-5 横浜国立大学共同研究推進センター内	045-339-4441
学校法人慶応義塾大学知的資産センター	道井 敏	〒108-0073 港区三田2-11-15 三田川崎ビル3階	03-5427-1678
	鈴木 泰	〒108-0073 港区三田2-11-15 三田川崎ビル3階	03-5427-1678
学校法人東京電機大学産官学交流センター	河村 幸夫	〒101-8457 千代田区神田錦町2-2	03-5280-3640
タマティーエルオー(株)	古瀬 武弘	〒192-0083 八王子市旭町9-1 八王子スクエアビル11階	0426-31-1325
学校法人明治大学知的資産センター	竹田 幹男	〒101-8301 千代田区神田駿河台1-1	03-3296-4327
(株)山梨ティー・エル・オー	田中 正男	〒400-8511 甲府市武田4-3-11 山梨大学地域共同開発研究センター内	055-220-8760
(財)浜松科学技術研究振興会	小野 義光	〒432-8561 浜松市城北3-5-1	053-412-6703
(財)名古屋産業科学研究所	杉本 勝	〒460-0008 名古屋市中区栄二丁目十番十九号 名古屋商工会議所ビル	052-223-5691
	小西 富雅	〒460-0008 名古屋市中区栄二丁目十番十九号 名古屋商工会議所ビル	052-223-5694
関西ティー・エル・オー(株)	山田 富義	〒600-8813 京都市下京区中堂寺南町17 京都リサーチパークサイエンスセンタービル1号館2階	075-315-8250
	斎田 雄一	〒600-8813 京都市下京区中堂寺南町17 京都リサーチパークサイエンスセンタービル1号館2階	075-315-8250
(財)新産業創造研究機構	井上 勝彦	〒650-0047 神戸市中央区港島南町1-5-2 神戸キメックセンタービル6F	078-306-6805
	長冨 弘充	〒650-0047 神戸市中央区港島南町1-5-2 神戸キメックセンタービル6F	078-306-6805
(財)大阪産業振興機構	有馬 秀平	〒565-0871 大阪府吹田市山田丘2-1 大阪大学先端科学技術共同研究センター4F	06-6879-4196
(有)山口ティー・エル・オー	松本 孝三	〒755-8611 山口県宇部市常盤台2-16-1 山口大学地域共同研究開発センター内	0836-22-9768
	熊原 尋美	〒755-8611 山口県宇部市常盤台2-16-1 山口大学地域共同研究開発センター内	0836-22-9768
(株)テクノネットワーク四国	佐藤 博正	〒760-0033 香川県高松市丸の内2-5 ヨンデンビル別館4F	087-811-5039
(株)北九州テクノセンター	乾 全	〒804-0003 北九州市戸畑区中原新町2番1号	093-873-1448
(株)産学連携機構九州	堀 浩一	〒812-8581 福岡市東区箱崎6-10-1 九州大学技術移転推進室内	092-642-4363
(財)くまもとテクノ産業財団	桂 真郎	〒861-2202 熊本県上益城郡益城町田原2081-10	096-289-2340

資料3．特許電子図書館情報検索指導アドバイザー一覧 （平成14年3月1日現在）

○知的所有権センターへの派遣

派遣先	氏名	所在地	TEL
北海道知的所有権センター （北海道立工業試験場）	平野 徹	〒060-0819 札幌市北区北19条西11丁目	011-747-2211
青森県知的所有権センター （(社)発明協会青森県支部）	佐々木 泰樹	〒030-0112 青森市第二問屋町4-11-6	017-762-3912
岩手県知的所有権センター （岩手県工業技術センター）	中嶋 孝弘	〒020-0852 盛岡市飯岡新田3-35-2	019-634-0684
宮城県知的所有権センター （宮城県産業技術総合センター）	小林 保	〒981-3206 仙台市泉区明通2-2	022-377-8725
秋田県知的所有権センター （秋田県工業技術センター）	田嶋 正夫	〒010-1623 秋田市新屋町字砂奴寄4-11	018-862-3417
山形県知的所有権センター （山形県工業技術センター）	大澤 忠行	〒990-2473 山形市松栄1-3-8	023-647-8130
福島県知的所有権センター （(社)発明協会福島県支部）	栗田 広	〒963-0215 郡山市待池台1-12 福島県ハイテクプラザ内	024-963-0242
茨城県知的所有権センター （(財)茨城県中小企業振興公社）	猪野 正己	〒312-0005 ひたちなか市新光町38 ひたちなかテクノセンタービル1階	029-264-2211
栃木県知的所有権センター （(社)発明協会栃木県支部）	中里 浩	〒322-0011 鹿沼市白桑田516-1 栃木県工業技術センター内	0289-65-7550
群馬県知的所有権センター （(社)発明協会群馬県支部）	神林 賢蔵	〒371-0845 前橋市鳥羽町190 群馬県工業試験場内	027-254-0627
埼玉県知的所有権センター （(社)発明協会埼玉県支部）	田中 庸雅	〒331-8669 さいたま市桜木町1-7-5 ソニックシティ10階	048-644-4806
千葉県知的所有権センター （(社)発明協会千葉県支部）	中原 照義	〒260-0854 千葉市中央区長洲1-9-1 千葉県庁南庁舎R3階	043-223-7748
東京都知的所有権センター （(社)発明協会東京支部）	福澤 勝義	〒105-0001 港区虎ノ門2-9-14	03-3502-5521
神奈川県知的所有権センター （神奈川県産業技術総合研究所）	森 啓次	〒243-0435 海老名市下今泉705-1	046-236-1500
神奈川県知的所有権センター支部 （(財)神奈川高度技術支援財団）	大井 隆	〒213-0012 川崎市高津区坂戸3-2-1 かながわサイエンスパーク西棟205	044-819-2100
神奈川県知的所有権センター支部 （(社)発明協会神奈川県支部）	蓮見 亮	〒231-0015 横浜市中区尾上町5-80 神奈川中小企業センター10階	045-633-5055
新潟県知的所有権センター （(財)信濃川テクノポリス開発機構）	石谷 速夫	〒940-2127 長岡市新産4-1-9	0258-46-9711
山梨県知的所有権センター （山梨県工業技術センター）	山下 知	〒400-0055 甲府市大津町2094	055-243-6111
長野県知的所有権センター （(社)発明協会長野県支部）	岡田 光正	〒380-0928 長野市若里1-18-1 長野県工業試験場内	026-228-5559
静岡県知的所有権センター （(社)発明協会静岡県支部）	吉井 和夫	〒421-1221 静岡市牧ヶ谷2078 静岡工業技術センター資料館内	054-278-6111
富山県知的所有権センター （富山県工業技術センター）	齋藤 靖雄	〒933-0981 高岡市二上町150	0766-29-1252
石川県知的所有権センター （財)石川県産業創出支援機構	辻 寛司	〒920-0223 金沢市戸水町イ65番地 石川県地場産業振興センター	076-267-5918
岐阜県知的所有権センター （岐阜県科学技術振興センター）	林 邦明	〒509-0108 各務原市須衛町4-179-1 テクノプラザ5F	0583-79-2250
愛知県知的所有権センター （愛知県工業技術センター）	加藤 英昭	〒448-0003 刈谷市一ツ木町西新割	0566-24-1841
三重県知的所有権センター （三重県工業技術総合研究所）	長峰 隆	〒514-0819 津市高茶屋5-5-45	059-234-4150
福井県知的所有権センター （福井県工業技術センター）	川・好昭	〒910-0102 福井市川合鷲塚町61字北稲田10	0776-55-1195
滋賀県知的所有権センター （滋賀県工業技術センター）	森 久子	〒520-3004 栗東市上砥山232	077-558-4040
京都府知的所有権センター （(社)発明協会京都支部）	中野 剛	〒600-8813 京都市下京区中堂寺南町17 京都リサーチパーク内 京都高度技研ビル4階	075-315-8686
大阪府知的所有権センター （大阪府立特許情報センター）	秋田 伸一	〒543-0061 大阪市天王寺区伶人町2-7	06-6771-2646
大阪府知的所有権センター支部 （(社)発明協会大阪支部知的財産センター）	戎 邦夫	〒564-0062 吹田市垂水町3-24-1 シンプレス江坂ビル2階	06-6330-7725
兵庫県知的所有権センター （(社)発明協会兵庫県支部）	山口 克己	〒654-0037 神戸市須磨区行平町3-1-31 兵庫県立産業技術センター4階	078-731-5847
奈良県知的所有権センター （奈良県工業技術センター）	北田 友彦	〒630-8031 奈良市柏木町129-1	0742-33-0863

派遣先	氏名	所在地	TEL
和歌山県知的所有権センター ((社)発明協会和歌山県支部)	木村 武司	〒640-8214 和歌山県寄合町25 和歌山市発明館4階	073-432-0087
鳥取県知的所有権センター ((社)発明協会鳥取県支部)	奥村 隆一	〒689-1112 鳥取市若葉台南7-5-1 新産業創造センター1階	0857-52-6728
島根県知的所有権センター ((社)発明協会島根県支部)	門脇 みどり	〒690-0816 島根県松江市北陵町1番地 テクノアークしまね1F内	0852-60-5146
岡山県知的所有権センター ((社)発明協会岡山県支部)	佐藤 新吾	〒701-1221 岡山市芳賀5301 テクノサポート岡山内	086-286-9656
広島県知的所有権センター ((社)発明協会広島県支部)	若木 幸蔵	〒730-0052 広島市中区千田町3-13-11 広島発明会館内	082-544-0775
広島県知的所有権センター支部 ((社)発明協会広島県支部備後支会)	渡部 武徳	〒720-0067 福山市西町2-10-1	0849-21-2349
広島県知的所有権センター支部 (呉地域産業振興センター)	三上 達矢	〒737-0004 呉市阿賀南2-10-1	0823-76-3766
山口県知的所有権センター ((社)発明協会山口県支部)	大段 恭二	〒753-0077 山口市熊野町1-10 NPYビル10階	083-922-9927
徳島県知的所有権センター ((社)発明協会徳島県支部)	平野 稔	〒770-8021 徳島市雑賀町西開11-2 徳島県立工業技術センター内	088-636-3388
香川県知的所有権センター ((社)発明協会香川県支部)	中元 恒	〒761-0301 香川県高松市林町2217-15 香川産業頭脳化センタービル2階	087-869-9005
愛媛県知的所有権センター ((社)発明協会愛媛県支部)	片山 忠徳	〒791-1101 松山市久米窪田町337-1 テクノプラザ愛媛	089-960-1118
高知県知的所有権センター (高知県工業技術センター)	柏井 富雄	〒781-5101 高知市布師田3992-3	088-845-7664
福岡県知的所有権センター ((社)発明協会福岡県支部)	浦井 正章	〒812-0013 福岡市博多区博多駅東2-6-23 住友博多駅前第2ビル2階	092-474-7255
福岡県知的所有権センター北九州支部 ((株)北九州テクノセンター)	重藤 務	〒804-0003 北九州市戸畑区中原新町2-1	093-873-1432
佐賀県知的所有権センター (佐賀県工業技術センター)	塚島 誠一郎	〒849-0932 佐賀市鍋島町八戸溝114	0952-30-8161
長崎県知的所有権センター ((社)発明協会長崎県支部)	川添 早苗	〒856-0026 大村市池田2-1303-8 長崎県工業技術センター内	0957-52-1144
熊本県知的所有権センター ((社)発明協会熊本県支部)	松山 彰雄	〒862-0901 熊本市東町3-11-38 熊本県工業技術センター内	096-360-3291
大分県知的所有権センター (大分県産業科学技術センター)	鎌田 正道	〒870-1117 大分市高江西1-4361-10	097-596-7121
宮崎県知的所有権センター ((社)発明協会宮崎県支部)	黒田 護	〒880-0303 宮崎県宮崎郡佐土原町東上那珂16500-2 宮崎県工業技術センター内	0985-74-2953
鹿児島県知的所有権センター (鹿児島県工業技術センター)	大井 敏民	〒899-5105 鹿児島県姶良郡隼人町小田1445-1	0995-64-2445
沖縄県知的所有権センター (沖縄県工業技術センター)	和田 修	〒904-2234 具志川市字州崎12-2 中城湾港新港地区トロピカルテクノパーク内	098-929-0111

資料4．知的所有権センター一覧 （平成14年3月1日現在）

都道府県	名称	所在地	TEL
北海道	北海道知的所有権センター （北海道立工業試験場）	〒060-0819 札幌市北区北19条西11丁目	011-747-2211
青森県	青森県知的所有権センター （(社)発明協会青森県支部）	〒030-0112 青森市第二問屋町4-11-6	017-762-3912
岩手県	岩手県知的所有権センター （岩手県工業技術センター）	〒020-0852 盛岡市飯岡新田3-35-2	019-634-0684
宮城県	宮城県知的所有権センター （宮城県産業技術総合センター）	〒981-3206 仙台市泉区明通2-2	022-377-8725
秋田県	秋田県知的所有権センター （秋田県工業技術センター）	〒010-1623 秋田市新屋町字砂奴寄4-11	018-862-3417
山形県	山形県知的所有権センター （山形県工業技術センター）	〒990-2473 山形市松栄1-3-8	023-647-8130
福島県	福島県知的所有権センター （(社)発明協会福島県支部）	〒963-0215 郡山市待池台1-12 福島県ハイテクプラザ内	024-963-0242
茨城県	茨城県知的所有権センター （(財)茨城県中小企業振興公社）	〒312-0005 ひたちなか市新光町38 ひたちなかテクノセンタービル1階	029-264-2211
栃木県	栃木県知的所有権センター （(社)発明協会栃木県支部）	〒322-0011 鹿沼市白桑田516-1 栃木県工業技術センター内	0289-65-7550
群馬県	群馬県知的所有権センター （(社)発明協会群馬県支部）	〒371-0845 前橋市鳥羽町190 群馬県工業試験場内	027-254-0627
埼玉県	埼玉県知的所有権センター （(社)発明協会埼玉県支部）	〒331-8669 さいたま市桜木町1-7-5 ソニックシティ10階	048-644-4806
千葉県	千葉県知的所有権センター （(社)発明協会千葉県支部）	〒260-0854 千葉市中央区長洲1-9-1 千葉県庁南庁舎R3階	043-223-7748
東京都	東京都知的所有権センター （(社)発明協会東京支部）	〒105-0001 港区虎ノ門2-9-14	03-3502-5521
神奈川県	神奈川県知的所有権センター （神奈川県産業技術総合研究所）	〒243-0435 海老名市下今泉705-1	046-236-1500
	神奈川県知的所有権センター支部 （(財)神奈川高度技術支援財団）	〒213-0012 川崎市高津区坂戸3-2-1 かながわサイエンスパーク西棟205	044-819-2100
	神奈川県知的所有権センター支部 （(社)発明協会神奈川県支部）	〒231-0015 横浜市中区尾上町5-80 神奈川中小企業センター10階	045-633-5055
新潟県	新潟県知的所有権センター （(財)信濃川テクノポリス開発機構）	〒940-2127 長岡市新産4-1-9	0258-46-9711
山梨県	山梨県知的所有権センター （山梨県工業技術センター）	〒400-0055 甲府市大津町2094	055-243-6111
長野県	長野県知的所有権センター （(社)発明協会長野県支部）	〒380-0928 長野市若里1-18-1 長野県工業試験場内	026-228-5559
静岡県	静岡県知的所有権センター （(社)発明協会静岡県支部）	〒421-1221 静岡市牧ヶ谷2078 静岡工業技術センター資料館内	054-278-6111
富山県	富山県知的所有権センター （富山県工業技術センター）	〒933-0981 高岡市二上町150	0766-29-1252
石川県	石川県知的所有権センター (財)石川県産業創出支援機構	〒920-0223 金沢市戸水町イ65番地 石川県地場産業振興センター	076-267-5918
岐阜県	岐阜県知的所有権センター （岐阜県科学技術振興センター）	〒509-0108 各務原市須衛町4-179-1 テクノプラザ5F	0583-79-2250
愛知県	愛知県知的所有権センター （愛知県工業技術センター）	〒448-0003 刈谷市一ツ木町西新割	0566-24-1841
三重県	三重県知的所有権センター （三重県工業技術総合研究所）	〒514-0819 津市高茶屋5-5-45	059-234-4150
福井県	福井県知的所有権センター （福井県工業技術センター）	〒910-0102 福井市川合鷲塚町61字北稲田10	0776-55-1195
滋賀県	滋賀県知的所有権センター （滋賀県工業技術センター）	〒520-3004 栗東市上砥山232	077-558-4040
京都府	京都府知的所有権センター （(社)発明協会京都支部）	〒600-8813 京都市下京区中堂寺南町17 京都リサーチパーク内 京都高度技研ビル4階	075-315-8686
大阪府	大阪府知的所有権センター （大阪府立特許情報センター）	〒543-0061 大阪市天王寺区伶人町2-7	06-6771-2646
	大阪府知的所有権センター支部 （(社)発明協会大阪支部知的財産センター）	〒564-0062 吹田市垂水町3-24-1 シンプレス江坂ビル2階	06-6330-7725
兵庫県	兵庫県知的所有権センター （(社)発明協会兵庫県支部）	〒654-0037 神戸市須磨区行平町3-1-31 兵庫県立産業技術センター4階	078-731-5847

都道府県	名称	所在地	TEL
奈良県	奈良県知的所有権センター (奈良県工業技術センター)	〒630-8031 奈良市柏木町129－1	0742-33-0863
和歌山県	和歌山県知的所有権センター ((社)発明協会和歌山県支部)	〒640-8214 和歌山県寄合町25 和歌山市発明館4階	073-432-0087
鳥取県	鳥取県知的所有権センター ((社)発明協会鳥取県支部)	〒689-1112 鳥取市若葉台南7－5－1 新産業創造センター1階	0857-52-6728
島根県	島根県知的所有権センター ((社)発明協会島根県支部)	〒690-0816 島根県松江市北陵町1番地 テクノアークしまね1F内	0852-60-5146
岡山県	岡山県知的所有権センター ((社)発明協会岡山県支部)	〒701-1221 岡山市芳賀5301 テクノサポート岡山内	086-286-9656
広島県	広島県知的所有権センター ((社)発明協会広島県支部)	〒730-0052 広島市中区千田町3－13－11 広島発明会館内	082-544-0775
	広島県知的所有権センター支部 ((社)発明協会広島県支部備後支会)	〒720-0067 福山市西町2－10－1	0849-21-2349
	広島県知的所有権センター支部 (呉地域産業振興センター)	〒737-0004 呉市阿賀南2－10－1	0823-76-3766
山口県	山口県知的所有権センター ((社)発明協会山口県支部)	〒753-0077 山口市熊野町1-10 NPYビル10階	083-922-9927
徳島県	徳島県知的所有権センター ((社)発明協会徳島県支部)	〒770-8021 徳島市雑賀町西開11－2 徳島県立工業技術センター内	088-636-3388
香川県	香川県知的所有権センター ((社)発明協会香川県支部)	〒761-0301 香川県高松市林町2217－15 香川産業頭脳化センタービル2階	087-869-9005
愛媛県	愛媛県知的所有権センター ((社)発明協会愛媛県支部)	〒791-1101 松山市久米窪田町337－1 テクノプラザ愛媛	089-960-1118
高知県	高知県知的所有権センター (高知県工業技術センター)	〒781-5101 高知市布師田3992－3	088-845-7664
福岡県	福岡県知的所有権センター ((社)発明協会福岡県支部)	〒812-0013 福岡市博多区博多駅東2－6－23 住友博多駅前第2ビル2階	092-474-7255
	福岡県知的所有権センター北九州支部 ((株)北九州テクノセンター)	〒804-0003 北九州市戸畑区中原新町2－1	093-873-1432
佐賀県	佐賀県知的所有権センター (佐賀県工業技術センター)	〒849-0932 佐賀市鍋島町八戸溝114	0952-30-8161
長崎県	長崎県知的所有権センター ((社)発明協会長崎県支部)	〒856-0026 大村市池田2－1303－8 長崎県工業技術センター内	0957-52-1144
熊本県	熊本県知的所有権センター ((社)発明協会熊本県支部)	〒862-0901 熊本市東町3－11－38 熊本県工業技術センター内	096-360-3291
大分県	大分県知的所有権センター (大分県産業科学技術センター)	〒870-1117 大分市高江西1－4361－10	097-596-7121
宮崎県	宮崎県知的所有権センター ((社)発明協会宮崎県支部)	〒880-0303 宮崎県宮崎郡佐土原町東上那珂16500-2 宮崎県工業技術センター内	0985-74-2953
鹿児島県	鹿児島県知的所有権センター (鹿児島県工業技術センター)	〒899-5105 鹿児島県姶良郡隼人町小田1445-1	0995-64-2445
沖縄県	沖縄県知的所有権センター (沖縄県工業技術センター)	〒904-2234 具志川市字州崎12－2 中城湾港新港地区トロピカルテクノパーク内	098-929-0111

資料5．平成13年度25技術テーマの特許流通の概要

5.1 アンケート送付先と回収率

平成13年度は、25の技術テーマにおいて「特許流通支援チャート」を作成し、その中で特許流通に対する意識調査として各技術テーマの出願件数上位企業を対象としてアンケート調査を行った。平成13年12月7日に郵送によりアンケートを送付し、平成14年1月31日までに回収されたものを対象に解析した。

表5.1-1に、アンケート調査表の回収状況を示す。送付数578件、回収数306件、回収率52.9%であった。

表5.1-1 アンケートの回収状況

送付数	回収数	未回収数	回収率
578	306	272	52.9%

表5.1-2に、業種別の回収状況を示す。各業種を一般系、機械系、化学系、電気系と大きく4つに分類した。以下、「○○系」と表現する場合は、各企業の業種別に基づく分類を示す。それぞれの回収率は、一般系56.5%、機械系63.5%、化学系41.1%、電気系51.6%であった。

表5.1-2 アンケートの業種別回収件数と回収率

業種と回収率	業種	回収件数
一般系 48/85=56.5%	建設	5
	窯業	12
	鉄鋼	6
	非鉄金属	17
	金属製品	2
	その他製造業	6
化学系 39/95=41.1%	食品	1
	繊維	12
	紙・パルプ	3
	化学	22
	石油・ゴム	1
機械系 73/115=63.5%	機械	23
	精密機器	28
	輸送機器	22
電気系 146/283=51.6%	電気	144
	通信	2

図 5.1 に、全回収件数を母数にして業種別に回収率を示す。全回収件数に占める業種別の回収率は電気系 47.7%、機械系 23.9%、一般系 15.7%、化学系 12.7% である。

図 5.1 回収件数の業種別比率

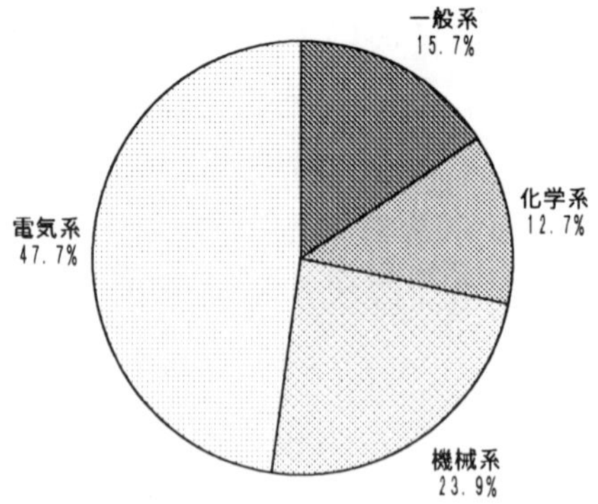

一般系	化学系	機械系	電気系	合計
48	39	73	146	306

表 5.1-3 に、技術テーマ別の回収件数と回収率を示す。この表では、技術テーマを一般分野、化学分野、機械分野、電気分野に分類した。以下、「〇〇分野」と表現する場合は、技術テーマによる分類を示す。回収率の最も良かった技術テーマは焼却炉排ガス処理技術の 71.4% で、最も悪かったのは有機 EL 素子の 34.6% である。

表 5.1-3 テーマ別の回収件数と回収率

分野	技術テーマ名	送付数	回収数	回収率
一般分野	カーテンウォール	24	13	54.2%
	気体膜分離装置	25	12	48.0%
	半導体洗浄と環境適応技術	23	14	60.9%
	焼却炉排ガス処理技術	21	15	71.4%
	はんだ付け鉛フリー技術	20	11	55.0%
化学分野	プラスティックリサイクル	25	15	60.0%
	バイオセンサ	24	16	66.7%
	セラミックスの接合	23	12	52.2%
	有機ＥＬ素子	26	9	34.6%
	生分解ポリエステル	23	12	52.2%
	有機導電性ポリマー	24	15	62.5%
	リチウムポリマー電池	29	13	44.8%
機械分野	車いす	21	12	57.1%
	金属射出成形技術	28	14	50.0%
	微細レーザ加工	20	10	50.0%
	ヒートパイプ	22	10	45.5%
電気分野	圧力センサ	22	13	59.1%
	個人照合	29	12	41.4%
	非接触型ＩＣカード	21	10	47.6%
	ビルドアップ多層プリント配線板	23	11	47.8%
	携帯電話表示技術	20	11	55.0%
	アクティブマトリックス液晶駆動技術	21	12	57.1%
	プログラム制御技術	21	12	57.1%
	半導体レーザの活性層	22	11	50.0%
	無線ＬＡＮ	21	11	52.4%

5.2 アンケート結果
5.2.1 開放特許に関して
(1) 開放特許と非開放特許

他者にライセンスしてもよい特許を「開放特許」、ライセンスの可能性のない特許を「非開放特許」と定義した。その上で、各技術テーマにおける保有特許のうち、自社での実施状況と開放状況について質問を行った。

306件中257件の回答があった（回答率84.0%）。保有特許件数に対する開放特許件数の割合を開放比率とし、保有特許件数に対する非開放特許件数の割合を非開放比率と定義した。

図5.2.1-1に、業種別の特許の開放比率と非開放比率を示す。全体の開放比率は58.3%で、業種別では一般系が37.1%、化学系が20.6%、機械系が39.4%、電気系が77.4%である。化学系（20.6%）の企業の開放比率は、化学分野における開放比率（図5.2.1-2）の最低値である「生分解ポリエステル」の22.6%よりさらに低い値となっている。これは、化学分野においても、機械系、電気系の企業であれば、保有特許について比較的開放的であることを示唆している。

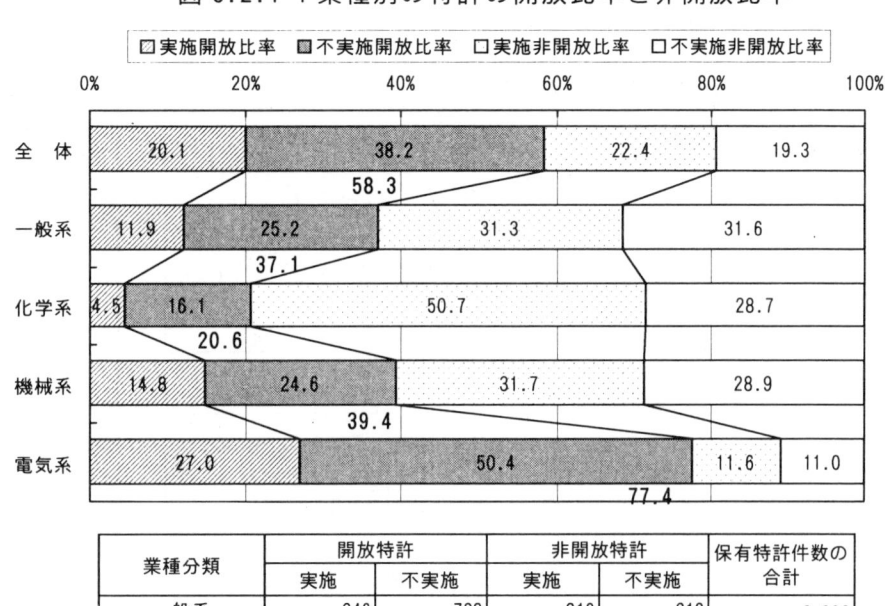

図5.2.1-1 業種別の特許の開放比率と非開放比率

	実施開放比率	不実施開放比率	実施非開放比率	不実施非開放比率
全体	20.1	38.2	22.4	19.3
一般系	11.9	25.2	31.3	31.6
化学系	4.5	16.1	50.7	28.7
機械系	14.8	24.6	31.7	28.9
電気系	27.0	50.4	11.6	11.0

業種分類	開放特許 実施	開放特許 不実施	非開放特許 実施	非開放特許 不実施	保有特許件数の合計
一般系	346	732	910	918	2,906
化学系	90	323	1,017	576	2,006
機械系	494	821	1,058	964	3,337
電気系	2,835	5,291	1,218	1,155	10,499
全体	3,765	7,167	4,203	3,613	18,748

図5.2.1-2に、技術テーマ別の開放比率と非開放比率を示す。

開放比率（実施開放比率と不実施開放比率を加算。）が高い技術テーマを見てみると、最高値は「個人照合」の84.7%で、次いで「はんだ付け鉛フリー技術」の83.2%、「無線LAN」の82.4%、「携帯電話表示技術」の80.0%となっている。一方、低い方から見ると、「生分解ポリエステル」の22.6%で、次いで「カーテンウォール」の29.3%、「有機EL」の30.5%である。

図 5.2.1-2 技術テーマ別の開放比率と非開放比率

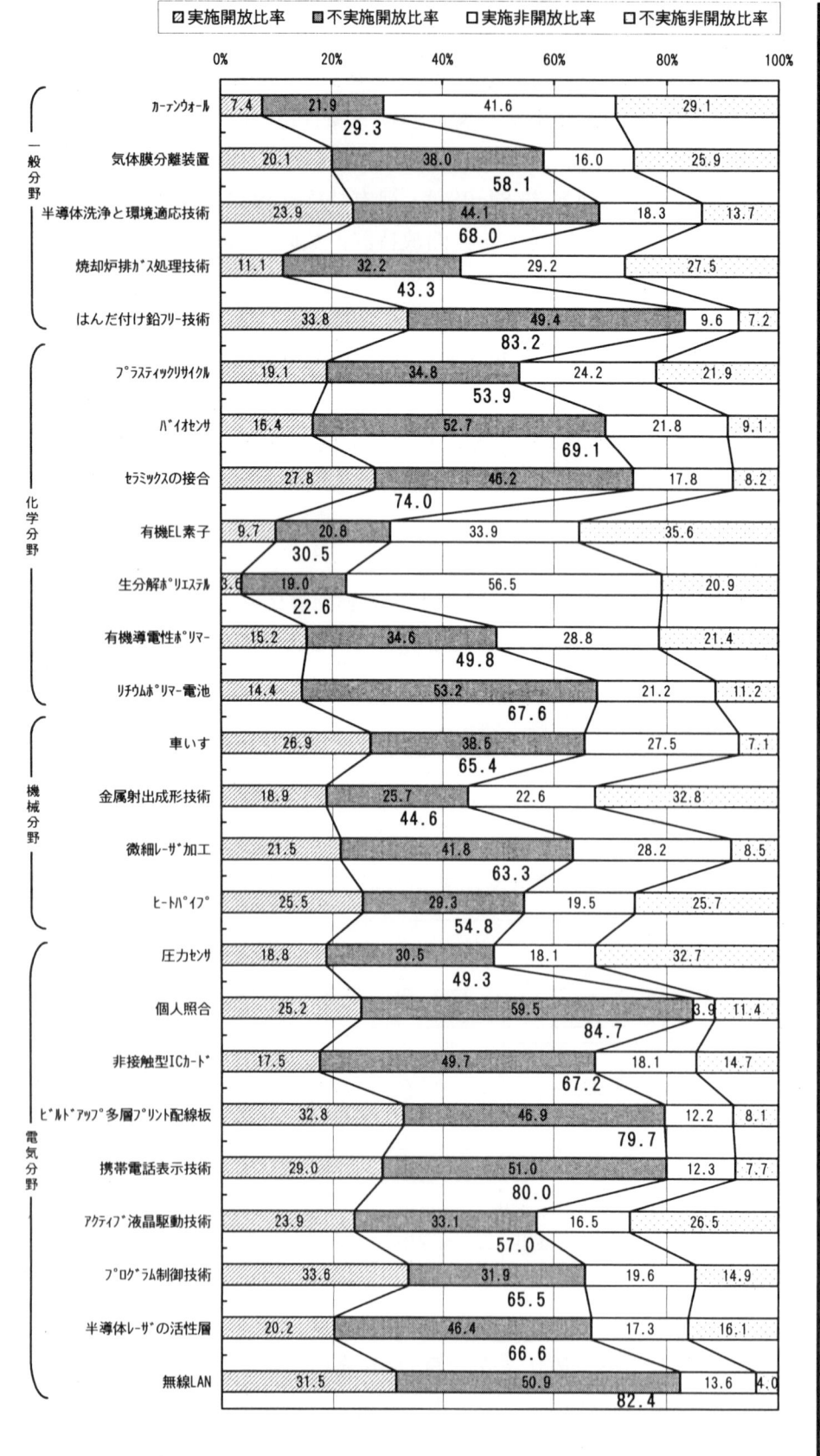

技術テーマ	分野	実施開放比率	不実施開放比率	実施非開放比率	不実施非開放比率	開放特許 実施	開放特許 不実施	非開放特許 実施	非開放特許 不実施	保有特許件数の合計
カーテンウォール	一般分野	7.4	21.9	41.6	29.1	67	198	376	264	905
気体膜分離装置	一般分野	20.1	38.0	16.0	25.9	88	166	70	113	437
半導体洗浄と環境適応技術	一般分野	23.9	44.1	18.3	13.7	155	286	119	89	649
焼却炉排ガス処理技術	一般分野	11.1	32.2	29.2	27.5	133	387	351	330	1,201
はんだ付け鉛フリー技術	一般分野	33.8	49.4	9.6	7.2	139	204	40	30	413
プラスティックリサイクル	化学分野	19.1	34.8	24.2	21.9	196	357	248	225	1,026
バイオセンサ	化学分野	16.4	52.7	21.8	9.1	106	340	141	59	646
セラミックスの接合	化学分野	27.8	46.2	17.8	8.2	145	241	93	42	521
有機EL素子	化学分野	9.7	20.8	33.9	35.6	90	193	316	332	931
生分解ポリエステル	化学分野	3.6	19.0	56.5	20.9	28	147	437	162	774
有機導電性ポリマー	化学分野	15.2	34.6	28.8	21.4	125	285	237	176	823
リチウムポリマー電池	化学分野	14.4	53.2	21.2	11.2	140	515	205	108	968
車いす	機械分野	26.9	38.5	27.5	7.1	107	154	110	28	399
金属射出成形技術	機械分野	18.9	25.7	22.6	32.8	147	200	175	255	777
微細レーザ加工	機械分野	21.5	41.8	28.2	8.5	68	133	89	27	317
ヒートパイプ	機械分野	25.5	29.3	19.5	25.7	215	248	164	217	844
圧力センサ	電気分野	18.8	30.5	18.1	32.7	164	267	158	286	875
個人照合	電気分野	25.2	59.5	3.9	11.4	220	521	34	100	875
非接触型ICカード	電気分野	17.5	49.7	18.1	14.7	140	398	145	117	800
ビルドアップ多層プリント配線板	電気分野	32.8	46.9	12.2	8.1	177	254	66	44	541
携帯電話表示技術	電気分野	29.0	51.0	12.3	7.7	235	414	100	62	811
アクティブ液晶駆動技術	電気分野	23.9	33.1	16.5	26.5	252	349	174	278	1,053
プログラム制御技術	電気分野	33.6	31.9	19.6	14.9	280	265	163	124	832
半導体レーザの活性層	電気分野	20.2	46.4	17.3	16.1	123	282	105	99	609
無線LAN	電気分野	31.5	50.9	13.6	4.0	227	367	98	29	721
合計						3,767	7,171	4,214	3,596	18,748

図5.2.1-3は、業種別に、各企業の特許の開放比率を示したものである。

開放比率は、化学系で最も低く、電気系で最も高い。機械系と一般系はその中間に位置する。推測するに、化学系の企業では、保有特許は「物質特許」である場合が多く、自社の市場独占を確保するため、特許を開放しづらい状況にあるのではないかと思われる。逆に、電気・機械系の企業は、商品のライフサイクルが短いため、せっかく取得した特許も短期間で新技術と入れ替える必要があり、不実施となった特許を開放特許として供出やすい環境にあるのではないかと考えられる。また、より効率性の高い技術開発を進めるべく他社とのアライアンスを目的とした開放特許戦略を採るケースも、最近出てきているのではないだろうか。

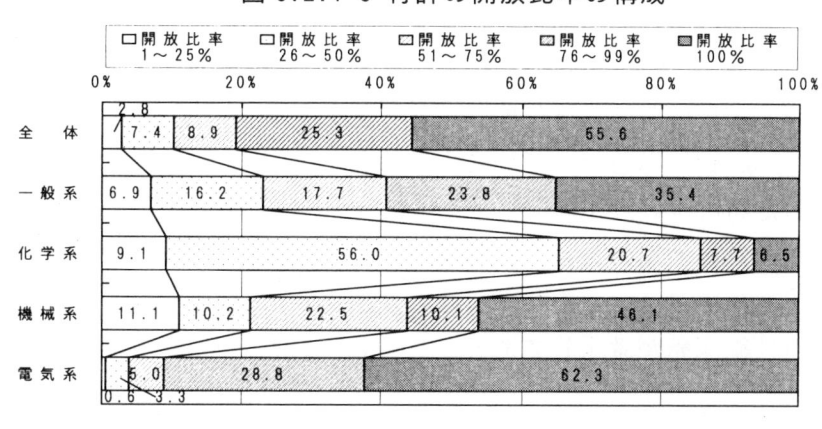

図5.2.1-3 特許の開放比率の構成

業種	開放比率 1~25%	開放比率 26~50%	開放比率 51~75%	開放比率 76~99%	開放比率 100%
全体	2.8 / 7.4	8.9	25.3	-	55.6
一般系	6.9	16.2	17.7	23.8	35.4
化学系	9.1	56.0	20.7	7.7	6.5
機械系	11.1	10.2	22.5	10.1	46.1
電気系	0.6 / 3.3	5.0	28.8	-	62.3

図5.2.1-4に、業種別の自社実施比率と不実施比率を示す。全体の自社実施比率は42.5%で、業種別では化学系55.2%、機械系46.5%、一般系43.2%、電気系38.6%である。化学系の企業は、自社実施比率が高く開放比率が低い。電気・機械系の企業は、その逆で自社実施比率が低く開放比率は高い。自社実施比率と開放比率は、反比例の関係にあるといえる。

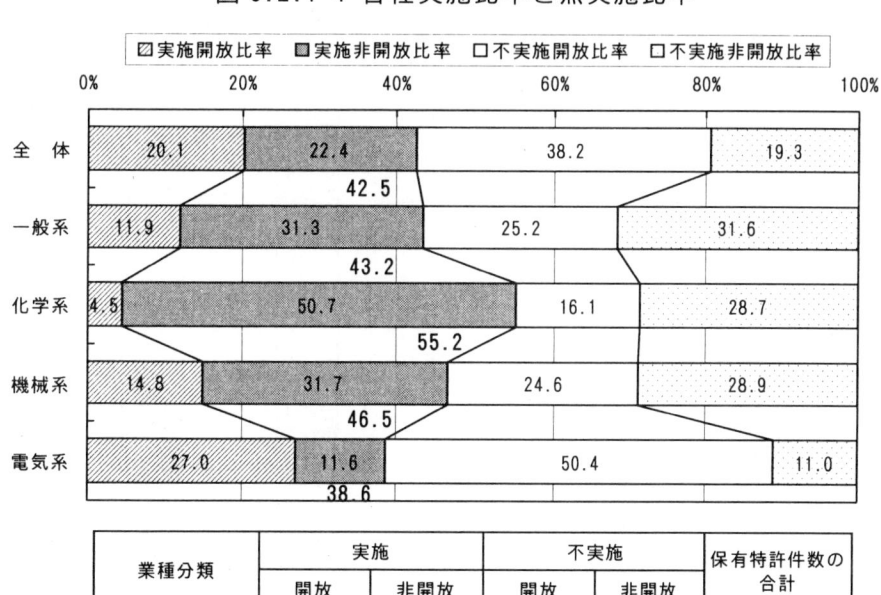

図5.2.1-4 自社実施比率と無実施比率

業種	実施開放比率	実施非開放比率	不実施開放比率	不実施非開放比率	自社実施比率
全体	20.1	22.4	38.2	19.3	42.5
一般系	11.9	31.3	25.2	31.6	43.2
化学系	4.5	50.7	16.1	28.7	55.2
機械系	14.8	31.7	24.6	28.9	46.5
電気系	27.0	11.6	50.4	11.0	38.6

業種分類	実施 開放	実施 非開放	不実施 開放	不実施 非開放	保有特許件数の合計
一般系	346	910	732	918	2,906
化学系	90	1,017	323	576	2,006
機械系	494	1,058	821	964	3,337
電気系	2,835	1,218	5,291	1,155	10,499
全体	3,765	4,203	7,167	3,613	18,748

(2) 非開放特許の理由

開放可能性のない特許の理由について質問を行った（複数回答）。

質問内容	一般系	化学系	機械系	電気系	全体
・独占的排他権の行使により、ライバル企業を排除するため（ライバル企業排除）	36.3%	36.7%	36.4%	34.5%	36.0%
・他社に対する技術の優位性の喪失（優位性喪失）	31.9%	31.6%	30.5%	29.9%	30.9%
・技術の価値評価が困難なため（価値評価困難）	12.1%	16.5%	15.3%	13.8%	14.4%
・企業秘密がもれるから（企業秘密）	5.5%	7.6%	3.4%	14.9%	7.5%
・相手先を見つけるのが困難であるため（相手先探し）	7.7%	5.1%	8.5%	2.3%	6.1%
・ライセンス経験不足等のため提供に不安があるから（経験不足）	4.4%	0.0%	0.8%	0.0%	1.3%
・その他	2.1%	2.5%	5.1%	4.6%	3.8%

図 5.2.1-5 は非開放特許の理由の内容を示す。

「ライバル企業の排除」が最も多く 36.0％、次いで「優位性喪失」が 30.9％と高かった。特許権を「技術の市場における排他的独占権」として充分に行使していることが伺える。「価値評価困難」は 14.4％となっているが、今回の「特許流通支援チャート」作成にあたり分析対象とした特許は直近 10 年間だったため、登録前の特許が多く、権利範囲が未確定なものが多かったためと思われる。

電気系の企業で「企業秘密がもれるから」という理由が 14.9％と高いのは、技術のライフサイクルが短く新技術開発が激化しており、さらに、技術自体が模倣されやすいことが原因であるのではないだろうか。

化学系の企業で「企業秘密がもれるから」という理由が 7.6％と高いのは、物質特許のノウハウ漏洩に細心の注意を払う必要があるためと思われる。

機械系や一般系の企業で「相手先探し」が、それぞれ 8.5％、7.7％と高いことは、これらの分野で技術移転を仲介する者の活躍できる潜在性が高いことを示している。

なお、その他の理由としては、「共同出願先との調整」が 12 件と多かった。

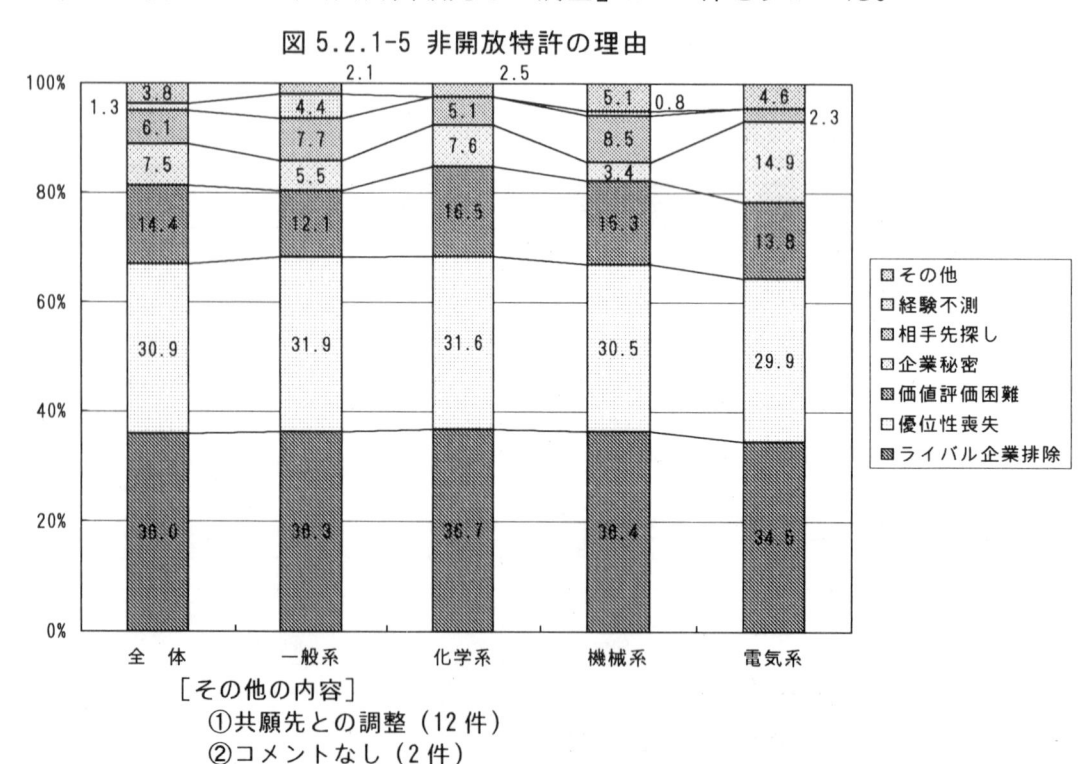

図 5.2.1-5 非開放特許の理由

[その他の内容]
①共願先との調整（12 件）
②コメントなし（2 件）

5.2.2 ライセンス供与に関して
(1) ライセンス活動

ライセンス供与の活動姿勢について質問を行った。

質問内容	一般系	化学系	機械系	電気系	全体
・特許ライセンス供与のための活動を積極的に行っている（積極的）	2.0%	15.8%	4.3%	8.9%	7.5%
・特許ライセンス供与のための活動を行っている（普通）	36.7%	15.8%	25.7%	57.7%	41.2%
・特許ライセンス供与のための活動はやや消極的である（消極的）	24.5%	13.2%	14.3%	10.4%	14.0%
・特許ライセンス供与のための活動を行っていない（しない）	36.8%	55.2%	55.7%	23.0%	37.3%

その結果を、図5.2.2-1 ライセンス活動に示す。306件中295件の回答であった(回答率96.4%)。

何らかの形で特許ライセンス活動を行っている企業は62.7%を占めた。そのうち、比較的積極的に活動を行っている企業は48.7%に上る（「積極的」+「普通」）。これは、技術移転を仲介する者の活躍できる潜在性がかなり高いことを示唆している。

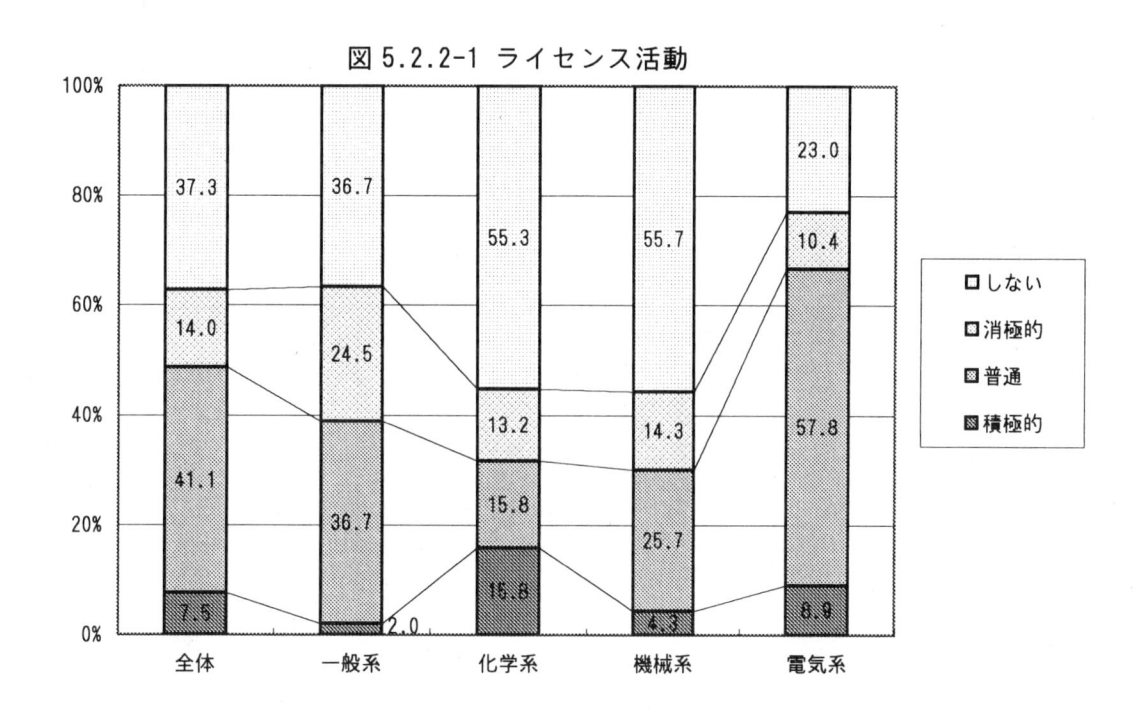

図5.2.2-1 ライセンス活動

(2) ライセンス実績

ライセンス供与の実績について質問を行った。

質問内容	一般系	化学系	機械系	電気系	全体
・供与実績はないが今後も行う方針(実績無し今後も実施)	54.5%	48.0%	43.6%	74.6%	58.3%
・供与実績があり今後も行う方針(実績有り今後も実施)	72.2%	61.5%	95.5%	67.3%	73.5%
・供与実績はなく今後は不明(実績無し今後は不明)	36.4%	24.0%	46.1%	20.3%	30.8%
・供与実績はあるが今後は不明(実績有り今後は不明)	27.8%	38.5%	4.5%	30.7%	25.5%
・供与実績はなく今後も行わない方針(実績無し今後も実施せず)	9.1%	28.0%	10.3%	5.1%	10.9%
・供与実績はあるが今後は行わない方針(実績有り今後は実施せず)	0.0%	0.0%	0.0%	2.0%	1.0%

図 5.2.2-2 に、ライセンス実績を示す。306 件中 295 件の回答があった(回答率 96.4%)。ライセンス実績有りとライセンス実績無しを分けて示す。

「供与実績があり、今後も実施」は 73.5%と非常に高い割合であり、特許ライセンスの有効性を認識した企業はさらにライセンス活動を活発化させる傾向にあるといえる。また、「供与実績はないが、今後は実施」が 58.3%あり、ライセンスに対する関心の高まりが感じられる。

機械系や一般系の企業で「実績有り今後も実施」がそれぞれ 90%、70%を越えており、他業種の企業よりもライセンスに対する関心が非常に高いことがわかる。

図 5.2.2-2 ライセンス実績

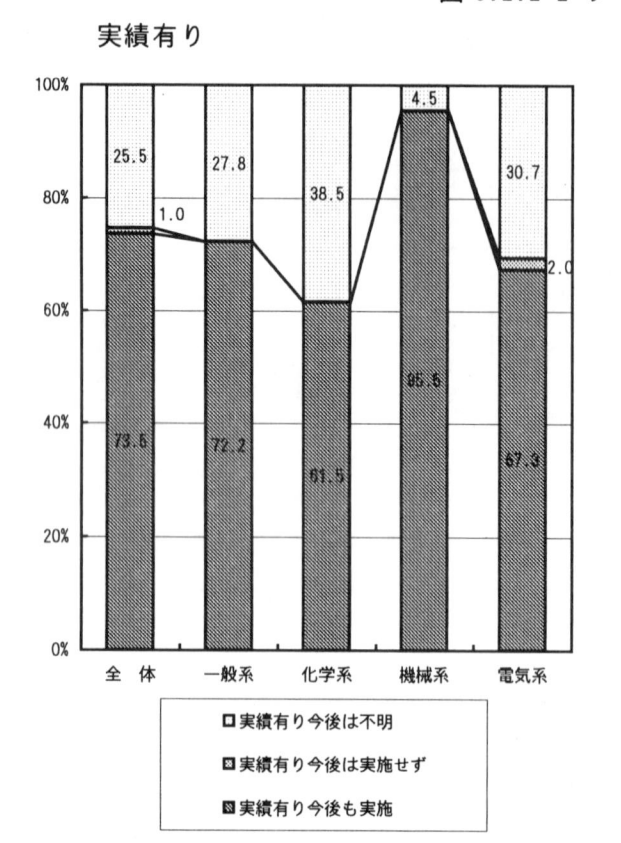

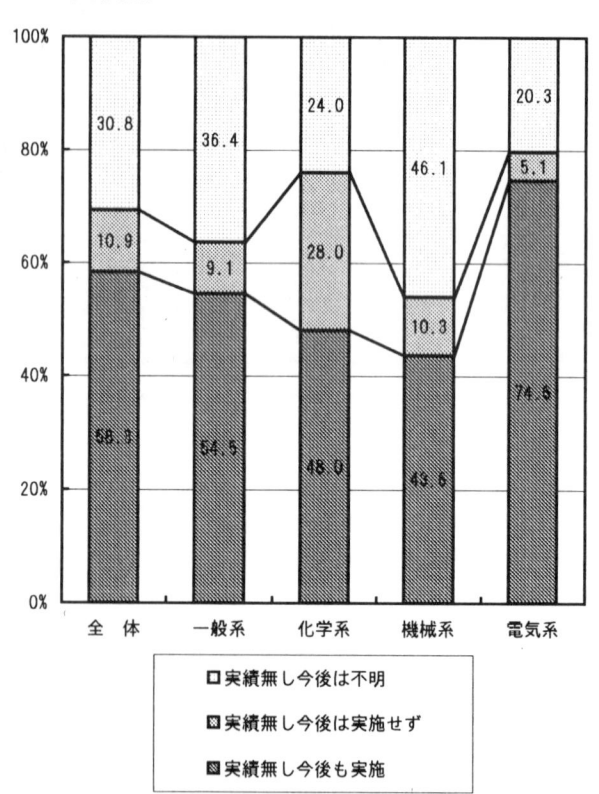

(3) ライセンス先の見つけ方

ライセンス供与の実績があると 5.2.2 項の(2)で回答したテーマ出願人にライセンス先の見つけ方について質問を行った(複数回答)。

質問内容	一般系	化学系	機械系	電気系	全体
・先方からの申し入れ(申入れ)	27.8%	43.2%	37.7%	32.0%	33.7%
・権利侵害調査の結果(侵害発)	22.2%	10.8%	17.4%	21.3%	19.3%
・系列企業の情報網(内部情報)	9.7%	10.8%	11.6%	11.5%	11.0%
・系列企業を除く取引先企業(外部情報)	2.8%	10.8%	8.7%	10.7%	8.3%
・新聞、雑誌、TV、インターネット等(メディア)	5.6%	2.7%	2.9%	12.3%	7.3%
・イベント、展示会等(展示会)	12.5%	5.4%	7.2%	3.3%	6.7%
・特許公報	5.6%	5.4%	2.9%	1.6%	3.3%
・相手先に相談できる人がいた等(人的ネットワーク)	1.4%	8.2%	7.3%	0.8%	3.3%
・学会発表、学会誌(学会)	5.6%	8.2%	1.4%	1.6%	2.7%
・データベース(DB)	6.8%	2.7%	0.0%	0.0%	1.7%
・国・公立研究機関(官公庁)	0.0%	0.0%	0.0%	3.3%	1.3%
・弁理士、特許事務所(特許事務所)	0.0%	0.0%	2.9%	0.0%	0.7%
・その他	0.0%	0.0%	0.0%	1.6%	0.7%

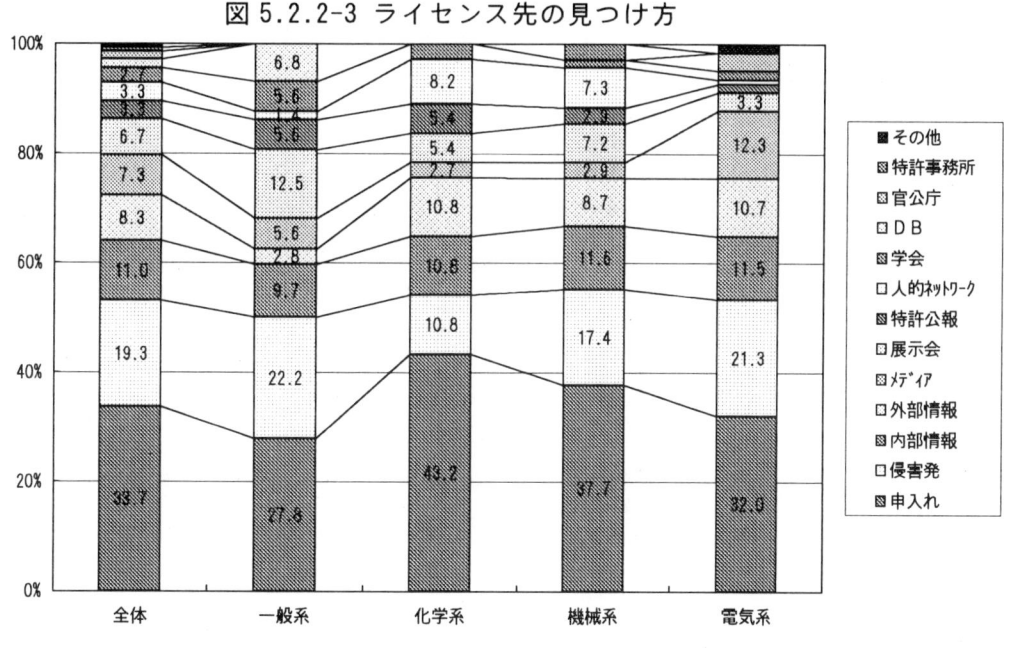

その結果を、図 5.2.2-3 ライセンス先の見つけ方に示す。「申入れ」が 33.7％と最も多く、次いで侵害警告を発した「侵害発」が 19.3％、「内部情報」によりものが 11.0％、「外部情報」によるものが 8.3％であった。特許流通データベースなどの「DB」からは 1.7％であった。化学系において、「申入れ」が 40％を越えている。

図 5.2.2-3 ライセンス先の見つけ方

〔その他の内容〕
①関係団体（2件）

(4) ライセンス供与の不成功理由

5.2.2項の(1)でライセンス活動をしていると答えて、ライセンス実績の無いテーマ出願人に、その不成功理由について質問を行った。

質問内容	一般系	化学系	機械系	電気系	全体
・相手先が見つからない（相手先探し）	58.8%	57.9%	68.0%	73.0%	66.7%
・情勢（業績・経営方針・市場など）が変化した（情勢変化）	8.8%	10.5%	16.0%	0.0%	6.4%
・ロイヤリティーの折り合いがつかなかった（ロイヤリティー）	11.8%	5.3%	4.0%	4.8%	6.4%
・当該特許だけでは、製品化が困難と思われるから（製品化困難）	3.2%	5.0%	7.7%	1.6%	3.6%
・供与に伴う技術移転（試作や実証試験等）に時間がかかっており、まだ、供与までに至らない（時間浪費）	0.0%	0.0%	0.0%	4.8%	2.1%
・ロイヤリティー以外の契約条件で折り合いがつかなかった（契約条件）	3.2%	5.0%	0.0%	0.0%	1.4%
・相手先の技術消化力が低かった（技術消化力不足）	0.0%	10.0%	0.0%	0.0%	1.4%
・新技術が出現した（新技術）	3.2%	5.3%	0.0%	0.0%	1.3%
・相手先の秘密保持に信頼が置けなかった（機密漏洩）	3.2%	0.0%	0.0%	0.0%	0.7%
・相手先がグランド・バックを認めなかった（グランドバック）	0.0%	0.0%	0.0%	0.0%	0.0%
・交渉過程で不信感が生まれた（不信感）	0.0%	0.0%	0.0%	0.0%	0.0%
・競合技術に遅れをとった（競合技術）	0.0%	0.0%	0.0%	0.0%	0.0%
・その他	9.7%	0.0%	3.9%	15.8%	10.0%

その結果を、図5.2.2-4 ライセンス供与の不成功理由に示す。約66.7%は「相手先探し」と回答している。このことから、相手先を探す仲介者および仲介を行うデータベース等のインフラの充実が必要と思われる。電気系の「相手先探し」は73.0%を占めていて他の業種より多い。

図5.2.2-4 ライセンス供与の不成功理由

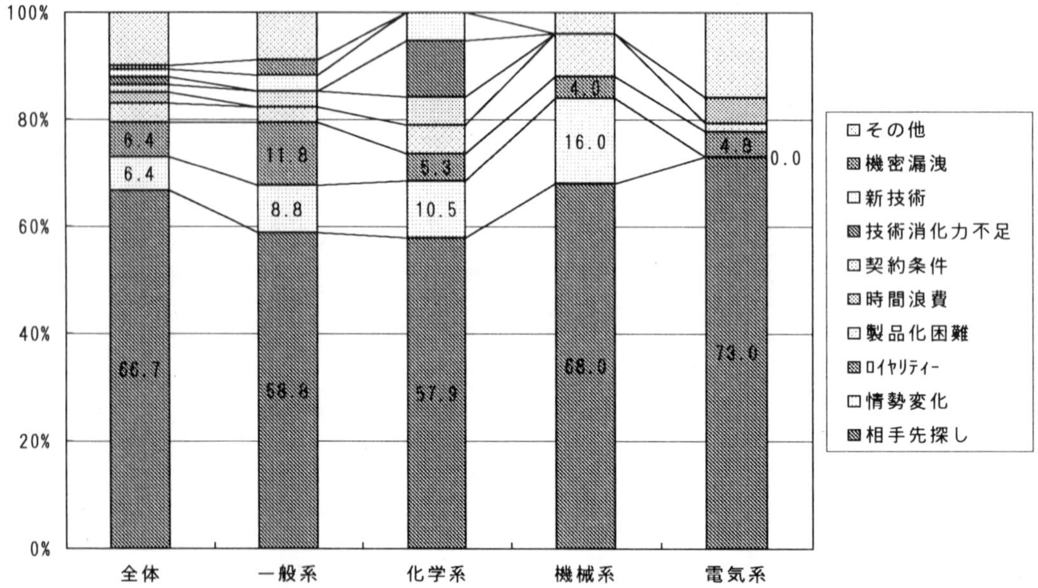

〔その他の内容〕
①単独での技術供与でない
②活動を開始してから時間が経っていない
③当該分野では未登録が多い（3件）
④市場未熟
⑤業界の動向（規格等）
⑥コメントなし（6件）

5.2.3 技術移転の対応
(1) 申し入れ対応

技術移転してもらいたいと申し入れがあった時、どのように対応するかについて質問を行った。

質問内容	一般系	化学系	機械系	電気系	全体
・とりあえず、話を聞く(話を聞く)	44.3%	70.3%	54.9%	56.8%	55.8%
・積極的に交渉していく(積極交渉)	51.9%	27.0%	39.5%	40.7%	40.6%
・他社への特許ライセンスの供与は考えていないので、断る(断る)	3.8%	2.7%	2.8%	2.5%	2.9%
・その他	0.0%	0.0%	2.8%	0.0%	0.7%

その結果を、図5.2.3-1 ライセンス申し入れ対応に示す。「話を聞く」が55.8%であった。次いで「積極交渉」が40.6%であった。「話を聞く」と「積極交渉」で96.4%という高率であり、中小企業側からみた場合は、ライセンス供与の申し入れを積極的に行っても断られるのはわずか2.9%しかないということを示している。一般系の「積極交渉」が他の業種より高い。

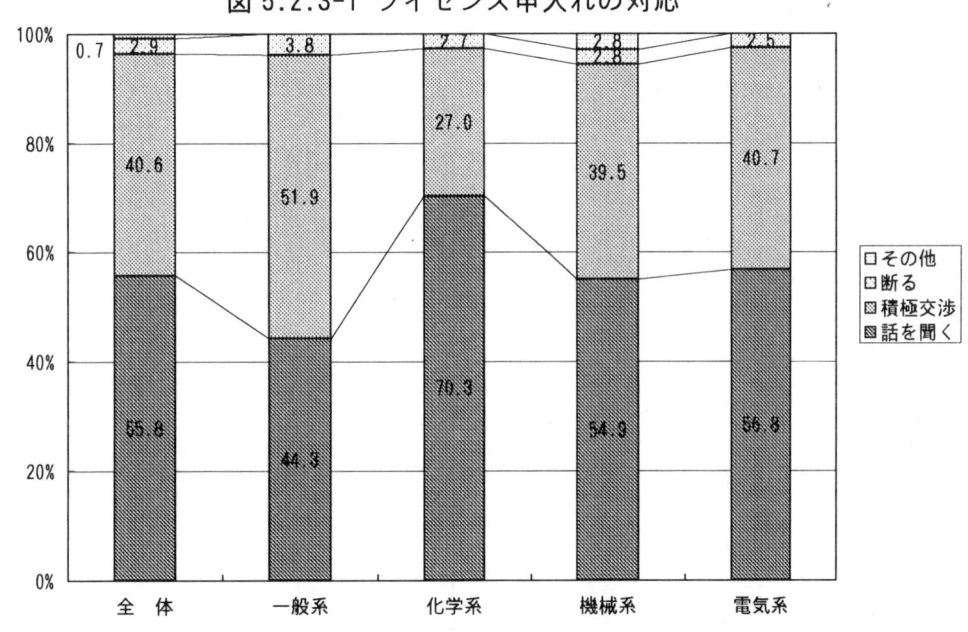

図5.2.3-1 ライセンス申入れの対応

（2）仲介の必要性

ライセンスの仲介の必要性があるかについて質問を行った。

質問内容	一般系	化学系	機械系	電気系	全体
・自社内にそれに相当する機能があるから不要（社内機能あるから不要）	36.6%	48.7%	62.4%	53.8%	52.0%
・現在はレベルが低いので不要（低レベル仲介で不要）	1.9%	0.0%	1.4%	1.7%	1.5%
・適切な仲介者がいれば使っても良い（適切な仲介者で検討）	44.2%	45.9%	27.5%	40.2%	38.5%
・公的支援機関に仲介等を必要とする（公的仲介が必要）	17.3%	5.4%	8.7%	3.4%	7.6%
・民間仲介業者に仲介等を必要とする（民間仲介が必要）	0.0%	0.0%	0.0%	0.9%	0.4%

　図5.2.3-2に仲介の必要性の内訳を示す。「社内機能あるから不要」が52.0％を占め、最も多い。アンケートの配布先は大手企業が大部分であったため、自社において知財管理、技術移転機能が整備されている企業が50％以上を占めることを意味している。

　次いで「適切な仲介者で検討」が38.5％、「公的仲介が必要」が7.6％、「民間仲介が必要」が0.4％となっている。これらを加えると仲介の必要を感じている企業は46.5％に上る。

　自前で知財管理や知財戦略を立てることができない中小企業や一部の大企業では、技術移転・仲介者の存在が必要であると推測される。

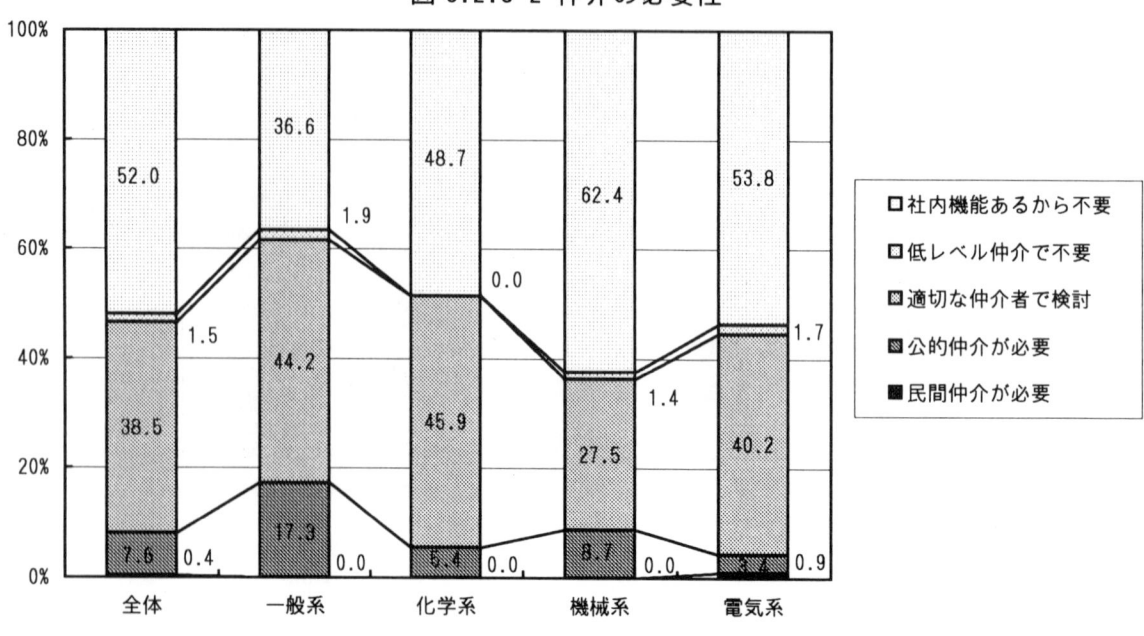

図5.2.3-2 仲介の必要性

5.2.4 具体的事例
(1) テーマ特許の供与実績

技術テーマの分析の対象となった特許一覧表を掲載し(テーマ特許)、具体的にどの特許の供与実績があるかについて質問を行った。

質問内容	一般系	化学系	機械系	電気系	全体
・有る	12.8%	12.9%	13.6%	18.8%	15.7%
・無い	72.3%	48.4%	39.4%	34.2%	44.1%
・回答できない(回答不可)	14.9%	38.7%	47.0%	47.0%	40.2%

図 5.2.4-1 に、テーマ特許の供与実績を示す。

「有る」と回答した企業が 15.7%であった。「無い」と回答した企業が 44.1%あった。「回答不可」と回答した企業が 40.2%とかなり多かった。これは個別案件ごとにアンケートを行ったためと思われる。ライセンス自体、企業秘密であり、他者に情報を漏洩しない場合が多い。

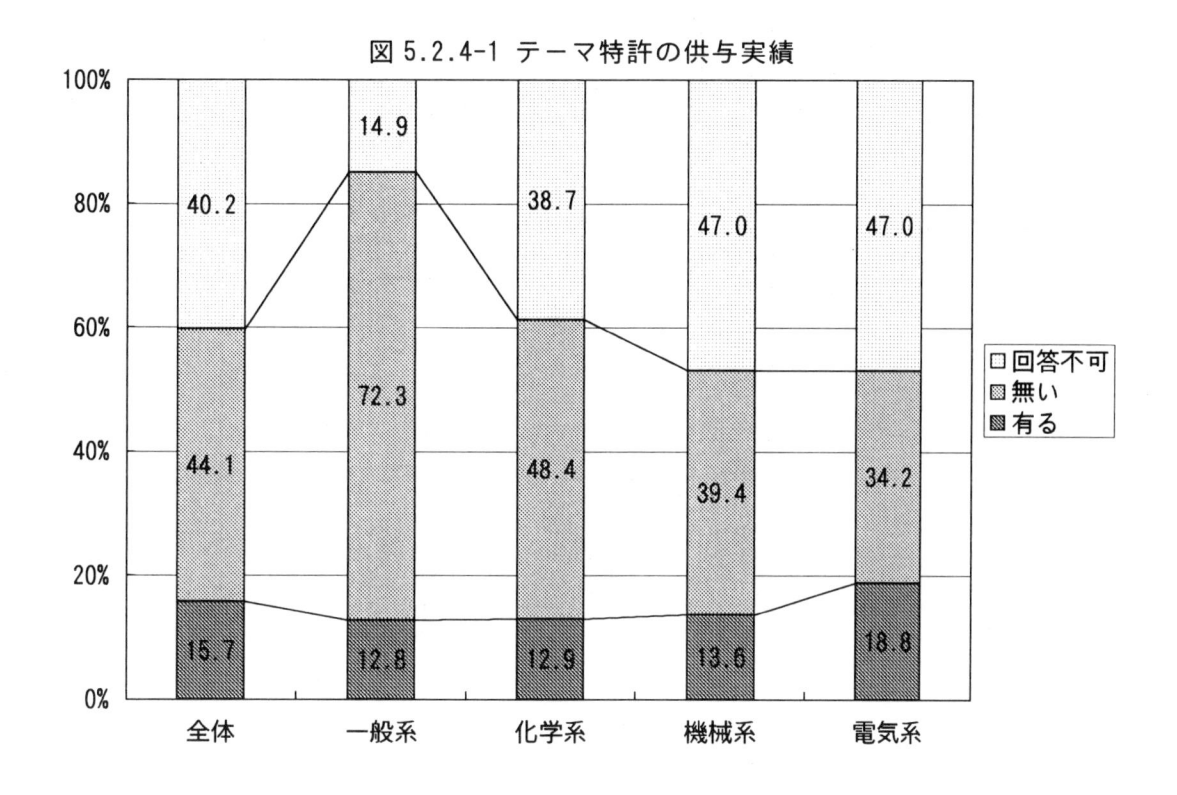

図 5.2.4-1 テーマ特許の供与実績

(2) テーマ特許を適用した製品

「特許流通支援チャート」に収蔵した特許（出願）を適用した製品の有無について質問を行った。

質問内容	一般系	化学系	機械系	電気系	全体
・回答できない（回答不可）	27.9%	34.4%	44.3%	53.2%	44.6%
・有る。	51.2%	43.8%	39.3%	37.1%	40.8%
・無い。	20.9%	21.8%	16.4%	9.7%	14.6%

図 5.2.4-2 に、テーマ特許を適用した製品の有無について結果を示す。

「有る」が 40.8%、「回答不可」が 44.6%、「無い」が 14.6%であった。一般系と化学系で「有る」と回答した企業が多かった。

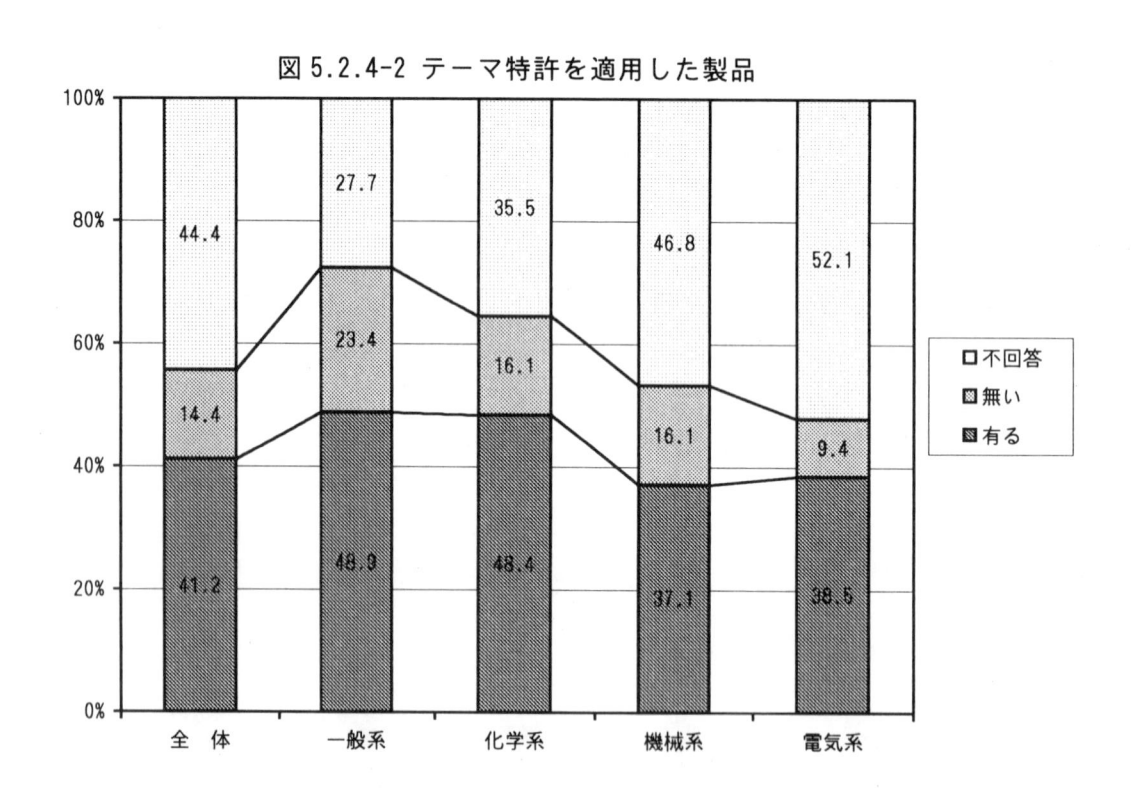

図 5.2.4-2 テーマ特許を適用した製品

	全体	一般系	化学系	機械系	電気系
不回答	44.4	27.7	35.5	46.8	52.1
無い	14.4	23.4	16.1	16.1	9.4
有る	41.2	48.9	48.4	37.1	38.5

5.3 ヒアリング調査

アンケートによる調査において、5.2.2の(2)項でライセンス実績に関する質問を行った。その結果、回収数306件中295件の回答を得、そのうち「供与実績あり、今後も積極的な供与活動を実施したい」という回答が全テーマ合計で25.4％(延べ75出願人)あった。これから重複を排除すると43出願人となった。

この43出願人を候補として、ライセンスの実態に関するヒアリング調査を行うこととした。ヒアリングの目的は技術移転が成功した理由をできるだけ明らかにすることにある。

表5.3にヒアリング出願人の件数を示す。43出願人のうちヒアリングに応じてくれた出願人は11出願人(26.5％)であった。テーマ別且つ出願人別では延べ15出願人であった。ヒアリングは平成14年2月中旬から下旬にかけて行った。

表5.3 ヒアリング出願人の件数

ヒアリング候補 出願人数	ヒアリング 出願人数	ヒアリング テーマ出願人数
43	11	15

5.3.1 ヒアリング総括

表5.3に示したようにヒアリングに応じてくれた出願人が43出願人中わずか11出願人（25.6％）と非常に少なかったのは、ライセンス状況およびその経緯に関する情報は企業秘密に属し、通常は外部に公表しないためであろう。さらに、11出願人に対するヒアリング結果も、具体的なライセンス料やロイヤリティーなど核心部分については充分な回答をもらうことができなかった。

このため、今回のヒアリング調査は、対象母数が少なく、その結果も特許流通および技術移転プロセスについて全体の傾向をあらわすまでには至っておらず、いくつかのライセンス実績の事例を紹介するに留まらざるを得なかった。

5.3.2 ヒアリング結果

表5.3.2-1にヒアリング結果を示す。

技術移転のライセンサーはすべて大企業であった。

ライセンシーは、大企業が8件、中小企業が3件、子会社が1件、海外が1件、不明が2件であった。

技術移転の形態は、ライセンサーからの「申し出」によるものと、ライセンシーからの「申し入れ」によるものの2つに大別される。「申し出」が3件、「申し入れ」が7件、「不明」が2件であった。

「申し出」の理由は、3件とも事業移管や事業中止に伴いライセンサーが技術を使わなくなったことによるものであった。このうち1件は、中小企業に対するライセンスであった。この中小企業は保有技術の水準が高かったため、スムーズにライセンスが行われたとのことであった。

「ノウハウを伴わない」技術移転は3件で、「ノウハウを伴う」技術移転は4件であった。

「ノウハウを伴わない」場合のライセンシーは、3件のうち1件は海外の会社、1件が中小企業、残り1件が同業種の大企業であった。

大手同士の技術移転だと、技術水準が似通っている場合が多いこと、特許性の評価やノウハウの要・不要、ライセンス料やロイヤリティー額の決定などについて経験に基づき判断できるため、スムーズに話が進むという意見があった。

　中小企業への移転は、ライセンサーもライセンシーも同業種で技術水準も似通っていたため、ノウハウの供与の必要はなかった。中小企業と技術移転を行う場合、ノウハウ供与を伴う必要があることが、交渉の障害となるケースが多いとの意見があった。

　「ノウハウを伴う」場合の4件のライセンサーはすべて大企業であった。ライセンシーは大企業が1件、中小企業が1件、不明が2件であった。

　「ノウハウを伴う」ことについて、ライセンサーは、時間や人員が避けないという理由で難色を示すところが多い。このため、中小企業に技術移転を行う場合は、ライセンシー側の技術水準を重視すると回答したところが多かった。

　ロイヤリティーは、イニシャルとランニングに分かれる。イニシャルだけの場合は4件、ランニングだけの場合は6件、双方とも含んでいる場合は4件であった。ロイヤリティーの形態は、双方の企業の合意に基づき決定されるため、技術移転の内容によりケースバイケースであると回答した企業がほとんどであった。

　中小企業へ技術移転を行う場合には、イニシャルロイヤリティーを低く抑えており、ランニングロイヤリティーとセットしている。

　ランニングロイヤリティーのみと回答した6件の企業であっても、「ノウハウを伴う」技術移転の場合にはイニシャルロイヤリティーを必ず要求するとすべての企業が回答している。中小企業への技術移転を行う際に、このイニシャルロイヤリティーの額をどうするか折り合いがつかず、不成功になった経験を持っていた。

表 5.3.2-1 ヒアリング結果

導入企業	移転の申入れ	ノウハウ込み	イニシャル	ランニング
—	ライセンシー	○	普通	—
—	—	○	普通	—
中小	ライセンシー	×	低	普通
海外	ライセンシー	×	普通	—
大手	ライセンシー	—	—	普通
大手	ライセンシー	—	—	普通
大手	ライセンシー	—	—	普通
大手	—	—	—	普通
中小	ライセンサー	—	—	普通
大手	—	—	普通	低
大手	—	○	普通	普通
大手	ライセンサー	—	普通	—
子会社	ライセンサー	—	—	—
中小	—	○	低	高
大手	ライセンシー	×	—	普通

＊ 特許技術提供企業はすべて大手企業である。

(注)
　ヒアリングの結果に関する個別のお問い合わせについては、回答をいただいた企業とのお約束があるため、応じることはできません。予めご了承ください。

資料６．特許番号一覧

　前述の主要企業 20 社を除く、出願件数上位 50 社の出願リストを掲載する。具体的には、技術要素ごとに技術開発課題に対応させ、現在特許庁に係属中の保有特許を記載し、特に重要と思われる特許については概要も記載する。

　なお、表中の公報番号後の（　）内数値は後述する出願件数上位 50 社の連絡先のNo.に対応している。

表 6-1　30 社の技術開発課題対応保有特許リスト(1/4)

技術要素1	技術要素2	課題	公報番号（出願人、概要）		
材料合成	炭化水素系	ポリアセチレン類合成	特開平 7-76622(23)	特公平 8-19054(30)	特開平 9-157329(27)
			特開 2000-103781(24)		
		ポリフェニレン類合成	特許 2502155(23)	特許 2816426(30)	特開平 11-140168(27)
			特開 2001-26634(27)		
		ポリ芳香族ビニレン類合成	特許 3141221(40)	線状ぽり（フェニレン－エチニレン－キシリレン－エチニレン）重合体	
				特許 3198365(40)	特開平 6-166743(40)
			特開平 7-216093(23)	特開 2001-31743(27)	
		その他の炭化水素類合成	特許 2759363(36)	特開 2000-143777(27)	
	ヘテロ原子含有系	ポリピロール類合成	特許 2870093(31)	特許 3038775(46)	特公平 5-52774(30)
			特許 3084913(31)	特許 3196186(31)	特開平 7-157466(31)
			特許 3076259(37)	特開平 10-251385(31)	特開 2000-72861(31)
			特開 2000-336154(36)		
		ポリアニリン類合成	特許 2630483(24)	特許 2992053(35)	特開平 7-10973(40)
			特開平 7-141913(41)	特開平 7-180077(22)	特開平 8-302007(23)
			特開平 10-251510(27)	特開平 11-322923(27)	特許 3119302(30)
			特開 2000-157871(27)		
		ポリチオフェン類合成	特公平 7-2835(30)	特開平 6-321935(31)	特開平 7-304858(27)
			特許 3132630(27)	特許 2803040(30)	特許 3074277(30)
			特開平 11-106484(23)	特開平 11-106485(23)	特開平 11-209461(23)
			特開平 11-322906(40)	特開 2000-143779(27)	特開 2000-143780(27)
			特開 2000-264957(27)	特開 2001-196662(27)	
		含ケイ素類合成	特公平 6-2783(30)	特許 2929751(23)	特許 2767721(24)
			特公平 7-5718(30)	特公平 7-53738(30)	特開平 7-76622(23)
			特開平 7-90085(23)	特許 2932143(27)	特開平 7-102069(23)
			特開 2000-143777(27)		
		その他のヘテロ類合成	特許 2862293(21)	線状ポリ（2,2'-ビピリジン-5,5'-ジイル）重合体	
				特許 2893637(23)	特開平 9-3171(40)
			特開平 9-124777(40)	特許 2764570(30)	特許 3080359(30)
			特開平 10-226722(40)	特許 3125044(30)	特開平 11-29635(23)
			特許 3192119(27)	特開 2001-139686(27)	特開 2001-213945(27)
電導性ポリマーの中間処理		ドーピング	特公平 6-104716(30)	特許 3118853(31)	特開平 8-157574(31)
			特開平 9-325572(43)	特開平 9-176310(38)	特開 2001-85208(27)
			特開 2001-109277(43)	特開 2000-204074(23)	
		可溶化	特許 2882892(22)	非可溶性導電性ポリマーを可溶化処理後、電解質複合体粉末を均一分散 処理後、流延フィルム化	
		フィルム・薄膜・シート	特許 2819679(31)	特許 2713619(22)	特開平 5-287088(31)
			特公平 7-5714(30)	特許 3095553(22)	特許 2655821(30)
			特開平 8-253755(29)	特開平 9-241356(47)	特開平 11-272006(26)
			特開 2000-6324(26)	特開 2000-52495(48)	特開 2000-74967(30,45)
			特開 2000-122068(47)	特開 2000-238170(23)	特開 2000-272254(26)
			特開 2000-280411(26)	特開 2000-306435(36)	特開 2001-96661(48)
			特開 2001-163960(23)	特開 2001-207087(36)	

表 6-1 30社の技術開発課題対応保有特許リスト(2/4)

技術要素1	技術要素2	課題	公報番号（出願人、概要）		
電導性ポリマーの中間処理(つづき)		延伸配向	特開平 8-165360(32)	スルホン酸基などを側鎖に有する導電性ポリマーのリオトロピック液晶溶液を一軸配向処理	
			特開平 8-165361(32)		
		成形体	特公平 7-96610(48)	特許 2525488(48)	特許 2809958(48)
			特開平 7-178817(23)	特開平 8-264347(42)	特開平 8-73636(28)
			特開平 8-239499(28)		
		組成物	特許 2969655(33)	特公平 8-26231(38)	特開平 6-93190(40)
			特許 2911382(27)	特開平 8-255730(29)	特許 2916098(28)
			特開平 9-87515(48)	特開平 9-136984(29)	特開平 10-21921(22)
			特開平 10-21922(22)	特開平 10-25342(22)	特許 3158059(38)
			特開平 10-46027(38)	特開平 10-87827(38)	特開平 10-326521(29)
			特開平 11-974(33)	特許 3037910(38)	特開平 10-316737(40)
			特開平 10-87850(28)	特開平 10-330650(26)	特開平 11-269390(22)
			特開平 11-292957(21)	特開 2000-122331(26)	特開 2000-122435(43)
			特開 2000-143998(36)	特表 2001-506797(28)	特開 2000-221680(45)
			特開 2000-269085(29)	特開 2000-269086(29)	特開 2000-330232(24)
			特開 2000-2899(28)	特開 2001-2938(37)	特開 2001-1653(26)
			特開 2001-88455(26)	特開 2001-163983(23)	特開 2001-48963(29)
			特開 2001-48964(29)		
		その他の中間処理	特許 2600088(30)	特開平 8-114712(28)	特許 3065524(38)
			特許 3103030(38)	特開平 9-178944(28)	特開平 10-204124(45)
			特開平 10-251385(31)	特開平 11-5864(22)	特開平 11-268402(26)
			特開平 11-277064(49)	特開 2000-26817(48)	特開 2000-86760(25)
			特表平 11-504981(38)	特表平 11-506497(38)	特表 2000-505249(38)
			特開 2001-134732(26)		
用途	電池	二次電池	特許 2819679(31)	特開平 3-289067(46)	特開平 4-109551(46)
			特許 2631910(48)	特許 2958576(24)	特許 3196223(46)
			特許 3160920(46)	特許 2717890(24)	特開平 5-47419(46)
			特開平 5-13082(46)	特開平 5-234617(40)	特許 2619845(39)
			特許 3051550(22)	特許 2528798(35)	特許 2811389(33)
			特開平 6-283155(22)	特開平 6-325766(24)	特許 2942451(39)
			特開平 7-114911(39)	特許 2920073(39)	特開平 8-17470(39)
			特開平 8-120033(22)	特開平 8-190910(22)	特開平 8-253733(22)
			特開平 8-321307(22)	特開平 9-82310(22)	特開平 9-120816(46)
			特開平 9-161847(33)	特開平 9-171826(25)	特開平 8-339826(22)
			特開平 9-237639(41)	特開平 9-251851(25)	特開平 9-330740(22)
			特開平 10-154512(22)	特開平 10-270081(36)	特開平 11-111272(22)
			特開平 11-120996(33)	特開平 11-329415(22)	特開平 11-339774(22)
			特開平 11-45738(36)	特開 2000-123825(22)	特開 2000-260474(32)
			特開 2000-294228(22)	特開 2001-15156(46)	特開 2001-106782
			特開 2001-135312(22)	特開 2001-135303(46)	
		太陽電池	特公平 5-82036(30)	長鎖アルキルチオフェン重合体を用いた光電気化学電池	
				特開 2000-243464(43)	特開 2001-94130(24)
			特開 2001-151870(45)		
		電池その他	特開 2000-228213(47)		
	コンデンサ	電解コンデンサ	特許 2810418(34)	特許 3030054(34)	特開平 6-168851(34)
			特許 3071115(34)	特許 3080851(37)	特開平 8-203785(23)
			特開平 8-288184(36)	特許 3068430(37)	特開平 9-293638(44)
			特開平 9-320901(44)	特開平 9-320902(44)	特開平 9-320897(44)
			特開平 10-12498(44)	特開平 10-50558(34)	特許 2919371(37)
			特開平 10-50561(44)	特開平 10-64761(34)	特開平 10-112424(34)
			特開平 10-223488(34)	特許 3202640(37)	特開平 10-270291(34)
			特開平 10-298427(29)	特開平 10-335184(34)	特開平 11-16783(37)
			特開平 11-45825(37)	特許 3157748(37)	特開平 11-74155(34)
			特許 3119604(37)	特開平 11-80544(29)	特開平 11-87176(32,44)
			特開平 11-87176(32,44)	特開平 11-87182(25)	特許 3202668(37)
			特開平 11-135371(29)	特開平 11-168034(37)	特開平 11-176698(44)
			特開平 11-214264(29)	特開平 11-214265(29)	特開平 11-219860(37)

表 6-1 30社の技術開発課題対応保有特許リスト(3/4)

技術要素1	技術要素2	課題	公報番号（出願人、概要）		
用途(つづき)	コンデンサ(つづき)	電解コンデンサ(つづき)	特許 3080922(37)	特開平 11-8162(29)	特開平 11-329900(34)
			特開 2000-82637(44)	特開 2000-12392(44)	特開 2000-58389(34)
			特開 2000-100665(25)	特開 2000-124075(25)	特開 2000-150312(23)
			特開 2000-150309(25)	特開 2000-173865(34)	特開 2000-182907(34)
			特開 2000-188235(37)	特開 2000-208370(29)	特開 2000-208375(34)
			特開 2000-216061(37)	特開 2000-216060(34)	特開 2000-269089(34)
			特開 2000-323360(44)	特開 2000-331889(44)	特開 2000-340466(44)
			特開 2001-52964(29)	特開 2001-76976(34)	特開 2001-135550(25)
			特開 2001-139805(23)	特開 2001-176748(25)	特開 2001-196279(34)
		コンデンサその他	特開平 3-72614(39)	特許 3023129(39)	
	コーティング	塗料	特開平 7-178818(23)	特許 3129607(48)	特開平 9-122571(28)
		インク	特開 2000-191971(31)		
		コーティング・その他	特開平 7-205294(23)	特開平 9-12968(28)	特開平 10-119444(26)
			特開平 10-88030(28)		
	帯電防止	帯電防止剤	特許 2946114(21)	特開平 6-125519(38)	特開平 8-118572(33)
			特開平 8-160568(49)	特開平 7-235739(29)	特開平 8-201978(49)
			特開平 8-201979(49)	特開平 8-211555(49)	特開平 8-244367(31)
			特開平 8-272187(21)	特開平 9-226215(31)	特開 2000-33673(26)
			特開 2000-268634(21)	特開 2001-60021(36)	
		電磁波シールド	特許 2657956(38)	特公平 6-70319(35)	特開平 10-7795(29)
			特開平 11-203937(38)		
		ＰＴＣ	特開平 8-148306(25)		
		ペースト	特開平 8-241623(29)	特開 2000-191906(29)	特開 2001-23437(29)
		帯電防止その他	特許 2886286(21)	特公平 5-52774(30)	特許 2636968(28)
			特開平 11-222263(31)		
	センサ	化学センサ	特許 2909848	特開平 6-22793(28)	特開平 10-260156(32)
			特開 2000-321232(27)		
		バイオセンサ	特許 2669499(30)		
	発光素子など光関連	有機ＥＬ	特許 3000773(33)	特開平 5-339565(25)	特許 3142378(25)
			特開平 6-41383(28)	特開平 7-153574(41)	特開平 7-73969(41)
			特開平 7-126616(25,40)	特開平 8-45667(41)	特開平 8-45668(41)
			特開平 8-134189(35)	特開平 8-157573(23,35)	特開平 8-179538(47)
			特開平 8-48656(25)	特開平 8-279626(41)	特開平 9-286857(33)
			特開平 9-125054(28)	特開平 10-189245(41)	特開平 10-239714(45)
			特開平 10-265478(36)	特開平 10-316738(21)	特開平 11-93827(42)
			特開 2000-58907(36)	特開 2000-109824(36)	特表 2000-514590(28)
			特開平 11-329738(28)	特開 2000-286060(24)	特開 2000-306670(21)
			特開 2000-17057(24)	特開 2000-2896(28)	特開 2000-2897(28)
			特開 2000-2898(28)	特開 2000-10125(28)	特開 2000-150163(28)
			特開 2001-19947(24)	特開 2001-35660(24)	特開 2000-91081(28)
			特開 2001-155861(45)	特開 2001-167878(45)	特開 2001-189527(42)
			特開 2001-167885(49)		
		偏光フィルム・カラーフィルター・液晶素子	特許 2566674(45)	特許 2582935(45)	特許 3180171(21)
			特許 2884462(21)	特開平 8-18125(32)	特開平 8-83580(32)
			特開平 8-234160(21)	特開平 8-68908(28)	特開平 9-160045(21)
			特開平 9-160047(21)	特開平 10-20340(21)	特開平 10-319380(21)
			特開平 11-161203(21)	特開平 11-161203(21)	特開平 11-183912(21)
			特開平 11-35688(21)	特開平 11-84413(45)	特開 2000-284286(24)
		電子写真感光体	特許 2517893(43)	複数のペリレン骨格を主鎖に含むポリマーを用いた電子写真感光体	
				特許 3146296(35)	特開平 7-295277(21)
			特開平 7-295277(21)	特開平 9-6033(47)	特開平 9-6035(47)
			特開平 9-62024(47)	特開平 9-90776(21)	特開平 9-248929(43)
			特開平 9-325571(21)	特開平 10-217623(26)	特開平 10-258568(26)
			特開平 10-282710(26)	特開平 10-282712(26)	特開平 11-202104(26)
			特開平 11-352716(47)	特開 2000-10324(36)	特開 2000-6522(26)
			特開平 11-194523(21)	特開 2000-314979(21)	特開 2000-330312(21)
			特開 2001-196663(27)	特開 2001-196664(27)	

表 6-1 30社の技術開発課題対応保有特許リスト(4/4)

技術要素1	技術要素2	課題	公報番号（出願人、概要）		
用途（つづき）	発光素子など光関連（つづき）	非線形光学素子	特開平 8-248458(28)	特開平 10-319451(30)	
		光関連その他	特許 2902727(32)	特許 3008468(46)	特公平 7-97044(30)
			特許 3019506(33)	特許 2984103(23,35)	特許 3028659(33)
			特開平 7-84337(42)	特開平 8-36200(36)	特開平 8-171172(49)
			特開平 8-277338(49)	特開平 9-292576(41)	特開平 9-304708(41)
			特開 2000-10459(26)	特開 2000-227500(24)	特開 2000-243464(43)
			特開 2000-239360(36)	特開 2000-338528(46)	特開 2001-102624(42)
			特開 2001-174726(42)		
	電気・電子・磁気関連	トランジスター・ダイオード	特開平 5-47211(35)	特開平 5-326923(35)	特開平 10-41590(45)
			特開平 10-270711(38)	特開 2001-168420(45)	
		過電流保護素子	特開平 5-82012(25)	ドーパントを含有する導電性ポリマーを用いた過電流保護素子	
				特開平 5-135685(25)	特開平 6-36677(25)
			特開平 6-36676(25)	特開平 6-261446(25)	
		印刷基板	特許 2609501(28)	特許 3143007(32)	特開平 8-115864(32)
			特開平 8-139451(29)	特許 2733461(28)	特許 2990188(37)
		磁気記録媒体	特許 2930435(23,35)		
		圧電素子	特開平 9-293913(41)	特開平 10-270771(49)	

表 6-2 出願件数上位50社の連絡先(1/2)

No	企業名	出願件数	住所（本社など）	TEL
1	松下電器産業	297	大阪府門真市門真 1006	06-6908-1121
2	日本電気	134	東京都港区芝 5-7-1	03-3454-1111
3	リコー	111	東京都大田区中馬込 1-3-6	03-3777-8111
4	日本ケミコン	85	東京都青梅市東青梅 1-167-1	0428-22-1251
5	巴川製紙所	83	東京都中央区京橋 1-5-15	03-3272-4111
6	カネボウ	81	東京都墨田区墨田 5-17-4	03-5446-3066
7	三洋電機	79	大阪府守口市京阪本通 2-5-5	06-8991-1181
8	日本カーリット	71	東京都千代田区神田和泉町 1	03-5821-2020
9	住友化学工業	68	大阪府大阪市中央区北浜 4-5-33	06-6220-3287
10	昭和電工	66	東京都港区芝大門 1-13-9	03-5470-3384
11	富士通	64	神奈川県川崎市中原区上小田中 4-1-1	044-777-1111
12	日東電工	53	大阪府茨木市下穂積 1-1-2	0726-22-2981
13	積水化学工業	50	大阪府大阪市北区西天満 2-4-4	06-6365-4040
14	東洋紡績	50	大阪府大阪市北区堂島浜 2-2-8	06-6348-3091
15	マルコン電子	44	山形県長井市成田 1036-2	0238-88-5211
16	三菱レイヨン	35	東京都港区港南 1-6-41	03-5495-3100
17	セイコーエプソン	34	長野県諏訪市大和 3-3-5	0266-52-3131
18	ニチコン	28	京都府京都市中京区御池通烏丸東入 191-4 上原ビル3階	075-231-8461
19	アキレス	22	東京都新宿区大京町 22-5	03-3341-5111
20	島津製作所	18	京都府京都市中京区西ノ京桑原町 1	075-823-1016
21	キヤノン	37	東京都大田区下丸子 3-30-2	03-3758-2111
22	三菱重工業	34	東京都千代田区丸の内 2-5-1	03-3212-3111
23	三井化学	32	東京都千代田区霞が関 3-2-5 霞が関ビル	03-3592-4060
24	富士写真フイルム	32	東京都港区西麻布 2-26-30	03-3406-2111
25	ティーディーケイ	30	東京都中央区日本橋 1-13-1	03-3276-5111
26	大日本印刷	30	東京都新宿区市谷加賀町 1-1-1	03-3266-2111

表 6-2 出願件数上位 50 社の連絡先(2/2)

No	企業名	出願件数	住所（本社など）	TEL
27	科学技術振興事業団	29	埼玉県川口市本町 4-1-8 川口センタービル	048-226-5601
28	バイエル	28	東京都港区高輪 4-10-8	03-3280-9811
29	日立化成工業	28	東京都新宿区西新宿 2-1-1 新宿三井ビル	03-3346-3111
30	経済産業省産業技術総合研究所長	26	東京都千代田区霞が関1-3-1	03-5501-0900
31	日本曹達	25	東京都千代田区大手町 2-2-1	03-3245-6054
32	日立製作所	25	東京都千代田区神田駿河台 4-6	03-3258-1111
33	東レ	24	東京都中央区日本橋室町 2-2-1 東レビル	03-3245-5111
34	佐賀三洋工業	23	佐賀県杵島郡大町町福母 217	0952-82-3281
35	吉野勝美	20	大阪府吹田市山田丘 2-1 大阪大学大学院工学研究科	06-6877-5111
36	三菱化学	20	東京都千代田区丸の内 2-5-2	03-3283-6274
37	富山日本電気	20	富山県下新川郡入善町入膳 560	0765-74-2811
38	IBM	20	東京都港区六本木 3-2-12	03-3586-1111
39	セイコーインスツルメンツ	19	千葉県千葉市美浜区中瀬 1-8	043-211-1111
40	山本隆一	19	神奈川県横浜市緑区長津田町 4259 東京工業大学資源化学研究所	045-922-1111
41	カシオ計算機	16	東京都渋谷区本町 1-6-2	03-5334-4111
42	東芝	16	神奈川県川崎市幸区堀川町 72	044-549-3000
43	富士ゼロックス	16	東京都港区赤坂 2-17-22	03-3585-3211
44	日立エーアイシー	15	東京都品川区西五反田 1-31-1	03-3490-6481
45	シャープ	15	大阪府大阪市阿倍野区長池町 22-22	06-6621-1221
46	ソニー	15	東京都品川区北品川 6-7-35	03-5448-2111
47	富士電機	14	神奈川県川崎市川崎区田辺新田 1-1	044-833-7111
48	帝人	13	大阪府大阪市中央区南本町 1-6-7	06-6268-2132
49	コニカ	13	東京都新宿区西新宿 1-26-2	03-3349-5241

資料７．ライセンス提供の用意のある特許

　特許流通データベースおよび PATOLIS を利用し、有機導電性ポリマーに関する特許でライセンス提供の用意のあるものをまとめた。

出所	公報番号	発明の名称	出願人名称	材料合成	中間処理	電池	コンデンサ	コーティング	帯電防止	センサ	発光素子など光関連	電気・電子・磁気関連	その他の用途
T	特公平6-101418	固体電解コンデンサおよびその製造方法	松下電器産業		◎		◎						
T	特公平6-93419	固体電解コンデンサの製造方法	松下電器産業	◎	◎		◎						
T	特許2844089	ゲル状導電性高分子化合物の製造方法	巴川製紙所	◎	◎								
T	特公平7-96610	変性された導電性ポリピロール成形体の製造方法	帝人	◎	◎								
T	特許2525488	高導電性ポリピロール成形体	帝人	◎	◎								
T	特許2819692	共役系高分子の製造方法	住友化学工業	◎	◎								
T	特公平8-2946	ポリーP-フエニレンビニレン置換体からなるフイルムの製造方法	住友化学工業	◎	◎								
T	特許2720550	高導電性炭素及びその組成物	住友化学工業	◎	◎								◎
T	特公平7-57802	ポリアニリン誘導体の製造方法	巴川製紙所	◎									
T	特公平7-8908	ポリアニリン誘導体の製造方法	巴川製紙所	◎									
T	特公平7-8909	Ｎ－置換ポリアニリンの製法	巴川製紙所	◎									
T	特許2992054	アニリン系重合体の製造方法	巴川製紙所	◎									
T	特許2992056	アニリン系重合体の製造方法	巴川製紙所	◎			◎		◎	◎			
T	特許2959075	ポリアリレンビニレン系高分子組成物の製造方法	住友化学工業	◎	◎								
T	特公平6-104716	導電性重合体組成物及びその製造方法	経済産業省産業技術総合研究所長	◎	◎								
T	特許2600088	黒鉛繊維の製造方法	経済産業省産業技術総合研究所長	◎	◎								
T	特公平6-2783	新規な共役高分子材料の固相重合による製造方法	経済産業省産業技術総合研究所長	◎									
T	特公平7-5732	ポリアニリン誘導体の製造方法	巴川製紙所	◎									
T	特公平7-5733	ポリアニリン誘導体の製造方法	巴川製紙所	◎									
T	特公平7-5734	ポリアニリン誘導体の製造方法	巴川製紙所	◎									
T	特許2932011	ポリアニリン誘導体の製造方法	巴川製紙所	◎	◎								
T	特許2841123	ポリアニリン誘導体の製造方法	巴川製紙所	◎	◎								
T	特許2841124	ポリアニリン誘導体の製造方法	巴川製紙所	◎	◎								
T	特許2537710	ポリアニリン誘導体およびその製造方法	巴川製紙所	◎	◎								
T	特許2884121	ポリアニリン誘導体の製造方法	巴川製紙所	◎			◎		◎	◎			
T	特許3017563	導電性高分子溶液組成物	巴川製紙所	◎	◎								
T	特公平7-95063	酸素検知剤	巴川製紙所							◎			
T	特許2992131	ポリアニリンの製造方法	巴川製紙所	◎			◎			◎	◎		
T	特許2909848	ポリアニリン誘導体の製造方法	巴川製紙所	◎	◎								
T	特公平7-37508	ポリアニリン誘導体及びその製造方法	巴川製紙所	◎									

出所	公報番号	発明の名称	出願人名称	材料合成	中間処理	電池	コンデンサ	コーティング	帯電防止	センサ	発光素子など光関連	電気・電子・磁気関連	その他の用途
T	特公平7-57790	ポリアニリン誘導体およびその製造方法	巴川製紙所	◎	◎								
T	特公平7-116292	ポリアニリン誘導体及びその製造方法	巴川製紙所	◎	◎								
T	特許2909852	ポリアニリン誘導体及びその製造方法	巴川製紙所	◎	◎								
T	特許2909853	ポリアニリン誘導体及びその製造方法	巴川製紙所	◎	◎								
T	特許2992142	ポリアニリン誘導体の製造方法	巴川製紙所	◎	◎								
T	特公平7-100736	ポリアニリン誘導体及びその製造方法	巴川製紙所	◎	◎						◎		
T	特許2992148	ポリアニリン誘導体およびその製造方法	巴川製紙所	◎	◎								
T	特許2992149	ポリアニリン誘導体およびその製造方法	巴川製紙所	◎	◎								
T	特許2992150	ポリアニリン誘導体およびその製造方法	巴川製紙所	◎	◎								
T	特許2982088	ポリアニリン誘導体の製造方法	巴川製紙所	◎	◎								
T	特許3088525	ポリピロール誘導体およびその製造方法	巴川製紙所	◎	◎								
T	特許3058735	ポリピロール誘導体およびその製造方法	巴川製紙所	◎	◎								
T	特許3058737	ポリピロール誘導体及びその製造方法	巴川製紙所	◎	◎								
T	特許2961631	ポリアニリン誘導体及びその製造方法	巴川製紙所	◎	◎								
T	特許2515656	電極	巴川製紙所			◎							
T	特許2607411	ポリアニリン誘導体及びその製造方法	巴川製紙所	◎	◎								
T	特許2607412	ポリアニリン誘導体及びその製造方法	巴川製紙所	◎									
T	特公平7-85365	導電性高分子パターンの作製方法	愛知県	◎								◎	
T	特許3081057	導電性組成物	巴川製紙所	◎	◎				◎	◎			
T	特公平7-2832	ピロールの電解重合方法	経済産業省産業技術総合研究所長	◎									
T	特公平7-5718	ジアルコキシービス(2-チエニル)シラン重合体とその製造方法	経済産業省産業技術総合研究所長	◎									
T	特許2727040	ポリアニリン誘導体の製造方法	巴川製紙所	◎	◎								
T	特許2612524	ポリアニリン誘導体およびその製造方法	巴川製紙所	◎			◎		◎	◎			
T	特公平7-5714	ポリ(安息香酸)、その製造方法及びそれを用いたポリ(パラフェニレン)の製造方法	経済産業省産業技術総合研究所長	◎	◎								
T	特公平7-2835	ジアルコキシービス(2-チエニル)シラン重合体の製造方法	経済産業省産業技術総合研究所長	◎								◎	
T	特許2645966	電極	巴川製紙所	◎	◎	◎		◎		◎			

出所	公報番号	発明の名称	出願人名称	材料合成	中間処理	電池	コンデンサ	コーティング	帯電防止	センサ	発光素子など光関連	電気・電子・磁気関連	その他の用途
T	特許2776184	ケイ素系高分子化合物	信越化学工業	◎									
T	特許2704587	ポリアニリン−ポリエーテルブロック共重合体およびその製造方法	巴川製紙所	◎		◎					◎		
T	特許2730444	導電性重合体	信越化学工業	◎	◎	◎			◎				
T	特許2653968	電気回路基板とその製法	アイカ工業,愛知県	◎	◎			◎				◎	
T	特許2949554	複合成形体およびその製造方法	巴川製紙所	◎	◎								
T	特許2835816	ポリアニリン複合成形体の製造方法	巴川製紙所	◎	◎						◎	◎	
T	特許2770259	電極およびそれを用いた電気化学表示素子	巴川製紙所			◎					◎		
T	特許2970391	導電性重合体組成物	信越化学工業	◎	◎	◎							
T	特許3069942	電気回路基板及びその製造方法	アイカ工業,愛知県	◎								◎	
T	特許2956560	ポリチオフエン化合物およびその製造方法	東亜合成化学工業	◎									
P	特許2764570	テトラチアフルバレニル基を有するジアセチレン誘導体及びその製造方法	経済産業省産業技術総合研究所長	◎									

(注)出所においてTは特許流通データベース、PはPATOLIS(パトリスの登録商標)を表す。

特許流通支援チャート 化学 6
有機導電性ポリマー

| 2002年（平成14年）6月29日 | 初 版 発 行 |

編　集　　独 立 行 政 法 人
Ⓒ2002　　工 業 所 有 権 総 合 情 報 館
発　行　　社 団 法 人 発 明 協 会

発行所　　社 団 法 人 発 明 協 会

〒105-0001　東京都港区虎ノ門2－9－14
　　　電　話　　03（3502）5433（編集）
　　　電　話　　03（3502）5491（販売）
　　　Ｆ Ａ Ｘ　　03（5512）7567（販売）

ISBN4-8271-0677-0 C3033　　印刷：株式会社　野毛印刷社
Printed in Japan

乱丁・落丁本はお取替えいたします。

本書の全部または一部の無断複写複製
を禁じます（著作権法上の例外を除く）。

発明協会HP：http://www.jiii.or.jp/

平成13年度「特許流通支援チャート」作成一覧

電気	技術テーマ名
1	非接触型ICカード
2	圧力センサ
3	個人照合
4	ビルドアップ多層プリント配線板
5	携帯電話表示技術
6	アクティブマトリクス液晶駆動技術
7	プログラム制御技術
8	半導体レーザの活性層
9	無線LAN

機械	技術テーマ名
1	車いす
2	金属射出成形技術
3	微細レーザ加工
4	ヒートパイプ

化学	技術テーマ名
1	プラスチックリサイクル
2	バイオセンサ
3	セラミックスの接合
4	有機EL素子
5	生分解性ポリエステル
6	有機導電性ポリマー
7	リチウムポリマー電池

一般	技術テーマ名
1	カーテンウォール
2	気体膜分離装置
3	半導体洗浄と環境適応技術
4	焼却炉排ガス処理技術
5	はんだ付け鉛フリー技術